普通高等学校计算机类"十三五"规划教材

C语言程序设计教程
第二版

编 著 韩立毛 徐秀芳

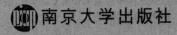

南京大学出版社

内容简介

本书采用任务驱动方式进行教学,以程序设计实例为主导,将知识点融入实例,以实例带动知识点的学习,在按实例教学时,充分注意保证知识的完整性和系统性,通过实例掌握C语言程序的设计方法和操作技巧。

本书作为程序设计教材的创新,实现了从以计算机语言为主线的体系结构向以问题为主线的体系结构上的转变,把程序设计的学习从语法知识学习提高到解决问题的能力培养上。全书由11章组成。主要内容包括:第1章C语言概述,第2章C语言程序设计基础,第3章顺序结构程序设计,第4章选择结构程序设计,第5章循环结构程序设计,第6章数组与字符串,第7章函数与模块化程序设计,第8章编译预处理及程序调试,第9章指针及其应用,第10章自定义数据类型,第11章文件及其应用。

本书内容丰富、结构清晰、易于教师进行教学与读者自学。通过120个实例的分析讲解,由浅至深,层层引导,使读者能够快速地掌握C语言,提高程序设计能力。程序实例有详细的讲解和注释,容易读懂、便于教学。本书在内容选取、概念引入和文字叙述等各方面,都力求遵循面向实际应用、重视实践、便于自学的原则,注重理论联系实际,强调对分析问题、解决问题能力的训练与培养。

本书适合作为高等学校各专业的C语言程序设计课程的教材,也可作为从事计算机相关工作的科技人员、广大计算机爱好者的自学读物。

图书在版编目(CIP)数据

C语言程序设计教程 / 韩立毛,徐秀芳编著. —2版.
— 南京:南京大学出版社,2017.6
普通高等学校计算机类"十三五"规划教材
ISBN 978 - 7 - 305 - 18952 - 4

Ⅰ. ①C… Ⅱ. ①韩… ②徐… Ⅲ. ①C语言－程序设计－高等学校－教材 Ⅳ. ①TP312.8

中国版本图书馆CIP数据核字(2017)第144494号

出版发行 南京大学出版社
社　　址　南京市汉口路22号　　　　邮编　210093
出 版 人　金鑫荣

丛 书 名　普通高等学校计算机类"十三五"规划教材
书　　名　C语言程序设计教程
编　　著　韩立毛　徐秀芳
责任编辑　何永国　　　　　　　编辑热线　025-83597482

照　　排　南京理工大学资产经营有限公司
印　　刷　扬州市江扬印务有限公司
开　　本　787×1092　1/16　印张 20.5　字数 524 千
版　　次　2017 年 6 月第 2 版　2017 年 6 月第 1 次印刷
ISBN　978 - 7 - 305 - 18952 - 4
定　　价　39.00 元

网　　址:http://www.njupco.com
官方微博:http://weibo.com/njupco
官方微信号:njupress
销售咨询热线:(025)83594756

前　言

　　C 语言从最初的为编写 UNIX 操作系统而设计，并在实验室内部使用的程序设计语言，发展到独立于 UNIX 操作系统，并走出实验室为众多的人所关注的、各种计算机上可移植的 C 语言，再发展到现在普遍采用的标准 C 语言，使 C 语言逐渐走向通用化和标准化。由于 C 语言的简洁、表达能力强、使用灵活方便、运算符和数据结构丰富、生成的代码质量高以及可移植性好等优点，使得 C 语言倍受人们的青睐，成为结构化程序设计语言中的佼佼者。借助于 C 语言，人们开发出了很多大型的系统软件和应用软件。

　　C 语言是一种非常出色的程序设计语言，它精练、灵活、应用领域广泛。虽然已经经历了 40 多个春秋，但至今依然在计算机教学和计算机应用程序设计中起着极其重要的作用。因此，许多高校将 C 语言程序设计列为大学生的必修基础课程。为了使读者能够在学习 C 语言程序设计的过程中始终保持强烈的学习兴趣，领悟到程序设计的奥妙，掌握并使用 C 语言程序设计解决相关专业的实际问题，我们结合多年的教学实践和丰富的教学经验编写了这本《C 语言程序设计教程》。

　　全书共 11 章。第 1 章 C 语言概述。从介绍 C 语言的发展和特点入手，并结合了一些实例展示 C 语言的概貌，同时简单地介绍了 C 语言程序的开发过程；第 2 章 C 语言程序设计基础。介绍了程序设计的概念，C 语言常量、简单变量以及基本数据类型、运算符和表达式等基础知识，同时还介绍了运算符的优先级和结合性；第 3 章顺序结构程序设计。介绍了数据的输入和输出、计算和处理，顺序结构程序设计的方法和步骤；第 4 章选择结构程序设计。介绍了选择结构语句以及选择结构程序设计的方法和步骤；第 5 章循环结构程序设计。介绍了当型循环、直到型循环、计数型循环、循环嵌套以及循环结构程序设计的方法和步骤；第 6 章数组与字符串。介绍了数组的基本概念，数组的定义和使用方法，还介绍了字符串及其处理技术；第 7 章函数与模块化程序设计。介绍了函数的定义与调用以及函数的嵌套和递归调用，还介绍了变量的作用域与存储类别；第 8 章编译预处理及程序调试。介绍了编译预处理的宏定义、文件包含和条件编译，程序调试的基本方法与技巧；第 9 章指针及其应用。介绍了指针的概念和使用方法，指针与数组以及指针的应用；第 10 章自定义数据类型。介绍了结构体与共用体的概念、结构体数组以及结构体指针，同时还介绍了枚举类型；第 11 章文件及其应用。介绍了数据文件的基本概念、文件的操作方法以及文件的应用。附录中给出了 ASCII 代码表、C 语言关键字与运算符和 C 语言库函数。

　　本书覆盖了 C 语言的主要语言点，对 C 语言的介绍比较全面和系统。为了使读者能够真正掌握 C 语言，在介绍 C 语言的各个语言点时，力求做到通俗易懂，尤其是对语言点中容易出现错误的地方作了详细的说明，并结合了应用实例，使读者能够真正加以运用。本书内容丰富、结构清晰,易于教师进行教学与读者自学。书中具有较大的知识信息量,从程序设计的基础知识、程序流程控制、数组、指针、自定义数据类型到最后的文件操作,通过 120 个实例的分析讲解,利用 280 道习题进行练习与巩固,再通过 48 道上机练习题的操作实践,由浅至深,层层引导,使读者能够快速地掌握 C 语言,提高程序设计能力。程序实例均有详细的讲解和注释,容易读懂、便于教学。本书在内容选取、概念引入和文字叙述等各方面,都力求遵循面向实际应用、重视实践、便于自学的原则,注重理论联系实际,强调对分析问题、解决问题能力的训练与培养。

全书采用任务驱动方式进行讲解,以程序实例为主导,将知识点融入实例,以实例带动知识点的学习。在按实例进行讲解时,充分注意保证知识的相对完整性和系统性,使读者通过学习实例掌握 C 语言的程序设计方法和程序设计技巧。

本书由韩立毛和徐秀芳共同编写,其中第 1、2、3、8、9 章由徐秀芳编写,第 4、5、6、7、10、11 章由韩立毛编写,并由韩立毛对全书进行了统稿。本书在编写过程中南京大学徐宝文教授给予了许多指导,得到了江苏省应用型本科高校计算机系列教材编委会的支持,得到了盐城工学院教材出版基金的资助,同时也得到了我校赵雪梅、董琴、张成彬等老师和南京大学出版社的热心帮助和大力支持,在此一并表示感谢。

由于作者水平有限,书中难免存在错误和不足之处,恳请读者批评指正。

编著者
2017 年 6 月修订

目　录

第1章　C语言概述 ……………………………………………… 1

1.1　C语言的引入 ……………………………………………… 1

1.2　C语言程序的基本结构 …………………………………… 5

1.3　C语言程序的上机过程与步骤 …………………………… 8

1.4　C语言的简单应用实例 …………………………………… 11

练习题1 ………………………………………………………… 12

第2章　C语言程序设计基础 …………………………………… 15

2.1　程序设计的引入 …………………………………………… 15

2.2　算法与流程图 ……………………………………………… 16

2.3　标识符、常量与变量 ……………………………………… 22

2.4　基本数据类型 ……………………………………………… 24

2.5　运算符和表达式 …………………………………………… 31

2.6　类型转换 …………………………………………………… 40

2.7　常用库函数 ………………………………………………… 41

2.8　C语言程序设计基础应用实例 …………………………… 45

练习题2 ………………………………………………………… 47

第3章　顺序结构程序设计 ……………………………………… 51

3.1　顺序结构程序的引入 ……………………………………… 51

3.2　数据的输入 ………………………………………………… 52

3.3　数据的输出 ………………………………………………… 57

3.4　基本语句及程序规范 ……………………………………… 61

3.5　顺序结构程序设计及实例 ………………………………… 62

练习题3 ………………………………………………………… 65

第4章　选择结构程序设计 ……………………………………… 69

4.1　选择结构程序的引入 ……………………………………… 69

4.2　条件语句 …………………………………………………… 70

4.3　开关语句 …………………………………………………… 80

4.4　选择结构程序设计及实例 ……………………………………………… 83

练习题 4 ……………………………………………………………………… 91

第 5 章　循环结构程序设计 ……………………………………………… 97

5.1　循环结构程序的引入 …………………………………………………… 97

5.2　当型循环 ………………………………………………………………… 98

5.3　直到型循环 ……………………………………………………………… 101

5.4　计数型循环 ……………………………………………………………… 103

5.5　循环嵌套与辅助控制 …………………………………………………… 108

5.6　循环结构程序设计及实例 ……………………………………………… 114

练习题 5 ……………………………………………………………………… 119

第 6 章　数组与字符串 …………………………………………………… 125

6.1　数组与字符串的引入 …………………………………………………… 125

6.2　一维数组 ………………………………………………………………… 126

6.3　二维数组 ………………………………………………………………… 130

6.4　字符串及其处理 ………………………………………………………… 134

6.5　数组与字符串程序设计及实例 ………………………………………… 139

练习题 6 ……………………………………………………………………… 150

第 7 章　函数与模块化程序设计 ………………………………………… 158

7.1　函数与模块化程序设计的引入 ………………………………………… 158

7.2　函数的定义 ……………………………………………………………… 159

7.3　函数的调用和返回值 …………………………………………………… 160

7.4　函数的嵌套调用与递归调用 …………………………………………… 164

7.5　数组作为函数参数 ……………………………………………………… 170

7.6　变量的作用域与存储类别 ……………………………………………… 173

7.7　函数与模块化程序设计及实例 ………………………………………… 179

练习题 7 ……………………………………………………………………… 185

第 8 章　编译预处理及程序调试 ………………………………………… 193

8.1　编译预处理及程序调试的引入 ………………………………………… 193

8.2　宏定义 …………………………………………………………………… 194

8.3　文件包含 ………………………………………………………………… 199

8.4　条件编译 ………………………………………………………………… 201

8.5　程序调试 …………………………………………………………… 202

8.6　综合实例 …………………………………………………………… 206

练习题 8 …………………………………………………………………… 209

第 9 章　指针及其应用 ………………………………………………… 212

9.1　指针的引入 ………………………………………………………… 212

9.2　指针与指针变量 …………………………………………………… 213

9.3　指针与数组 ………………………………………………………… 224

9.4　指针应用及实例 …………………………………………………… 247

练习题 9 …………………………………………………………………… 251

第 10 章　自定义数据类型 …………………………………………… 255

10.1　自定义数据类型的引入 ………………………………………… 255

10.2　结构体类型 ……………………………………………………… 255

10.3　共用体类型 ……………………………………………………… 268

10.4　枚举类型 ………………………………………………………… 271

10.5　类型定义符 ……………………………………………………… 275

10.6　自定义数据类型程序设计及实例 ……………………………… 277

练习题 10 ………………………………………………………………… 285

第 11 章　文件及其应用 ……………………………………………… 290

11.1　文件的引入 ……………………………………………………… 290

11.2　文件的打开与关闭 ……………………………………………… 291

11.3　文件的顺序读(写) ……………………………………………… 293

11.4　文件的随机读(写) ……………………………………………… 301

11.5　文件应用程序设计及实例 ……………………………………… 303

练习题 11 ………………………………………………………………… 304

附录 A　ASCII 代码表 ………………………………………………… 308

A.1　标准 ASCII 代码 ………………………………………………… 308

A.2　扩展 ASCII 代码 ………………………………………………… 309

附录 B　C 语言关键字与运算符 …………………………………… 310

B.1　C 语言关键字及功能 …………………………………………… 310

B.2　C 语言运算符的优先级与结合性 ……………………………… 311

附录 C　C 语言库函数 ……………………………………………………………… 312

　　C.1　数学函数 …………………………………………………………………… 312

　　C.2　字符函数 …………………………………………………………………… 313

　　C.3　字符串函数 ………………………………………………………………… 314

　　C.4　输入/输出函数 ……………………………………………………………… 315

　　C.5　动态存储分配函数 ………………………………………………………… 317

　　C.6　其他函数 …………………………………………………………………… 317

参考文献 …………………………………………………………………………… 319

第1章 C语言概述

本章的主要内容:计算机语言的概念,C语言程序的基本结构,C语言程序的上机过程与步骤。通过本章内容的学习,了解 C 语言的起源、发展和特点,理解 C 语言程序的基本结构,熟悉 C 语言程序的开发过程,初步学会使用 Visual C++6.0 的集成开发环境,掌握使用 C 语言程序解决实际问题的基本方法。

1.1 C语言的引入

【任务】 利用计算机解决简单的实际问题,如计算地球赤道的长度和地球的表面积等,掌握使用 C 语言程序设计解决问题的具体过程。

1.1.1 程序和程序设计的概念

你想掌握如何使用计算机解决上述实际问题吗? 你想知道计算机是如何自动进行工作的吗? 要回答这两个问题,你就必须学习并掌握程序和程序设计方面的知识。

你要知道,计算机是不能自己直接解决问题的,而是要你(程序设计人员)先编好程序,然后将程序输入计算机,接下来再运行程序。计算机是根据人们事先编制好的程序自动进行工作的,而程序则是通过程序设计,用程序设计语言编制的。所谓程序就是为实现特定目标或解决特定问题用计算机语言编写的命令序列集合,而程序设计则是按指定要求编写计算机能够识别的特定指令组合的过程。要使用计算机解决各类问题,我们就应该学会用程序设计语言进行程序设计。

1.1.2 程序设计语言

语言是交流的工具,自然语言是人与人之间交流的工具,而程序设计语言则是人与计算机之间的交流工具。程序设计语言又称编程语言,用程序设计语言编写的程序能被计算机系统所接受、理解和执行,且随着计算机技术的发展而不断地发展。

计算机语言按其发展一般分为机器语言、汇编语言和高级语言,又可以分为低级语言和高级语言两大类,低级语言包括机器语言和汇编语言。低级语言直接依赖计算机硬件,不同的机型所用的低级语言不同;高级语言不再依赖计算机硬件,用高级语言编写的程序可以方便地、几乎不加修改地用在不同类型的计算机上。

1. 机器语言

机器语言是第一代程序设计语言,是直接用二进制代码指令表达的计算机语言,是由"0"和"1"组成的代码串。例如,一个字长为 16 位的计算机,它是由 16 个二进制数字组成一条指令或其他信息。机器语言能被计算机直接识别和执行,不需要进行任何翻译,具有灵活、直接执行和速度快等特点。

每种类型计算机的机器指令格式和代码所代表的含义都是硬件规定的。当把在某台计算机上执行的程序移植到另一台计算机上执行时,必须重新编写程序,因此机器语言可移植性差,重用性差。另外,由于机器语言是由"0"和"1"组成,编程人员首先要熟记计算机的全部指令和代码含义才能进行程序编写,因此用机器语言编写程序是一项极其烦琐的工作。

2. 汇编语言

为克服机器语言中"0"和"1"给程序员带来的不便,汇编语言用助记符代替操作码,用地址符或标号代替地址码。如算术运算指令中的 ADD 表示加法,SUB 表示减法,MUL 表示乘法,DIV 表示除法等。

使用汇编语言编写的程序,计算机不能直接识别,需要将汇编语言程序翻译成机器语言程序,这种起翻译作用的程序称为汇编程序,把汇编语言程序翻译成机器语言程序的过程称为汇编。汇编语言作为面向机器的低级语言,保持了机器语言的优点,具有直接和简洁的特点,可有效访问、控制计算机的各种硬件设备,目标代码短,占用内存少,执行速度快。尽管如此,相对高级语言来说,汇编语言在编写复杂程序时代码量较大,又由于它与处理器密切相关,而每种处理器都有自己的指令系统,相应的汇编语言也各不相同,所以,汇编语言程序的通用性,可移植性较差。

3. 高级语言

为增加程序的可读性,提高程序的可维护性和可移植性,可以采用一种比较接近自然语言和数学语言的程序设计语言,即高级语言来实现。使用高级语言编写的程序不能直接运行,需要经过"翻译",将高级语言程序翻译成机器语言程序才能被计算机运行。

高级语言程序的"翻译"通常有解释方式和编译方式两种。解释方式是对高级语言编写的程序翻译一句执行一句;而编译方式是将高级语言编写的程序文件全部翻译成机器语言,生成可执行文件后再执行。

在计算机的发展史上,先后出现过几百种高级语言,其中,影响较大、使用较普遍的有 FORTRAN、ALGOL、COBOL、BASIC、LISP、Pascal、C、PROLOG、Ada、C＋＋、Visual C＋＋、Visual BASIC、Java 等。

高级语言的出现大大提高了程序员的工作效率,降低了程序设计的难度,并改善了程序的质量,其良好的可读性和可维护性,也使更多的人掌握了程序设计方法,从而使计算机技术得到快速发展和普及。

4. 三类语言的比较

三类语言的比较如表 1-1 所示。

表 1-1   三类语言的比较

编程语言	描 述
机器语言	1. 计算机能够直接识别并执行,由"0"和"1"代码串组成。 2. 程序员非常难于记忆和识别。
汇编语言	1. 可以直接对硬件操作,由指令、伪操作和宏指令组成。 2. 程序用英文缩写的标识符,程序员更加容易识别和记忆。 3. 程序经汇编生成的可执行文件小、执行速度快。
高级语言	1. 屏蔽编程语言的相关细节,如寄存器、堆栈编程。 2. 程序需要通过"翻译"后才能被计算机执行。 3. 学习较容易,有良好的可读性和可维护性。

1.1.3　C 语言的发展

1. C 语言的由来

C 语言的原型是 ALGOL 60 语言，也称为 A 语言。1963 年，剑桥大学将之发展为 CPL 语言(Combined Programming Language)，并进一步简化为 BCPL 语言。1970 年，美国贝尔实验室的 Ken Thompson 将 BCPL 进行了修改，并取名为"B 语言"，两年后，D. M. Ritchle 在 B 语言的基础上最终设计出了一种新的语言，取 BCPL 的第二个字母"C"，这就是 C 语言。1978 年美国电话电报公司(AT&T)贝尔实验室正式发布了 C 语言。

2. C 语言的标准化

1978 年，由 Brian W. Kernighan 和 Dennis M. Ritchie 合著了著名的《The C programming language》一书，通常简称为 K&R 标准，但是在 K&R 中并没有定义一个完整的标准 C 语言，后来美国国家标准化协会(ANSI)在此基础上为 C 语言制定了一套 ANSI 标准，于 1983 年发表，通常称之为 ANSI C。在 1989 年进行修订，成为现行的 C 语言标准(1999 年发布 C99 标准)，随后出现了遵循该标准的各种 C 和 C++集成开发环境。在学习 C 语言的过程中，我们将会体验 C 语言的魅力以及编程带来的乐趣。

3. C 语言的应用领域

C 语言的应用领域非常广泛，如人工智能、单片机控制、计算机系统软件等的底层开发、工业控制、智能仪表、嵌入式系统、硬件驱动程序开发等。

近年来，在每年的"大学生机器人大赛"、"全国大学生飞思卡尔杯智能车竞赛"以及某些国际、国内大型企业举办或赞助举办的面向在校大学生的各类电子竞赛中，许多参赛院校都是使用 C 语言来编制其控制程序的。因此有"学好 C 语言，走遍天下都不怕"的说法。另外，学好 C 语言也为学习其他面向对象的程序设计语言(如 C++、Java 等)奠定了基础。

4. 基于 C 语言的语言及特点

20 世纪 80 年代中期以后，面向对象程序设计语言、面向对象程序设计方法广泛应用于程序设计，全新的、面向对象的程序设计语言被开发出来。同时对传统语言全面进行面向对象的扩展，C++语言是其代表，这类语言既支持传统的面向过程的程序设计，又支持新型的、面向对象的程序设计。下面以 C++、Java、C# 为例，介绍其与 C 语言的联系。

(1) C++语言。C++是 C 语言的超集，C++对 C 语言的最大改进是引进了面向对象机制，同时 C++依然支持所有 C 语言特性，保留对 C 语言的兼容。C++适合于开发桌面程序和游戏后台开发。

(2) Java 语言。Java 是基于 C++的，也继承了 C 语言的许多特性。Java 是一种可以编写跨平台应用软件的面向对象的程序设计语言，是由 Sun 公司于 1995 年 5 月推出的 Java 程序设计语言和 Java 平台(即 JavaSE，JavaEE，JavaME)的总称。Java 技术具有卓越的通用性、高效性、平台移植性和安全性，广泛应用于个人 PC、数据中心、游戏控制台、科学超级计算机、移动电话和互联网，同时拥有全球最大的开发者专业社群。

(3) C# 语言。C# (C Sharp)是由微软公司开发的一种面向对象的、运行于. NET Framework 之上的高级程序设计语言。由 C++和 Java 发展而来，侧重于网络与数据库编程。

注意：Microsoft Visual C++(简称 Visual C++、MSVC、VC++或 VC)是微软公司的 C++开发工具，具有集成开发环境，可提供编辑 C 语言、C++等编程语言。

目前,在微机上广泛使用的 C 语言编译系统有 Microsoft C(MSC)、Turbo C(TC)、Borland C(BC)、Visual C++ 6.0 的集成开发环境等。这些版本不仅实现了 ANSI C 标准,而且在此基础上各自作了一些扩充,有其自身的特点,更加方便、完美。本书选定的上机环境是 Visual C++6.0。

1.1.4 C 语言的特点

C 语言经过不断的发展和完善,成为当今计算机界公认的一种优秀程序设计语言,有着其他语言不可比拟的特点。具体来说,C 语言的主要特点如下:

1. 适合开发系统软件

C 语言最初是为了编写 UNIX 操作系统而开发,它既具有高级语言的易学、易用、可移植性强的特点,又具有低级语言执行效率高,可对硬件进行操作等优点;既适合开发系统软件,也可以开发应用软件。

2. 结构化的程序设计语言

C 语言是一种结构化语言,它提供了编写结构化的基本控制语句,并以具有独立功能的函数作为模块化程序设计的基本单位,有利于以模块化方式进行设计、编码、调试和维护。

3. 具有丰富的数据类型和表达式

C 语言不仅本身提供了大量的数据类型,如整型、实型、字符型等,还可以由用户根据自己设计需要定义特殊的数据类型,同时还允许大多数数据类型之间进行转换。运算符和表达式的类型丰富多样,包括赋值运算符、条件运算符、算术运算符、逗号运算符等 30 多种。

4. 可移植性好

由于 C 语言程序本身并不依赖于机器硬件,且 UNIX、WINDOWS、DOS 等主要的操作系统都支持 C 语言编译器,因此,C 语言程序基本不做任何修改就能运行于各种类型的计算机和操作系统环境上。

5. 语句简洁、结构紧凑、功能强

C 语言中只提供了 32 个关键字,9 条控制语句。编程风格灵活,语法限制少,易于阅读和维护。

6. 具有预处理功能和丰富的库函数

预处理的使用为程序的修改、阅读、移植和调试提供了方便。同样,大量的库函数可供程序设计人员直接调用,省去了重复编写这些函数的时间和精力,大大提高了程序设计的效率,并保证了程序设计的质量。

7. 面向对象程序设计的基础

1980 年,Bjarne Stroustrup 开发了 C++。C 语言中几乎所有的功能和特点都被 C++所吸收,并在此基础上对 C 语言进行了全面的改进,增加了大量的新特性(其中最重要的特性就是"类")。C++是 C 语言改进后的产物,现已经被广泛用于各种软件的开发,同时仍在不断地完善中。经过改进和补充,C++已发展成为面向对象程序设计语言的代表。

当然,C 语言也有其自身的弱点,如语法限制不太严格,在增加程序设计灵活性的同时,在一定程度上降低了某些安全性,这也对程序设计人员提出更高的要求。

C 语言是一种面向过程的、灵活的结构化程序设计语言。在计算机日益普及的今天,C 语言的应用领域依然非常广泛,几乎各类计算机都支持 C 语言的开发环境。而 C 语言也是学习 C++、Java 等其他语言的基础。

1.2 C语言程序的基本结构

在了解C语言程序之前,我们先通过几个实例对C语言程序的结构有一个初步认识。本节主要介绍C语言程序的基本结构。

1.2.1 简单C语言程序实例

【例1.1】 利用C语言程序计算两个整数之和。

(1)算法分析。

这是一个简单的求和运算,由于程序和数据要放到内存才能被执行,因此,需要3个元素的存储空间才能存放加数、被加数与和。此处定义a,b两个变量并赋值,表示加数和被加数,定义sum存放a与b的和,然后输出两者之和的结果。

(2)程序设计。

```
1    /*--------------------例1.1.c--------------------*/
2    #include <stdio.h>              /* 编译预处理命令 */
3    void main()                      /* 定义主函数 */
4    {                                /* 函数开始标志 */
5        int a,b,sum;                 /* 声明a,b,sum为整型变量 */
6        a=1; b=2;                    /* 给变量a,b赋初值 */
7        sum=a+b;                     /* 计算a+b,并将结果放在变量sum中 */
8        printf("sum=%d\n",sum);      /* 输出结果 */
9    }                                /* 函数结束标志 */
```

(3)程序运行。

程序运行结果如下:

sum=3

(4)程序说明。

第1行表示注释部分,为便于理解,可用汉字表示注释,当然也可以用英语或汉语拼音作注释。注释对编译和运行不起作用,只是为了增加程序的可读性,便于维护。注释可以加在程序中任何位置。

第2行是以#开始的编译预处理命令,是在编译系统翻译代码前需由预处理程序处理的语句。本例中#include <stdio.h>语句是请求预处理程序将文件stdio.h包含到程序中,作为程序的一部分。

第3行中,main是函数名,函数名后面必须跟一对圆括号,括号内可以定义形参,也可以没有。main()前面的void表示函数值的类型是void类型(空值类型)。

第4行和第9行分别表示函数的开始和结束标志。

第5行是变量声明部分,将变量a,b和sum定义为整型(int)变量。

第6行是两个赋值语句,使变量a和b的值分别为1和2。

第7行求和,使sum的值为a+b。

第8行为输出语句,使用标准输出函数printf,以指定格式输出变量sum的值。"%d"表示以十进制整数形式输出sum的值,printf函数中括弧内最右端sum是要输出的变量,现在它的值为3(即1+2的值),因此输出一行信息为 sum =3。其中"%d"是输入/输出的格式字符串,用来指定输入/输出时的数据类型和格式(详见第 3 章)。

【例 1.2】 利用 C 语言程序求两个数中的较大值。

(1) 算法分析。

求两个数较大值,可以事先定义两个变量并赋初值后,将两个数进行比较,并输出较大的数。也可以将求两个数较大值的过程用自定义函数来实现,可以供不同的函数调用,更具有通用性。本例以调用自定义函数的方式实现求两个数较大值,介绍 C 语言中函数的主要用法。

(2) 程序设计。

```
/*————————————例 1.2.c————————————*/
#include <stdio.h>              /* 编译预处理命令 */
void main()                     /* 告诉编译器,C 程序由此开始执行 */
{                               /* 程序执行开始 */
    int max(int x,int y);       /* 对被调用函数 max 的声明 */
    int a,b,c;                  /* 声明 a,b,c 为整型变量 */
    printf("请输入 a,b 的值:");  /* 在屏幕上显示"请输入 a,b 的值:" */
    scanf("%d,%d",&a,&b);       /* 由键盘输入 a,b 的值 */
    c=max(a,b);                 /* 调用 max 的函数值,并赋值给 c */
    printf("较大值是:%d",c);     /* 输出 a,b 比较后的结果 */
}                               /* 程序执行结束 */
/* 以下是用户自定义函数,求两个整数中的较大值的 max 函数 */
int max(int x,int y)            /* 定义 max 函数,函数值为整型 */
{
    int z;                      /* 声明 z 为整型变量 */
    if(x>y)z=x;                 /* 如果 x>y 成立,则将 x 的值赋给 z */
    else z=y;                   /* 如果 x>y 不成立,则将 y 的值赋给 z */
    return z;                   /* 将 z 的值返回给函数 max */
}
```

(3) 程序运行。

程序运行结果如下:

① 第一次运行结果。

请输入 a,b 的值:15,25

较大值是:25

② 第二次运行结果。

请输入 a,b 的值:8,—5

较大值是:8

(4) 程序说明。

程序代码中的注释较为详细地说明了每行代码的功能,具体的函数定义及调用方式详见第 7 章。

例 1.1 所示的 C 语言程序仅由一个 main() 函数构成,它相当于其他高级语言中的主程序;例 1.2 所示的是由一个 main() 函数和一个其他函数 max()(自己设计的函数)构成,函数 max() 相当于其他高级语言的子程序。

1.2.2　C 语言程序的基本结构

1. 程序的组成

一个完整的 C 语言程序是由一个 main()函数(又称主函数)和若干个其他函数结合而成的,或仅由一个 main()函数构成。每个函数完成一定的功能,函数参数是被函数处理的数据,函数参数能够在函数与函数之间传递数据。

每个完整的 C 程序都必须有且仅有一个 main 函数,程序总是从 main 函数开始执行,而 main 函数可以位于源程序文件中的任何位置。main 函数是程序执行的入口,其他函数的执行是由 main 函数中的语句调用来完成的。被调函数既可以是由系统提供的库函数,也可以是由设计人员自己根据需要而设计的函数。

例如,在例 1.2 中,printf()函数是 C 语言编译系统库函数中的一个函数,它的作用是在屏幕上按指定格式输出指定的内容;而 max()函数则是由用户自己设计的函数,它的作用是求两个数中的较大值。

2. 函数的结构

函数是一个独立的程序块可以相互调用,但不能相互嵌套。并且 main 函数以外的任何函数只能由 main 函数或其他函数调用,自己不能单独运行。

一个函数由函数首部和函数体两部分组成,其一般格式如下:

〔函数类型〕函数名(〔函数形式参数表〕)

{

　　　数据说明部分;

　　　函数执行部分;

}

(1) 函数首部,即函数的第一行。包括函数返回值类型、函数名、函数属性、形式参数类型、形式参数名。例如,例 1.2 中的 max 函数的首部为 int max(int x,int y),分别表示函数返回值为整型,函数名为 max,有两个分别定义的整型形参 x 和 y。

一个函数名后面必须跟一对圆括号,括号内写函数的参数类型及参数名。如果函数没有参数,可以在括号中写 void,也可以是空括号,如 main(void)或 main( )。

(2) 函数体,即函数首部下面的大括弧{…}内的部分。如果一个函数内有多对大括弧,则最外层的一对{ }为函数体的范围。

函数体一般包括:

① 数据说明部分。由变量定义、自定义函数声明和外部变量说明等部分组成,其中变量定义是主要的。

例如,例 1.2 中 main 函数中的“int a,b,c;”。

② 函数执行部分。函数执行部分一般由若干条可执行语句组成。

例如,在例 1.1 的 main()函数中,除变量定义语句“int a,b,sum;”外,其余 4 条语句构成该函数可执行的语句部分。

当然,在某些情况下也可以没有声明部分,甚至可以既无声明部分,也无执行部分。

3. 程序的基本特点

(1) 函数体中的数据说明部分必须位于可执行语句之前,即数据说明语句不能与可执行语句交叉在一起。

例如,下面程序中变量定义语句"int max;"的语句位置是错误的。

```
void main()
{
    int x,y;
    x=3; y=7;
    int max;              /* 此句位置错误,所有的定义都应在可执行语句之前 */
    if(x>y)max=x;
    else max=y;
    printf("max=%d\n",max);
}
```

如何改正,请读者思考。

(2) C程序书写格式自由,一行内可以写一个或多个语句,一个语句也可以分写在多行上。

(3) C语言本身没有输入/输出语句。输入和输出的操作是由库函数 scanf 和 printf 等函数来完成的,C语言对输入/输出实行"函数化"。

(4)可以用"/*……*/"对C程序中的任何部分作注释(在VC++中也可用"//"作为行注释,本章中采用第一种方法进行注释,后面各章中均采用第二种方法进行注释)。一个好的、有使用价值的源程序都应当加上必要的注释,以增加程序的可读性。

(5) C语言中严格区分字母的大小写。一般使用小写字母作为函数名、变量名等,而使用大写字母作为常量名。

(6) C语言规定每条语句或数据说明均以分号";"结束,否则编译时可能会出错。

(7)主函数 main()既可以放在 max()函数之前,也可以放在 max()函数之后。习惯上,将主函数 main()放在最前面。

(8)为增强可读性,最好以缩进的格式书写程序(若不遵守,也不影响程序运行)。

(9)使用"{ }"时,为便于检查匹配性,最好同一层次的"{"和"}"缩进相同(若不遵守,也不影响程序运行)。

1.3　C语言程序的上机过程与步骤

1.3.1　C语言程序的上机过程

一个C语言程序的上机过程一般为:编辑→编译→连接→执行。

(1)编辑。使用一个文本编辑器编辑C语言源程序,并将其保存为文件扩展名为".c"的文件。

(2)编译。将编辑好的C语言源程序翻译成二进制目标代码的过程。编译过程由C语言编译系统自动完成。编译时首先检查源程序的每一条语句是否有语法错误,当发现错误时,就在屏幕上显示错误的位置和错误类型信息,此时要再次调用编辑器进行查错并修改,然后再进行编译,直到排除所有的语言和语义错误。正确的源程序文件经过编译后,在磁盘上生成同名的目标文件(.obj)。

(3)连接。将目标文件和库函数等连接在一起形成一个扩展名为".exe"的可执行文件。如果函数名称写错或漏写包含库函数的头文件,则可能提示错误信息,从而得到程序错误数据。

（4）执行。可以脱离C语言编译系统，直接在操作系统下运行。若执行程序后达到预期的目的，则C程序的开发工作到此完成，否则要进一步修改源程序，重复编辑→编译→连接→运行的过程，直到取得正确结果为止。

C语言是一种非常灵活的编程语言，"灵活"固然好，可是对初学者而言往往找不到错误的所在。C编译程序对语法的检查不如其他高级语言严格，要由程序设计者自己设法保证程序的正确性。因此需要不断地积累，提高程序设计和调试程序的水平。

学习C语言没有捷径，只有在学好课本知识的基础上，经过大量的上机练习才能真正掌握它。C语言的编程环境有多种，比如，Turbo C、Microsoft C、Borland C以及可视化VC++集成开发环境等。下面以VC++6.0为例介绍C语言程序的上机具体步骤。

1.3.2 C语言程序的上机步骤

1. 源程序编辑和保存

（1）新建源程序。

在VC++开发环境主窗口选择File（文件）|New（新建）命令，弹出一个New（新建）对话框。单击对话框上方的Files（文件）选项，在其左侧列表中选择C++ Source File项，然后分别在右侧的文本框File（文件）和Location（位置）中输入准备编辑的源程序存储路径和文件名（lx1-1.c），如图1-1所示。

注意：文件的扩展名一定要用.c，以确保系统将输入的源程序文件作为C文件保存。否则，系统默认为C++源文件（默认扩展名为cpp）。

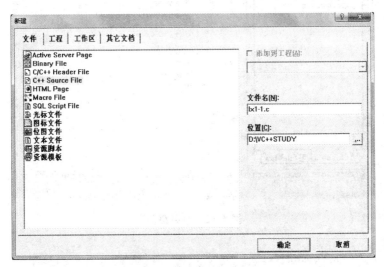

图1-1 VC++中新建文件对话框

在开发环境右侧的编辑区输入相关程序代码并保存。

（2）打开已存在文件。

在VC++开发环境主窗口选择File|Open命令，或按Ctrl+O键，此时可通过打开文件对话框选择要装入的文件名；也可以直接在"我的电脑"中按路径找到已有的C程序名（如lx1-1.c），双击此文件名，则进入VC++集成环境，并打开此文件，编辑区中显示相应程序可供修改。

Open命令可打开多种文件,包括源文件、头文件、各种资源文件、工程文件等,并打开相应的编辑器,使文件内容在工作区显示出来,以供编辑修改。

(3) 保存文件。

在VC++开发环境主窗口选择File(文件)|Save(保存)命令,将修改后的程序保存在原来的文件中。

2. 源程序的编译

程序全部或部分编写完成后需进行编译后才能运行。程序编译后一般可能会出现一些语法错误,需要根据Output窗口中的提示信息对程序进行重新修改,直到编译后不再出现错误为止。

单击Build(组建)菜单,在其下拉菜单中选择Compile lx1-1.c(编译lx1-1.c),如图1-2所示,对程序进行编译。这时,屏幕上出现如图1-3所示的对话框,提示建立一个默认的工程工作区,选"是"按钮确认;紧接着,又出现如图1-4所示的对话框,问是否要保存当前的C文件,回答"是";然后,系统开始编译当前程序。如果程序正确,即程序中不存在语法错误,则VC窗口出现"lx1-1.obj-0 error(s), 0 warning(s)"的提示信息,并生成扩展名为.obj的目标文件。

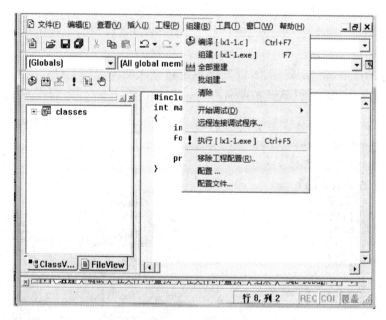

图1-2　编译窗口

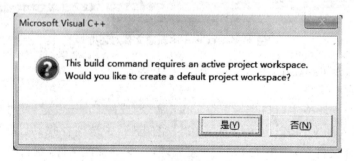

图1-3　建立默认工程工作区

图 1-4　提示保存文件对话框

3. 程序的连接

选择 Build(组建)菜单下的 Build(组建)命令,即可进行连接操作,信息窗口显示连接相关信息,若出现错误,按照错误信息修改源文件后重新编译、组建直到生成. exe 可执行文件。

以上介绍的是分别对源程序进行编译与连接,也可以直接用 Build 菜单下的 Build(或按 F7 键)一次完成编辑与连接。但对初学者来说,还是提倡分步进行程序的编译和连接,因为刚开始学习所编写的程序出错的机会较多,最好等上一步完全正确后再进行下一步操作。对于有经验的程序员来说,在对程序比较有把握时,可以一步完成编译与连接。

4. 程序的运行

当程序编译、连接均提示无错误信息(0 error(s))后,选择 Build 菜单下的"执行 lx1 - 1. exe"命令,或按相应的功能键 Ctrl+F5,程序开始运行,然后显示程序的输出结果。输出结果的屏幕将等待用户按下任意键后,才返回编辑状态,一个 C 程序的执行过程结束。

5. 关闭工作空间

选择 File(文件)中的 Close Workspace(关闭工作空间)命令,在弹出的对话框中单击"是"按钮,退出当前程序。

注意:调试完程序后重新编写新的程序,一定要用 File|Close Workspace 命令关闭工程文件,否则,编译或运行时总是原来的程序。

1.4　C 语言的简单应用实例

【**例 1.3**】　下列 C 语言程序的功能是在屏幕上显示一个软件封面。

```
********************************
*       学生成绩管理信息系统      *
*                              *
*          研制者　王利民         *
********************************
```

(1)算法分析。

本例很简单,只需要使用 printf 函数输出相应的字符串即可。

(2)程序设计。

```
#include <stdio. h>    /* 包含标准输入/输出头文件 */
void  main()          /* 主函数 */
{                     /* 下面用 5 个输出函数输出 5 个字符串 */
```

```
        printf(" ******************************** \n");
        printf(" *      学生成绩管理信息系统        * \n");
        printf(" *                                * \n");
        printf(" *          研制者  王利民          * \n");
        printf(" ******************************** \n");
}
```

（3）程序运行。

按照上机步骤，经过编辑、编译、连接、运行上述程序。

【例 1.4】 已知地球的赤道半径为 6378 千米，求地球赤道的长度及地球的表面积。

（1）算法分析。

设地球的赤道半径为 r，地球赤道的长度为 l，地球的表面积为 s，则地球赤道的长度 $l=2\pi r$，地球的表面积 $s=4\pi r^2$。

（2）程序设计。

```
#include <stdio.h>                          /* 预处理命令 */
void main()                                 /* 主函数 */
{                                           /* 程序开始 */
    float r,l,s;                            /* 变量声明 */
    r=6378;                                 /* 给半径 r 赋值为 6378 */
    l=2*3.14159*r;                          /* 求地球赤道的长度 */
    s=4*3.14159*r*r;                        /* 求地球的表面积 */
    printf("地球赤道的长度为:%f 千米\n",l);    /* 输出地球赤道的长度 */
    printf("地球的表面积为:%f 平方千米\n",s);   /* 输出地球的表面积 */
}                                           /* 程序结束 */
```

（3）程序运行。

按上述上机步骤，经过编辑、编译、连接、运行后，得到运行结果。

地球赤道的长度为:40074.121094 千米

地球的表面积为:511185504.000000 平方千米

练习题 1

一、选择题

1. 高级语言的特点是_____。
   A. 独立于具体计算机硬件   B. 不需编译
   C. 一种自然语言   D. 执行速度快
2. 在计算机系统中，可以直接执行的程序是_____。
   A. 源代码   B. 汇编语言代码
   C. 机器语言代码   D. ASCII 码
3. 一个 C 程序由若干个函数组成，各个函数在程序中的位置为_____。
   A. 任意   B. 第一个函数必须是主函数，其他函数任意
   C. 必须完全按照顺序排列   D. 其他函数必须在前，主函数必须在后

4. 下列叙述中,正确的是_____。

A. C 程序中的所有字母都必须大写

B. C 程序中的关键字必须小写,其他标识符不区分大小写

C. C 程序中的所有字母都不区分大小写

D. C 程序中的关键字必须小写

5. 以下叙述中正确的是_____。

A. C 程序中的注释只能出现在程序的开始位置和语句的后面

B. C 程序书写格式严格,要求一行内只能写一个语句

C. C 程序书写格式自由,一个语句可以写在多行上

D. 用 C 语言编写的程序只能放在一个程序文件中

6. 以下叙述中正确的是_____。

A. C 语言程序将从源程序中第一个函数开始执行

B. 可以在程序中由用户指定任意一个函数作为主函数,程序将从此开始执行

C. C 语言规定必须用 main 作为主函数名,程序将从此开始执行,在此结束

D. main 可作为用户标识符,用以命名任意一个函数作为主函数

7. C 语言程序的基本单位是_____。

A. 程序行　　　　　B. 语句　　　　　C. 函数　　　　　D. 字符

8. 下列叙述中错误的是_____。

A. 一个 C 语言程序只能实现一种算法

B. C 程序可以由多个程序文件组成

C. C 程序可以由一个或多个函数组成

D. 一个 C 函数可以单独作为一个 C 程序文件存在

二、填空题

1. 程序设计语言主要分为以下三类:机器语言、_____和_____。

2. 在 C 语言中,一个函数一般由两个部分组成,它们是_____和_____。

3. C 程序开发过程的一般步骤为:源程序的编辑、_____、_____和运行。

4. C 程序源文件的扩展名为_____,编译成功后产生的文件扩展名为_____,连接成功后产生文件扩展名为_____。

三、应用题

1. 参照例 1.1,阅读分析下列实现从键盘输入两个数并求出它们的乘积的程序。

```c
#include <stdio.h>
void   main()
{
    int x,y,z;
    x=100; y=200;
    z=x*y;
    printf("%d 和%d 的乘积是%d\n",x,y,z);
}
```

请按照上机步骤,经过编辑、编译、连接、运行上述程序。

程序运行结果如下:

100 和 200 的乘积是 20000

2. 参照例 1.2,阅读分析下列实现求三个数中的最大数的程序。

```c
#include <stdio.h>
void main()
{   int max(int x,int y);
    int a,b,c,m;
    printf("请输入三个数,数据之间用逗号分隔:\n");
    scanf("%d,%d,%d",&a,&b,&c);
    m=max(a,b);
    m=max(m,c);
    printf("最大数是%d\n",m);
}
int max(int x,int y)
{   int z;
    if(x>y)z=x;
    else z=y;
    return(z);
}
```

请按照上机步骤,经过编辑、编译、连接、运行上述程序。

程序运行结果如下:

请输入三个数,数据之间用逗号分隔:

5,15,10

最大数是 15。

第 2 章 C 语言程序设计基础

> 本章的主要内容:程序设计与算法的基本概念,C 语言的基本数据类型,标识符、常量与变量,运算符和表达式,数据类型转换以及常用库函数。通过本章内容的学习,应当解决的问题:如何进行程序设计? 简单问题的算法表示,基本数据类型的运用,各种运算符的用法以及表达式的求值,阅读理解简单的 C 程序。

2.1 程序设计的引入

【任务】 利用 C 语言程序设计的基础知识阅读分析给定的 C 语言程序,如求已知边长的三角形面积、求解一元二次方程的实根等,按照上机步骤,较熟练进行编辑、编译、连接、运行程序。

2.1.1 程序设计意义

通过上一章内容的学习,我们已经知道:计算机系统的工作是由事先设计好的程序来控制的。人们根据自己要解决问题的需要,将需要计算机做的工作编制成计算机程序,通过输入设备送入计算机,放在存贮器里保存起来,然后向计算机发出执行程序的命令,于是,在控制器的控制下,计算机便按照程序要求自动地进行工作。计算机工作时,控制器从程序的第一条指令开始,逐条地读取指令并进行翻译,然后按指令的规定和要求指挥整个计算机系统工作,直到程序执行完毕,完成人们交给计算机的工作。

只有通过程序设计,才能按指定要求,编制计算机能识别的特定指令组成的程序。

2.1.2 程序设计过程

对复杂程度较高的问题,想直接编写程序是不现实的,必须从问题描述入手,经过对解题算法的分析、设计直至程序的编写、调试和运行等一系列过程,最终得到能够解决问题的计算机应用程序,此过程称为程序设计。通俗来讲就是分析问题、编写程序、调试程序的过程。程序设计的一般步骤:

1. 问题分析

程序设计人员通过交流与资料归纳,总结和明确系统的具体功能要求,并用自然语言描述出来。

2. 算法设计

根据问题的功能要求,分析解决问题的基本思路和方法,也就是通常所说的算法设计。

3. 程序设计

确定数据结构和算法:数据结构+算法=程序。程序设计人员根据系统分析和程序结构,使用计算机系统提供的某种程序设计语言编写程序,这一过程称为程序设计。一般把使用 C 语言按照其语法规则编写的未经编译的字符序列称为源程序(Source Code,又称源代码)。

4. 编辑、编译与连接

将编辑的程序存入一个或多个文件,这些文件称为源文件。通过编译工具,将编写好的源文件编译成计算机可以识别的指令集合,最后形成可执行的程序。这一过程包括编译和连接两部分。计算机硬件能够理解的只有计算机指令,也就是由"0"和"1"组成的指令码。这就需要一个软件将计算机不能直接执行的程序"翻译"成计算机能直接理解的指令序列。对 C 语言等许多高级程序设计语言来说,这种软件就是编译器(Compiler),因此编译器充当成类似"翻译"的角色,其精通两种语言:机器语言和高级程序设计语言。编译器首先对源程序进行词法分析,然后进行语法和语义分析,最后生成可执行的目标代码。

5. 运行与调试

运行程序,检查程序有没有按要求完成指定工作,如果没有或者程序出错,则回到第 3 步,修改源程序后编译、连接成可执行程序,再次检查直到获得正确结果。

6. 编写程序文档

许多程序是提供给别人使用的,如同正式的产品应当提供产品说明书一样,正式提供给用户使用的程序,必须向用户提供程序说明书。内容应包括:程序名称、程序功能、运行环境、程序的装入和启动、需要输入的数据,以及使用注意事项等。

2.1.3　程序设计思想

程序设计思想就是用某种语言编写程序的思考方式和步骤,是程序设计的灵魂。随着程序设计思想的发展,经历了:结构化程序设计思想,以 C 语言为代表;面向对象的程序设计思想,代表语言有 JAVA、C++语言;事件驱动的程序设计思想,代表语言有 Visual Basic;逻辑式对象程序设计思想,代表语言 Prolog、LISP;并行程序设计思想以及目前发展起来的组件技术和面向切面的编程技术等。

本课程主要介绍结构化程序设计(面向过程)思想,培养抽象思维和逻辑思维能力,为程序设计打好基础。

2.2　算法与流程图

2.2.1　算法的概念及特性

1. 算法的概念

计算机之所以能够解决问题,是因为人们事先安排好了计算机解决问题的方法和执行步骤。为解决一个问题而采取的方法和步骤,称为"算法"。实际上,处理任何问题都需要算法,比如人们坐飞机前要经过一系列手续:买机票、到机场、换登记牌、行李托运、安检、候机、登机等。

计算机算法分为两大类:数值运算算法和非数值运算算法。数值运算算法的目的是求解数值,例如:求函数的定积分或方程的解等。非数值运算算法的范围很广,最常见的是事务管理领域,例如:工资管理、成绩管理、图书管理等。目前,计算机在非数值运算方面的应用远远超过了数值运算方面。

对于同一个问题,往往会有不同的算法。下面通过一个简单的例子来说明一个问题的求解可能存在多种算法。

【例 2.1】　求 $1+2+3+\cdots+100$ 的算法。

算法分析：

可以按逐一相加的办法进行计算，也可以用高斯求和公式 $1+2+\cdots+n=n(n+1)/2$ 进行计算。本例提供如下三种算法：

第一种算法：

第 1 步：计算 1 加 2 得 3；

第 2 步：将 3 与 3 相加得 6；

第 3 步：再将 6 与 4 相加得 10；

……

第 99 步：最后将 4950 与 100 相加得 5050。

最终算法描述需要写 99 个步骤，显然，此方法十分烦琐，不是最佳算法。

第二种算法：

不妨设一个变量 s 存放第一个加数，一个变量 i 存放第二个加数，相加后将两者的和重新放在变量 s 中作为新的第一个加数，修改第二个加数变量 i（i 值加 1），重复 $s+i \rightarrow s$ 及 $i+1 \rightarrow i$，直到加完。具体描述如下：

第 1 步：使 $s=0$；

第 2 步：使 $i=1$；

第 3 步：将 $s+i$ 的和仍放在 s 中，即 $s+i \rightarrow s$；

第 4 步：使 i 的值加 1，即 $i+1 \rightarrow i$；

第 5 步：如果 i 不大于 100，重复第 3 步~第 5 步；否则，输出 s 的值后结束。

思考：如何描述 $1+3+5+\cdots+99$ 的算法？

方案：只要将算法的第 4 步改为：$i+2 \rightarrow i$ 即可。

第三种算法：

第 1 步：取 n 的值为 100；

第 2 步：利用高斯公式计算 $s=n(n+1)/2$；

第 3 步：输出 s 的值。

显然，当 n 值较大时，第三种算法更高效。第二种算法对有规律数值的求和具有一定的灵活性和通用性。当然求和问题的算法还有很多，请读者进一步研究。

从上面的例子不难看出，要借助计算机进行问题求解，首先要对具体问题进行仔细分析，确定解决该问题的具体方法和步骤，也就是算法。

算法是程序设计的灵魂。要编写一个程序，首先要设计算法，再依据算法进行编程。著名的计算机科学家 Nicklaus Wirth 提出了一个公式：算法＋数据结构＝程序，该公式表示，一个程序由算法和数据结构两部分组成。算法是对操作或行为的描述，是求解问题的步骤；数据结构是对数据的描述，是在程序中指定用到的数据、数据的类型及数据的组织形式。

2. 算法的特性

一个完整的算法，应该具有下列特性：

（1）确定性。算法的每一步必须是确切定义的，且无二义性。算法只有唯一的一条执行路径，对于相同的输入只能得出相同的输出。

（2）有穷性。一个算法必须在执行有限次运算后结束。有穷性也称有限性，就是指算法的操作步骤是有限的，每一步骤在合理的时间范围内完成。如果计算机执行一个算法要 100

年才结束,这虽然是有穷的,但超过了合理的限度,也不能视为有效算法。对于包含循环结构的算法应避免出现死循环,否则就会无限制地执行下去。

（3）可行性。可行性也称为有效性,算法中的每一个步骤都能有效执行,并且得到确定的结果。比如对负数取对数,被 0 除等都不能有效执行。

（4）有零个或多个输入。算法可以有输入的初始数据,也可以没有给定的初始数据。如例 2.1 中计算 1 到 n 的累加和,n 是不确定的,就要由外界输入 n 的值;如果算法是计算从 1 到 100 的累加和,就不需要从外界输入数据。

（5）有一个或多个输出。算法的目的是为了求解问题,无任何输出的算法是没有意义的。

2.2.2 算法描述

描述一个问题求解的算法有多种方法,常用的方法有自然语言、流程图、N-S 图和伪代码等。

1. 自然语言

自然语言是指人们日常生活中所使用的语言,如汉语、英语和数学符号等。例 2.1 中给出的算法就是用自然语言来表示算法的。用自然语言描述算法比较符合人们的表达习惯,通俗易懂。缺点是缺乏直观性和简洁性,且易产生歧义。例如,有这样一句话:我们要进口钢材。那么到底是要"进口钢材"这种物品,还是要做"进口钢材"这件事情? 从这句话本身是难以判断的。另外,用自然语言描述分支和循环的算法,尤其是嵌套问题时很不方便。因此,除了简单问题外一般不用自然语言描述算法。

2. 流程图

流程图是指用特定的图形符号来描述算法。与自然语言相比,图形化的描述具有更加直观、结构清晰、条理分明、便于检查修改及交流等优点。

表 2-1 列出了国家标准 GB1526-1989 中定义的一些常用流程图符号及含义。

表 2-1　常用流程图符号

图形符号	名　称	含　义
▱	输入/输出框	表示输入或输出数据
▭	处理框	表示一个或一组操作
◇	判断框	表示条件判断,在其出口的流线旁应标注该出口值(通常为真或假)
▭	起止框	表示算法的开始或结束
○	连接符	表示转向或转自流程图其他处,对应的连接符应有相同的标记
→	流向线	表示算法的执行流程
--------	虚线	用于标示一个区域

【例 2.2】　画出求 1＋2＋3＋…＋100 的算法流程图。

本例的算法流程图如图 2－1 所示。

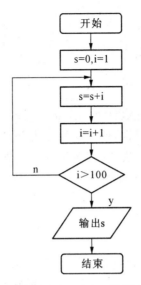

图 2－1　求 1＋2＋…＋100 的算法流程图

虽然流程图具有直观、形象的特点,但是,当算法较复杂时,占用篇幅较多。另外,由于流程线的使用没有严格限制,使得流程具有较大的随意性,阅读时难以理解算法的逻辑,使得算法的可靠性和可维护性难以保证。

3. N－S 结构化流程图

N－S 结构化流程图,简称 N－S 图,是 1973 年美国学者 I. Nassi 和 B. Schneiderman 提出的一种新的流程图形式,它是去掉流程线的流程图。N－S 是以两位学者名字的首字母命名的,它的特点是取消了流程线,全部算法集中在一个矩形框内,这样算法只能从上到下顺序执行,从而避免了算法流程的任意转向,保证了程序的质量。另外,N－S 图形象直观,节省篇幅,尤其适合于结构化程序设计。计算 1＋2＋3＋…＋100 的算法用 N－S 图表示如图 2－2 所示。

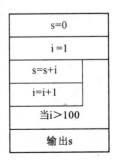

图 2－2　求 1＋2＋…＋100 的算法 N－S 图

4. 伪代码

伪代码是介于程序代码和自然语言之间的一种算法描述方法,书写时比较紧凑、自由,也比较好理解,方便转化为程序。

例如:求 1＋2＋3＋…＋100 的算法问题求解算法的伪代码可以描述如下:

Agrithema sum;

变量 s 初始化为 0；

变量 i 初始化为 1；

重复做：

　　将变量 s 的值加上 i，即 s＝s＋i；

　　将变量 i 的值增加 1，即 i＝i＋1；

直到 i 的当前值大于 100

输出变量 s 的值。

伪代码书写格式自由,容易表达设计者的思想,而且伪代码表示算法容易修改,但不如流程图直观,有时可能出现逻辑上的错误,所以这种方法不宜提倡。

以上介绍了几种表示算法的方法,在程序设计中可根据需要和习惯任意选用。有了算法,我们就可以根据算法用计算机语言编写程序了。因此,可以说程序是算法在计算机上的实现。

2.2.3 结构化程序设计

由于软件危机的出现,人们开始研究程序设计方法,其中最受关注的是结构化程序设计方法。该方法是荷兰学者 E. W. Dijkstra 在 1969 年提出的,是以模块化设计为中心,将待开发的软件系统划分为若干个相互独立的模块,这样可使每一个模块的功能简单而明确,尤其适用于一些较大规模的软件。"结构化程序设计"方法规定了三种基本结构:顺序结构、分支结构和循环结构,作为程序的基本流程描述,使程序具有更加合理的结构,以保证和验证程序的正确性。

1. 顺序结构

顺序结构是一种最简单的程序结构,可以由赋值语句、输入语句和输出语句构成。程序执行时,按照语句在程序中出现的先后顺序依次执行。顺序结构的流程图如图 2-3 所示。

2. 选择结构

选择结构又称分支结构,程序执行时,根据不同的条件执行不同分支中的语句。选择结构有单选择、双选择和多选择三种形式。选择结构的流程图如图 2-4 所示。

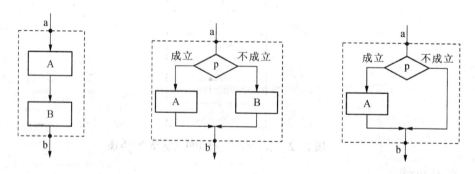

图 2-3 顺序结构的流程图　　　　　图 2-4 选择结构的流程图

3. 循环结构

循环结构根据给定的条件,使同一组语句重复执行多次或一次也不执行。循环结构的基本形式有两种:当型循环和直到型循环。循环结构的流程图如图 2-5 所示。

　　在结构化程序设计中,任何程序段的编写都基于这三种基本结构。程序具有明显的模块化特征,每个程序模块具有唯一的入口和出口语句。

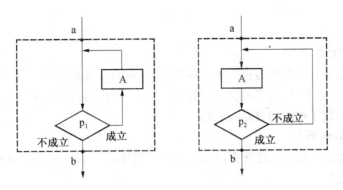

图 2-5　循环结构的流程图

　　结构化程序设计方法的优点:结构清晰、层次分明、容易编写、易于阅读、便于调试和维护,也易于保证程序的正确性和验证程序的正确性。结构化程序设计方法又称"自顶向下"法或"逐步求精"法。

4. 结构化程序设计原则

　　结构化程序设计方法的主要原则可以概括为:自顶向下、逐步求精、模块化、结构化编程和避免使用 goto 语句。

　　(1) 自顶向下。

　　程序设计时,应先考虑总体,后考虑细节;先考虑全局目标,后考虑局部目标。先从最上层总体目标开始设计,逐步使问题具体化,避免追求过多细节。

　　(2) 逐步求精。

　　对复杂的问题,设计一些子目标作为过渡,逐步细化。也就是将复杂问题分解为一系列简单的易于实现的子问题。

　　(3) 模块化。

　　一个复杂问题由若干个简单的问题构成。模块化是指解决一个复杂问题时,自顶向下逐层把软件系统划分成若干模块的过程。每个模块完成一个特定的子功能,所有的模块按某种方法组装起来,成为一个整体,完成整个系统所要求的功能。

　　(4) 结构化编程。

　　自顶向下、逐步细化的过程是将问题求解由抽象逐步具体化的过程,直到每一个小部分都能够用基本结构描述。

　　(5) 避免使用 goto 语句。

　　goto 语句也称为无条件转移语句,功能是改变程序流向,转去执行语句标号所标识的语句。goto 语句通常与 if 语句配合使用,实现循环或跳出循环体等功能。在某些条件下,有控制地使用一些 goto 语句可提高程序的效率。但是,如果不加限制地使用 goto 语句会破坏程序的结构性,难于理解。因此,应尽量避免使用 goto 语句。

2.3　标识符、常量与变量

2.3.1　标识符

1. 标识符的概念

由用户根据需要定义的符号称为用户标识符,又称自定义标识符。用户标识符一般用来标识变量名、符号常量名、自定义函数名、数组名、自定义类型名、文件名的有效字符序列,它们是由一系列字母和数字组成的自定义名称。

2. 标识符的命名规则

（1）标识符以字母或下划线开头,只能由字母、数字或下划线组成的字符序列(其实 C99 中有更宽泛的规定)。

（2）标识符的长度因系统而异,C89 允许的最长标识符长度为 31 个有效字符,C99 增加到 63 个有效字符。

（3）不能将关键字作为标识符。

3. 标识符的分类

C 语言中,标识符可分为 3 类:即关键字、预定义标识符和用户自定义标识符。

（1）关键字。

关键字是编程语言预定义的具有专门用途的一些名字,不允许作为用户程序的标识符使用,所以关键字又称保留字。

C89 标准中的关键字有 32 个,不同关键字有不同的含义,详见书后附录 B. 1。根据关键字的作用,可将其分为数据类型关键字、控制语句关键字、存储类型关键字和其他关键字 4 类。具体功能在后续章节详细介绍。

① 数据类型关键字(12 个):char、int、long、float、double、short、signed、unsigned、struct、enum、union、void。

② 控制语句关键字(12 个):if、else、switch、case、default、do、while、for、break、continue、goto、return。

③ 存储类型关键字(4 个):auto、extern、static、register。

④ 其他关键字(4 个):const、typedef、sizeof、volatile。

（2）预定义标识符。

预定义标识符是指 C 语言提供的库函数名和预编译处理命令等。如 printf、scanf、include、define 等。为了编程方便、可靠,防止误解,建议用户避免将这些标识符另作他用。

（3）用户自定义标识符。

用户在编程时,要给一些变量、函数、数组、文件等命名,将这类由用户根据需要自己定义的标识符称为用户自定义标识符。如 a、c1、c_2、max、_score 均为用户自定义标识符。

① C 语言中的标识符区分英文字符的大小写,即同一字母的大小写被认为是不同的字符。如标识符 abc 和 aBc 是两个不同的标识符。因此,使用标识符时,务必注意大小写。习惯上,变量名和函数名中的英文字母用小写,符号常量用大写表示,以示区别。

② 程序中使用的用户标识符除了要遵守标识符命名规则外,还应注意做到"见名知义",即选择具有一定含义的英文单词或汉语拼音作为标识符,如 numberl、red、yellow、green、work 等,以增加程序的可读性。

注意：见名知义、对齐与缩排以及注释称为良好的源程序书写风格的"三大原则"。本书始终严格遵循这三大原则来处理所有例题,也建议读者一开始就要注意养成一个良好的程序书写风格。

2.3.2　常量

所谓常量是指在程序运行过程中,其值不能被改变的量。按照使用方式的不同可分为直接常量和符号常量。在程序中不要任何说明就可直接使用的常量称为直接常量,也叫字面常量;经说明或定义后才能使用的常量称为符号常量。

根据常量的取值对象,C 语言将常量分为整型常量、实型常量、字符常量、字符串常量和符号常量等五种类型,如图 2-6 所示。

(1) 整型常量:就是不带小数点的整常数。例如,30,0,-25 等。

(2) 实型常量:由 0~9 数字和小数点组成。例如,0.23,-34.21,3.14159 等。

(3) 字符常量:由一对单引号括起来的单个字符。例如,'A','6','@' 等。

(4) 字符串常量:由一对双引号括起来的字符序列。例如,"aBc","6de","12"等。

(5) 符号常量:用标识符表示一个直接常量,需经说明或定义后才能使用。例如,"♯define PI 3.14159" 中的 PI 等。

常量的类型可通过书写形式来判别,后续章节进一步介绍。

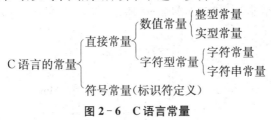

图 2-6　C 语言常量

2.3.3　变量

1. 变量的概念

所谓变量是指在程序运行过程中其值可以改变的量。程序中用到的所有变量都必须有一个名字作为标识,变量的名字由用户定义,它必须符合标识符的命名规则。

2. 变量的要素

(1) 变量名。每个变量都有一个名字,即变量名,变量命名应遵循标识符的命名规则。

(2) 变量值。在程序运行过程中,变量值存储在内存中,不同类型变量占用的内存单元数不同。

一个变量实质上是代表了内存中的某个存储单元。在程序中变量 a 就是指用 a 命名的某个存储单元,用户对变量 a 进行的操作就是对该存储单元进行的操作。在程序中,通过变量名来引用变量的值。

3. 变量的定义及初始化

C 语言规定,程序中所有变量都必须先定义后使用。对变量的定义通常放在函数体内的前部,但也可以放在函数的外部或复合语句的开头。

像常量一样,变量也有整型变量、实型变量、字符型变量等不同类型。在定义变量的同时要说明其类型,系统在编译时就能根据其类型为其分配相应的存储单元。

（1）变量定义的一般格式。

［*存储类型*］ 数据类型 变量名1,变量名2,…;

例如：

int a,b,c;   //定义3个整型变量a,b,c

long m,n;   //定义2个长整型变量m,n

float x,y;   //定义2个实型变量x,y

char c1,c2;   //定义2个字符型变量c1,c2

（2）变量初始化的一般格式。

［*存储类型*］ 数据类型 变量名1［＝初值1］,变量名2［＝初值2］,…;

例如：

float r＝3.5,1＝3,area;

该语句定义了r,1,area三个实型变量,同时初始化了变量r,1。

2.4 基本数据类型

程序处理的对象是数据,计算机处理的所有内容均以数据的形式表现。数据类型是用来描述数据的表示形式,用来定义常量或变量允许具有何种形式的数值或对其进行何种操作。在程序设计语言中,通过数据类型描述程序中的数据。

C语言中的数据类型非常丰富,如图2-7所示。丰富的数据类型使得C语言具有很强的数据处理功能。

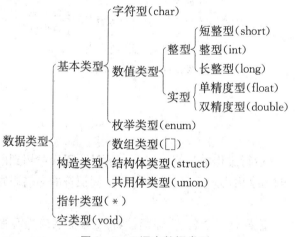

图 2-7 C语言数据类型

C语言有4种基本数据类型:整型、实型、字符型、空类型。

2.4.1 整型数据

1. 整型常量

在C语言中,整型常量有十进制、八进制和十六进制三种表示形式。

（1）十进制。十进制整型常量的表示与数学上的整数表示相同,没有前缀,由0~9数字组成。

例如：

合法的十进制常量:34、－24、32767、0、＋12（"＋"可省略）;

不合法的十进制常量:023(不能有前缀 0)、62B(含非十进制数码)。

(2) 八进制。八进制整型常量的表示必须由数字 0 开头(即以 0 作为八进制数的前缀)的 0~7 数字组成,八进制数通常是无符号数。

例如:

合法的八进制常量:016(十进制为 14)、0125(十进制 85);

不合法的八进制常量:123(无前缀 0)、0138(含非八进制数码)。

(3) 十六进制。十六进制整型常量的表示必须由数字 0 和 x(X)开头(即以 0x 或 0X 作为十六进制数的前缀)的 0~9 数字,a~f 或 A~F 字符组成,十六进制数通常也是无符号数。

例如:

合法的十六进制常量:0x41(十进制为 65)、0x5C(十进制 92);

不合法的十六进制常量:0A3(无前缀 x)、0xH8(含非十六进制数码)。

注意:C 程序中根据前缀来区分不同的进制数,因此在书写常量时不要将前缀写错,以免导致错误的结果。

2. 整型变量

整型类型的数据简称整型数据,整型数据是没有小数部分的数据。

(1) 整型变量的分类。

整型数据分为一般整型(int)、短整型(short int 或 short)、长整型(long int 或 long)和无符号整型(unsigned)四种。

C 语言标准没有具体规定以上各类数据所占内存的字节数,某种数据类型所占内存的字节数随计算机系统不同而有差异。在 VC++环境和 Turbo C 环境下,整型数据的字节数及取值范围如表 2-2 所示。

表 2-2　VC++与 TC 中整型数据的字节数及取值范围

关键字	VC++环境		Turbo C 环境	
	字节数	取值范围	字节数	取值范围
short [int]	2	−32768~+32767	2	−32768~+32767
unsigned short	2	0~65535	2	0~65535
int	4	−2147483648~+2147483647	2	−32768~+32767
unsigned [int]	4	0~4294967295	2	0~65535
long [int]	4	−2147483648~+2147483647	4	−2147483648~+2147483647
unsigned long	4	0~4294967295	4	0~4294967295

注意:如果不清楚某种数据类型在内存中占有的字节数,可以使用 sizeof(数据类型)(详见 2.5.7)由系统显示其占用字节数,比如 sizeof(int),在 VC++环境中结果为 4,而在 TC 环境中结果为 2。

(2) 整型数据在内存中的存放形式。

整数在存储单元中以整数的二进制补码形式存放。

一个正数的补码是此数的二进制形式,如 10 的二进制形式是 1010,如果用 2 个字节存放,则在存储单元中数据形式如图 2－8 所示。

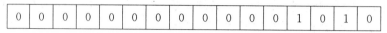

图 2－8 整数 10 在内存单元中的表示

如果是负数,则应先求出负数的补码。求负数补码的方法是:先将此数的绝对值写成二进制形式,然后对其后面所有各二进制位按位取反,再加 1。

例如:

按上述方法求－10 的补码的过程如图 2－9 所示。

10 的原码:

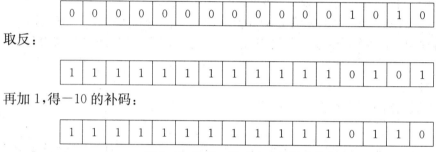

取反:

再加 1,得－10 的补码:

图 2－9 整数－10 在内存单元中的表示

在存放整数的存储单元中,最左面一位是用来表示符号的,如果该位为 0,表示数值为正;如果该位为 1,表示数值为负。

注意:整数在计算机内是以补码表示的:正数的补码和原码相同;负数的补码:将该数的绝对值的二进制形式按位取反再加 1。

(3) 整型变量的定义。

变量定义的一般形式为:

类型说明符 变量名标识符,变量名标识符,…;

例如:

int a,b,c;   //a,b,c 为整型变量

long x,y;   //x,y 为长整型变量

unsigned p,q;   //p,q 为无符号整型变量

在书写变量定义时,应注意以下几点:

① 允许在一个类型说明符后,定义多个相同类型的变量;各变量名之间用逗号间隔,类型说明符与变量名之间至少用一个空格间隔。

② 最后一个变量名之后必须以";"号结尾。

③ 变量定义必须放在变量使用之前。一般放在函数体的开头部分。

2.4.2 实型数据

实型数据,在 C 语言中又称为浮点数,实型可分为单精度型和双精度型两种,其中,单精度型用 float 表示,双精度型用 double 表示。

1. 实型常量

在 C 语言中,实型常量也称为浮点型常量,只能用十进制表示。它有两种形式:小数形式

和指数形式。

（1）小数形式。由 0～9 数字和小数点组成。

例如：4.6、−1.23、3.14159、0.03、23.35 等均为合法的实数，与数学中的写法几乎一样。

注意：小数形式实型常量必须有小数点。

（2）指数形式。由尾数加上阶码标志 e 或 E 及阶码组成，其一般形式为：xEn，其中：x 为尾数（十进制数），n 为阶码（十进制整数），其值为 $x \times 10^n$。

例如：3.456E5 表示 3.456×10^5，前者是 C 语言表示形式，后者是数学形式。

用指数形式表示实型数据时，在 C 语言中有以下语法规定：

① 字母 e 或 E 之前必须要有数字；

② 字母 e 或 E 之后的指数必须为整数；

③ 在字母 e 或 E 的前后及数字之间不能插入空格。

合法的指数形式：$2.14e5(2.14 \times 10^5)$、$1E4(1 \times 10^4)$、$−6e−3(−6 \times 10^{−3})$；

不合法的指数形式：E5（E 前无数字）、1.6E（无阶码）、2.3−E4（负号位置不对）。

2. 实型变量

（1）实型数据在内存中的存放形式。

实型数据一般占 4 个字节（32 位）内存空间，按指数形式存储。如实数 314.159 在内存中的存放形式如图 2 - 10 所示。

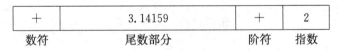

＋	3.14159	＋	2
数符	尾数部分	阶符	指数

图 2 - 10　实数在计算机中的表示

尾数部分的小数位数愈多，数的有效数字愈多，精度愈高。数符和尾数部分一般占 24 位；指数部分占的位数愈多，则能表示的数值范围愈大。阶符和指数部分一般占 8 位。

（2）实型变量的分类。

实型变量分为：单精度（float 型）、双精度（double 型）和长双精度（long double 型）三类。实型变量的存储长度、取值范围和精度见表 2 - 3。

表 2 - 3　实型数据的字节数及取值范围

关键字	字节数	取值范围	精度（有效位）
float	4	3.4E−38～3.4E+38	6～7
double	8	1.7E−308～1.7E+308	15～16
long double	10	3.4E−4932～3.4E+4932	18～19

C 语言提供了一个测试某种类型数据所占存储空间长度的运算符 sizeof，它的一般格式为：sizeof（类型标识符）

例如：

sizeof(int) 的值为 2，sizeof(float) 的值为 4。

（3）实型变量的定义。

实型变量定义的格式和书写规则与整型相同。

例如：

float x,y;　　　　　　　// x,y 为单精度实型量

double a,b,c;　　　　　// a,b,c 为双精度实型量

2.4.3　字符型数据

字符类型的数据简称字符数据，用 char 表示，占一个字节（8 个二进制位）内存。

1. 字符常量

用单引号括起来的单个字符称为字符常量。字符常量在计算机内是采用该字符的 ASCII 编码值表示的，其数据类型为 char 型。如 'a'、'A'、'4'、'='、'@' 等都是合法的字符常量。注意 'a' 和 'A' 是不同的字符常量，其 ASCII 码的值不同。

2. 转义字符

在 C 语言中，有一类特殊的字符，称为转义字符。转义字符以反斜线"\"开头，后跟一个或几个字符。转义字符具有特定的含义，表示 ASCII 码字符集中不可打印的控制字符和特定功能的字符。常用的转义字符如表 2 - 4 所示。

表 2 - 4　转义字符

转义字符	转义字符的意义	ASCII 代码
\n	换行	10
\t	横向跳到下一制表位置	9
\b	退格	8
\r	回车	13
\f	走纸换页	12
\\	反斜线符"\"	92
\'	单引号符	39
\"	双引号符	34
\a	响铃	7
\0	字符串结束符	0
\ddd	ddd 为八进制形式的 ASCII 值	
\xhh	hh 为十六进制形式的 ASCII 值	

广义地讲，C 语言字符集中的任何一个字符均可用转义字符来表示。表中 ddd 和 hh 分别为八进制和十六进制的 ASCII 代码。如 '\101' 表示字母 'A','\x42' 表示字母 'B','\134' 表示反斜线等。常用字符与 ASCII 码对照表详见附录 A.1。

注意：在程序中，转义字符作为字符常量必须用单撇号括起来。如 c='\n';。

【例 2.3】 阅读分析转义字符的输出。

```c
#include <stdio.h>
void main()
{
    printf("a bb \101 \x42\n");//转义字符:\101、\x42、\n
```

```
        printf("1\t2 b\ra\n");    //转义字符:\t、\r、\n
}
```

程序运行结果如下:

a bb A B

a 1　　　　2 b

思考:为何第二行第 1 个字符为"a"?

3. 字符变量

字符变量用来存储字符常量(即存储单个字符)。字符变量的类型说明符是 char,占 1 个字节内存单元。字符变量类型定义的格式和书写规则都与整型变量类似。

例如:

```
char ch1,ch2;                 //定义两个字符变量
ch1='a'; ch2='b';             //给字符变量赋值
```

4. 字符数据在内存中的存储形式及使用方法

每个字符变量被分配一个字节的内存空间,因此只能存放一个字符。字符值是以 ASCII 码的形式存放在变量的内存单元之中的。

例如:

x 的十进制 ASCII 码是 120,y 的十进制 ASCII 码是 121。对字符变量 a,b 赋予 'x' 和 'y' 值:a='x'; b='y';

实际上是在 a,b 两个单元内存放 120 和 121 的二进制代码,如图 2-11 所示。

a:

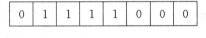

b:

图 2-11　字符变量在内存的存放形式

所以我们也可以把它们看成是整型量。C 语言允许对整型变量赋以字符值,也允许对字符变量赋以整型值。在输出时,允许把字符变量按整型量输出,也允许把整型量按字符变量输出。整型占 2 个字节空间,字符占 1 个字节空间,当整型数据按字符型处理时,只有低 8 位(即数据从右向左数的 8 位数据)参与处理。

【例 2.4】 阅读分析字符变量的字符形式和整数形式输出。

```
//字符形式和整数形式输出字符变量
#include <stdio.h>
void main()
{
    char ch1,ch2;
    ch1=120;
    ch2=121;
    printf("ch1=%c,ch2=%c\n",ch1,ch2);
    printf("ch1=%d,ch2=%d\n",ch1,ch2);
```

}

程序运行结果：

ch1＝x,ch2＝y

ch1＝120,ch2＝121

本程序中定义 ch1、ch2 为字符型,但在赋值语句中赋以整型值。从结果看 ch1、ch2 值的输出形式取决于 printf 函数格式串中的格式符,当格式符为"％c"时,对应输出的变量值为字符,当格式符为"％d"时,对应输出的变量值为整数。

请思考：

① 若将赋值语句 ch1＝120；ch2＝121；改为 ch1＝'x';ch2＝'y';对输出结果有无影响?

② 若用字符形式输出一个大于 256 的数值,会得到什么结果?

上机时,请自行设计若干实例,验证结论。

2.4.4　字符串常量

1. 字符串常量

字符串常量是由一对双撇号括起的若干字符序列。字符串中所含字符的个数称为串长度。长度为 0 的字符串称为空字符串(简称空串),表示为""(一对紧连的双撇号)。

例如：

"CHINA"、"C program"、"＄12.5"等都是合法的字符串常量,其长度分别为 5、9 和 5(空格也是一个字符)。

如果反斜杠和双撇号作为字符串中的有效字符,则必须使用转义字符。

例如：

He says:"you are welcome!"

应表示为：

He says:\"you are welcome!　\"

2. 字符串的存储

字符常量占一个字节的内存空间,而字符串常量占的内存字节数等于字符串中字节数加 1。增加的一个字节中存放字符 '\0'(ASCII 码为 0,字符串结束标志)。

C语言规定：在存储字符串常量时,由系统在字符串的末尾自动加一个 '\0' 作为字符串结束的标志。

注意：在源程序中书写字符串常量时,不必加结束字符 '\0',系统会自动加上。

例如：

字符串 "program" 在内存中实际存储如下：

p	r	o	g	r	a	m	\0

最后一个字符 '\0' 是系统自动加上的。

3. 字符常量和字符串常量比较

字符常量 'a' 和字符串常量"a"虽然都只有一个字符,但在内存中的情况是不同的。

'a' 在内存中占一个字节,可表示为：

a

"a"在内存中占二个字节,可表示为：

a	\0

由此可见,字符串常量和字符常量是不同的量。它们之间主要有以下区别:

(1) 定界符不同。字符常量使用单撇号;而字符串常量使用双撇号。

(2) 长度不同。字符常量只能是单个字符,长度为 1;而字符串常量可以含一个或多个字符,长度可以是 0,也可以是某个整数。

(3) 存储要求不同。字符常量存储的是字符的 ASCII 码值;而字符串常量除了要存储有效的字符外,还要存储一个结束标志 '\0'。

另外,在 C 语言中没有专门的字符串变量。如果字符串常量需要存储在变量中,可以用字符数组来存放。详细内容将在第 6 章数组部分加以介绍。

2.4.5　符号常量

在 C 语言中可以用标识符表示一个直接常量,称为符号常量。符号常量一般使用大写英文字母表示,以区别于一般用小写字母表示的变量。

符号常量在使用之前必须先定义,其一般形式为:

＃define 标识符　常量

例如:

＃define PI 3.14159

＃define TRUE 1

＃define FALSE 0

＃define STAR '＊'

这里定义 PI、TRUE、FALSE、STAR 都为符号常量,其值分别为 3.14159、1、0、'＊'。＃define是 C 语言的编译预处理命令,它表示经定义的符号常量在程序运行前将由其对应的常量替换。

定义符号常量的目的是为了提高程序的可读性,便于程序的调试和修改。因此,在定义符号常量名时,应使其尽可能表达它所代表的常量的含义。例如前面所定义的符号常量名 PI,表示圆周率为 3.14159。此外,若要对一个程序中多次使用的符号常量的值进行修改,只需对预处理命令中定义的常量值进行修改即可。

2.4.6　空值型

C 语言有一种值集为空的类型,称为空值型,用 void 表示。void 类型用于描述函数没有返回值、函数没有参数及无类型指针。

2.5　运算符和表达式

在解决问题时不仅要考虑需要哪些数据,还要考虑对数据进行什么操作,以达到求解的目的。对数据执行的各种操作是通过运算符来实现的,由常量、变量等数据和运算符连接而成的式子称为表达式。

C 语言的运算符非常丰富,如表 2 - 5 所示。详细的运算符的优先级与结合性见附录 B.2。

表2-5 C语言运算符

名　称	功　能	符　号
算术运算符	用于各类数值运算	＋ － ＊ ／ ％ ++ --
关系运算符	用于比较运算	＞ ＜ ＝＝ ＞＝ ＜＝ ！＝
逻辑运算符	用于逻辑运算	&& ‖ ！
赋值运算符	用于赋值运算	＝ ＋＝ －＝ ＊＝ ／＝ ％＝ ＜＜＝ ＞＞＝ &＝ ^＝ ｜＝
条件运算符	三目运算符	？：
位操作运算符	按二进制位进行运算	& ｜ ～ ^ ＜＜ ＞＞
逗号运算符		，
求字节数运算符		sizeof
指针运算符		＊ &
特殊运算符		（） ［］ ． —＞

2.5.1　算术运算符和表达式

1. 基本算术运算符

基本算术运算符包括：－（负号）、＋（正号）、＋（加）、－（减）、＊（乘）、／（除）、％（取余）。

说明：

（1）－（负号）、＋（正号）运算符用于对操作数取负和取正的操作，操作数的类型可以是字符型、整型、实型和枚举类型。取负操作的结果是给操作数的值取个负号，取正操作的结果与操作数相同，一般情况下，取正操作很少使用。

（2）＋（加）、－（减）实现两个操作数的加、减运算，操作数的类型可以是字符型、整型、实型、枚举类型和指针类型。

（3）＊（乘）、／（除）实现两个操作数的乘、除运算，操作数的类型可以是字符型、整型、实型和枚举类型。

C语言规定：如果两个整数相除，其商为整数，舍去小数。例如：13/5＝2,1/2＝0。如果参与运算的数据中有一个是实型，则结果为实型。例如13.0/5＝2.6,1/2.0＝0.5。

如果商为负值，则取整的方向随系统而异。但大多数系统采取"向零取整"原则，取整后向零靠拢，即取其整数部分。例如，－5/3＝－1。

（4）％（取余）。

C语言规定：取余运算符"％"要求两侧的操作数必须为整型数据，求余运算的结果等于两数相除后的余数。

例如：

5％3＝2,3％5＝3,－14％5＝－4 其运算都是正确的，而 5.0％3 和－14％5.0 是不允许的。

（5）不同类型数据运算。

在进行＋、－、＊、／运算时，参加运算的两个数据中如有一个为实数，则结果为实型。例如，5.0＋3＝8.0,8.3－4＝4.3,3＊5.0＝15.0,5/2.0＝2.5,结果都为实数。

　　字符型数据可以和数值型数据混合运算。因为字符型数据在计算机内部是用 ASCII 码值来表示的。

　　例如：

　　已知 ch1='a',ch2='2',计算 ch1+3 和 ch2+3 的值。

　　ch1+3 结果为 97+3=100,ch2+3 结果为 50+3=53,因为参与运算的 ch1 和 ch2 为字符 'a' 和 '2' 的 ASCII 码值 97 和 50。

2. 自增（减）运算符

　　自增运算是将单个变量的值增 1,自减运算是将单个变量的值减 1。自增 1、自减 1 运算符均为单目运算,都具有右结合性。

　　自增、自减运算有两种用法。

　　（1）前置运算。

　　前置运算是指运算符放在变量之前,如++变量,－－变量,++i,－－j。它先使变量的值增（或减）1,然后再以变化后的值参与其他运算,即先自增（或先自减）后运算。

　　（2）后置运算。

　　后置运算是指运算符放在变量之后,如变量++,变量－－,i++,j－－。它使变量先参与其他运算,然后再使变量的值增（或减）1,即先运算后自增（或自减）。

【例 2.5】　阅读分析自增、自减运算。

```c
#include <stdio.h>
void main()
{
    int x=5,y;
    printf("x=%d\n",x);          //输出 x 的初值 5
    y=++x;                       //前置运算,x 先自增 1(=6),再将 6 赋值给 y
    printf("x=%d,y=%d\n",x,y);
    y=x--;                       //后置运算,先将 x 当前值 6 赋值给 y,x 再自减 1
    printf("x=%d,y=%d\n",x,y);
}
```

　　程序运行结果如下：

x=5

x=6,y=6

x=5,y=6

　　思考:若将例 2.5 中"y=++x;"语句中的前置运算改为后置运算"(y=x++;)","y=x--;"语句中的后置运算改为前置运算"(y=--x;)",程序运行结果会如何？

　　注意:自增（减）运算符只能用于变量,不能用于常量和表达式。自增（减）运算常用于循环语句（第 5 章）及指针变量（第 9 章）中,它使循环控制变量加（或减）1,使指针指向下（或上）一个地址。

3. 算术表达式和运算符的优先级与结合性

　　表达式是由常量、变量、函数和运算符组合起来的式子。一个表达式有一个值及其类型,它们等于计算表达式所得结果的值和类型。表达式求值按运算符的优先级和结合性规定的顺序进行。单个的常量、变量、函数可以看作是表达式的特例。

（1）算术表达式。

算术表达式是用算术运算符和括号将运算对象（也称操作数）连接起来的、符合 C 语言语法规则的式子。

例如：

a＋b、(a＊2)/c、(x＋r)＊8－(a＋b)/7、＋＋i、sin(x)＋sin(y)等均为合法的算术表达式。

（2）算术运算符的优先级与结合性。

计算机语言中的运算符与数学中的运算符类似，都有优先级和结合方向。C 语言的算术运算符的优先级由高到低顺序如表 2－6 所示。

表 2－6   算术运算符的优先级

运算符	说　明	优先级
（　）	圆括号	高
－、＋＋、－－	单目运算符，取负、自加、自减	
＊、/、％	双目运算符，乘、除、取余	
＋、－	双目运算符，加、减	低

注意：当优先级相同的运算符同时出现在表达式中时，算术运算符的结合方向为"自左向右"，即从左向右依次计算。如 9－3＋4 的运算顺序为先计算 9－3 结果为 6，再计算 6＋4 结果为 10。

2.5.2　关系运算符和表达式

关系运算是用来比较两个操作数之间的关系。将两个值进行比较，判断其比较的结果是否符合给定的条件。

1. 关系运算符及优先级

C 语言提供 6 种关系运算符：＜（小于）、＜＝（小于等于）、＞（大于）、＞＝（大于等于）、＝＝（等于）、！＝（不等于）

优先次序：前 4 种关系运算符（＜，＜＝，＞，＞＝）的优先级别相同，后两种（＝＝，！＝）也相同。前 4 种运算符的优先级高于后 2 种。关系运算符的优先级低于算术运算符，高于赋值运算符。

例如：

c＞a－b 等价于 c＞(a－b)

a＞b＝＝c 等价于 (a＞b)＝＝c

a＝＝b＜c 等价于 a＝＝(b＜c)

2. 关系表达式

关系运算符的操作数类型可以是字符型、整型、实型、枚举类型及指针类型。用关系运算符将操作数连接起来的式子，称为关系表达式。

关系表达式的格式：＜表达式＞＜关系运算符＞＜表达式＞

其中，＜表达式＞可以是算术表达式、关系表达式、逻辑表达式、赋值表达式、字符表达式等。

例如：

a>b、a+b>b+c、(a=3)>(b=5)、'a'<'b'、(a>b)>(b<c)都是合法的关系表达式。

关系表达式的结果:关系表达式的值为整数 0 或 1。关系成立时结果为真(1),否则为假(0)。且关系表达式的结果是可以参与运算的,如表达式(6>=2)+3 的值为 4,因为式中(6>=2)的值为 1。

对于关系表达式还要注意以下两点:

① 关系表达式 a>b>c 的含义并不是数学上的"a 大于 b 且 b 大于 c",而是(a>b)>c,即先求出 a>b 的值(为 0 或 1),并使运算的结果继续参与后面的运算。

例如:

关系表达式 5>3>2 的结果为 0,因为它等价于(5>3)>2;而关系表达式 1<3<5 的结果却为 1,因为它等价于(1<3)<5。

② 关系表达式中的"=="运算符号表示判断是否相等,初学者常误写成一个"="。

2.5.3　逻辑运算符和表达式

逻辑运算符实现逻辑运算,用于复杂条件的表示。

1. 逻辑运算符及其优先次序

C 语言提供三种逻辑运算符,如表 2-7 所示。

表 2-7　逻辑运算符

逻辑运算符	名　称	使用规则	逻辑表达式	表达式的值
!	逻辑非	单目运算符	!a	与 a 的真假相反
&&	逻辑与	双目运算符	a&&b	a 和 b 有假结果为假
||	逻辑或	双目运算符	a||b	a 和 b 有真结果为真

逻辑运算符的优先级如下:

!(逻辑非)→算术运算符→关系运算符→&&(逻辑与)→||(逻辑或)→赋值运算符

高　　　　　　　　　　　　　　　　　　　　　　　　　　　　　低

逻辑非"!"运算符的结合方向为"从右到左",而"&&"和"||"结合方向则是"从左到右"。

2. 逻辑表达式

用逻辑运算符将一个或多个表达式连接起来,进行逻辑运算的式子就是逻辑表达式。在 C 语言中,用逻辑表达式表示多个条件的组合。

例如,(year%4==0)&&(year%100!=0)||(year%400==0)就是一个判断一个年份是否为闰年的逻辑表达式。

逻辑运算的值也为"真"和"假"两种,分别用"1"和"0"来表示。其求值规则如下:

(1) 与运算"&&":参与运算的两个量都为真时,结果才为真,否则为假。

(2) 或运算"||":参与运算的两个量只要有一个为真时,结果就为真。两个量都为假时,结果才为假。

(3) 非运算"!":参与运算量为真时,结果为假。参与运算量为假时,结果为真。

3. 说明

(1) 实际上,逻辑运算符两侧的运算对象不仅可以是 0 和 1,也可以是 0 和非 0 的整数,还可以是任何类型的数据。

例如：

若 a＝2,b＝3,则 a&&b 的值为 1。因为 a 和 b 均为非 0,被认为是"真",因此 a&&b 的值也为"真",值为 1。

（2）在逻辑表达式的求解中,并不是所有逻辑运算符都被执行,而是在必须执行下一个逻辑运算符才能求出表达式的解时才执行,这种现象称为"短路"。

① a&&b&&c 只有 a 为真（非 0）时,才需要判别 b 的值,只有 a 和 b 都为真的情况下才需要判别 c 的值。即只要 a 为假,就不必判别 b 和 c（此时整个表达式已确定为假）。如果 a 为真,b 为假,不需要判别 c。

② a||b||c 只要 a 为真（非 0）,就不必判断 b 和 c;只有 a 为假,才判别 b;a 和 b 都为假才判别 c。

熟练掌握 C 语言的关系运算符和逻辑运算符,可以巧妙地用一个逻辑表达式来表示一个复杂的条件。

2.5.4　赋值运算符和表达式

1. 简单赋值运算符

赋值符号"＝"就是赋值运算符,它的作用是将一个表达式的值赋给一个变量。

赋值运算符的一般形式为：

变量＝表达式

例如：

```
int a＝3;              //将 3 赋值给变量 a
int b,c;
b＝a＊2;              //将表达式 a＊2 的值(6)赋给变量 b
c＝a＊a＋b＊b;        //将表达式 a＊a＋b＊b 的值(45)赋给变量 c
```

赋值运算的执行过程为：先计算赋值符号右端表达式的值,然后将运算结果赋值给左端变量。

赋值运算符的优先级低于算术运算符,其结合性为右结合。

注意：被赋值的变量必须是单个变量,且必须在赋值运算符的左边。

2. 不同类型赋值转换

当表达式值的类型与被赋值变量的类型不一致,但都是数值型或字符型时,系统会自动将右边表达式的值转换成左边被赋值变量的数据类型,然后再赋值给左边变量。

具体规定如下：

（1）实型赋予整型,舍去小数部分。

（2）整型赋予实型,数值不变,但将以浮点形式存放,即增加小数部分（小数部分的值为 0）。

（3）字符型赋予整型,由于字符型为 1 个字节,而整型为 2 个字节,故将字符的 ASCII 码值放到整型量的低八位中,高八位为 0。整型赋予字符型,只把低八位赋予字符量。

【例 2.6】 阅读分析不同类型数据赋值。

```
#include <stdio. h>
void main()
```

```
int a,b=322,m;
float x,y=8.88;
char c1='K',c2;
a=y;      //实型数据 8.88 赋给整型变量 a,只取整数部分 8
x=b;      //整型数据 322 赋给实型变量 x,以浮点数存放,小数部分为 0
m=c1;     //字符型数据赋给整型变量,低 8 位存放字符 ASCII 码,高 8 位为 0
c2=b;     //大于 255 的整型数据赋给字符变量,只取 322 的低 8 位赋值
printf("%d,%f,%d,%c",a,x,m,c2);
}
```

输出结果为:8,322.000000,75,B

本例表明了上述赋值运算中类型转换的规则。a 为整型,赋予实型量 y 值 8.88 后只取整数 8;x 为实型,赋予整型量 b 值 322,后增加了小数部分;字符型量 c1 赋予 m 变为整型('K' 的 ASCII 码的值为 75);整型量 b 赋予 c2 后取其低八位成为字符型(b 的低八位为 01000010,即十进制 66,按 ASCII 码对应于字符 B)。

3. 复合赋值运算符

复合赋值运算是 C 语言特有的一种运算,复合赋值运算符是在赋值运算符"="之前加上其他双目运算符构成的。

复合赋值运算的一般格式为:

变量　双目运算符=表达式

它等价于:变量=(变量　双目运算符　表达式)。当表达式为简单表达式时,表达式外的一对圆括号才可以省略,否则可能出错。

例如:

```
x+=3;                    //等价于 x=x+3
y*=x+3;                  //等价于 y=y*(x+3),而不是 y=y*x+3
```

C 语言规定的 10 种复合赋值运算符如下:

```
+=,-=,*=,/=,%=           //复合算术运算符(5 个)
^=,~=,|=,<<=,>>=         //复合位运算符(5 个)
```

复合赋值运算符这种写法,对初学者可能不习惯,但十分有利于编译处理,能提高编译效率并产生质量较高的目标代码。

4. 赋值表达式

由赋值运算符或复合赋值运算符将一个变量和一个表达式连接起来的表达式,称为赋值表达式。

赋值表达式的一般形式为:

变量=表达式

或

变量(复合赋值运算符)表达式

例如:

```
a=b=c=5;        //因为赋值运算符的右结合性,其等价于 a=(b=(c=5)))
                //赋值表达式值为 5,a,b,c 的值均为 5
a=5+(c=6);      //表达式值为 11,a 值为 11,c 值为 6
```

a＝(b＝10)/(c＝2)；//表达式值为 5,a 等于 5,b 等于 10,c 等于 2

赋值表达式也可以包含复合赋值运算符。

例如：

a＋＝a－＝a＊a 也是一个赋值表达式。

如果 a 的初值为 3,此赋值表达式的求解步骤如下：

(1) 先进行"a－＝a＊a"的运算,它相当于 a＝a－a＊a＝3－3＊3＝－6。

(2) 再进行"a＋＝－6"的运算,相当于 a＝a＋(－6)＝－6－6＝－12。

将赋值表达式作为表达式的一种,使赋值操作不仅可以出现在赋值语句中,而且可以表达式形式出现在其他语句(如输出语句、循环语句等)中,在一个语句中完成了赋值和输出双重功能。

2.5.5 条件运算符和表达式

1. 条件运算符

条件运算符"?:"是 C 语言中唯一的三目运算符。

条件表达式的一般形式为：

表达式 1? 表达式 2:表达式 3

其中,表达式可以是任意符合 C 语言语法规则的表达式。

2. 条件运算符的执行顺序

先求解表达式 1,若为非 0(真)则求解表达式 2,此时表达式 2 的值就作为整个条件表达式的值。若表达式 1 的值为 0(假),则求解表达式 3,表达式 3 的值就是整个条件表达式的值。

例如：

max＝(a＞b)? a:b;

其中"(a＞b)? a:b"是一个"条件表达式",它是这样执行的:如果(a＞b)条件为真,则条件表达式取值 a,否则取值 b。

3. 条件运算符的优先级与结合性

条件运算符的优先级高于赋值运算符,低于算术运算符和关系运算符。条件运算符的结合方向为"自右至左"。

例如：

a＞b? a:c＞d? c:d   //等价于 a＞b? a:(c＞d? c:d)

注意:条件表达式不能取代一般的 if 语句,只有在 if 语句中内嵌的语句为赋值语句(且两个分支都给同一个变量赋值)时才能代替 if 语句。

2.5.6 逗号运算符和表达式

1. 逗号运算符

在 C 语言中逗号","也是一种运算符,称为逗号运算符,又称"顺序求值运算符"。其功能是把两个表达式连接起来组成一个表达式,称为逗号表达式,该表达式的值是右侧表达式的计算结果。

逗号表达式的一般格式为：

＜表达式 1,表达式 2＞[,…,表达式 n]

2. 逗号运算符的求值过程

按从左到右的顺序依次求出各个表达式的值,并把最后一个表达式 n 的值作为整个逗号表达式的值。

3. 逗号运算符的优先级与结合性

逗号运算符的结合性是自左向右,其优先级在所有运算符中是最低的。

例如:

x＝3＋2,x＊3,x＋6;　　　　　　//逗号表达式,x＝5,表达式的值为 11

x＝(a＝3,a＊3,a＋6);　　　　//赋值表达式,a＝3,表达式的值为 9,x＝9

x＝(a＝3,3＊3);　　　　　　//赋值表达式,a＝3,表达式的值为 9,x＝9

x＝a＝3,3＊3;　　　　　　　//逗号表达式,表达式的值为 9,x＝3,a＝3

int a＝3,b＝4,x,y;

x＝a＋b,y＝b＊2＋x,x＋y;　//逗号表达式,表达式的值为 22,x＝7,y＝15

注意:并不是所有出现逗号的地方都组成逗号表达式,如在变量说明中,函数参数表中逗号只是用作各变量之间的间隔符。

2.5.7　求字节运算符

C 语言的 sizeof 是一个单目运算符,sizeof 运算符的作用是用于测试数据类型所占的字节数。其一般格式为:

格式 1:sizeof(变量)或 sizeof 变量

格式 2:sizeof(常量)或 sizeof 常量

格式 3:sizeof(表达式)或 sizeof 表达式

格式 4:sizeof(数据类型关键字)

其运算结果是返回计算对象所需分配的内存字节数。当对一个表达式进行测试时,表达式并不进行计算,仅对表达式的最终结果进行类型判断,并返回相应的字节数。

例如:

short int a＝234,x,y,z,m;

x＝sizeof(a);　　　　　//将变量 a 所分配的内存字节数 2 赋给 x

y＝sizeof(int);　　　　//在 VC 环境中 y＝4,而在 TC 环境中 y＝2

z＝sizeof(double);　　//把 double 所需的字节长度 8 赋给 z

m＝sizeof("abcd");

//把字符串所占内存空间 5 赋给 m,字符串结束标志也占用 1 个字节

2.5.8　运算符的优先级和结合性

在 C 语言中,运算符的运算优先级共分为 15 级,1 级最高,15 级最低。当一个表达式中有多个运算符时,优先级较高的先于优先级较低的进行运算。同一优先级的运算符,运算次序由结合方向决定。运算符的结合性分为左结合性(自左向右)和右结合性(自右向左)两种。

一般情况下,单目运算符的优先级较高,赋值运算符优先级较低;算术运算符优先级较高,关系和逻辑运算符优先级较低;所有运算符中逗号运算符的优先级最低。多数运算符具有左结合性。单目运算符、条件运算符、赋值运算符等具有右结合性。C 语言运算符的优先级与结合性详见附录 B.2。

2.6　类型转换

变量的数据类型是可以转换的。转换的方法有两种,一种是隐式转换(自动进行),一种是强制转换。

2.6.1　隐式类型转换

1. 隐式类型转换

隐式类型转换发生在不同数据类型的量混合运算时,由编译系统自动完成。

2. 隐式类型转换的规则

(1) 若参与运算量的类型不同,则先转换成同一类型,然后进行运算。

(2) 转换按数据长度增加的方向进行,以保证精度不降低。如 int 型和 long 型运算时,先把 int 量转成 long 型后再进行运算。

(3) 所有的浮点运算都是以双精度进行的,即使仅含 float 单精度量运算的表达式,也要先转换成 double 型,再作运算。

(4) char 型和 short 型参与运算时,必须先转换成 int 型。

(5) 在赋值运算中,赋值号两边量的数据类型不同时,赋值号右边量的类型将转换为左边量的类型。如果右边量的数据类型长度比左边长时,将丢失一部分数据,这样会降低精度,丢失的部分按四舍五入向前舍入。

【例 2.7】　阅读分析数据类型转换。

```c
#include <stdio.h>
void main()
{
    float PI=3.14159;
    int s,r=5;
    s=r*r*PI; //不同类型变量运算后为实型,赋值给整型变量,舍去小数部分
    printf("s=%d\n",s);
}
```

本例程序中,PI 为实型;s,r 为整型。在执行 s=r*r*PI 语句时,r 和 PI 都转换成 double 型计算,结果也为 double 型。但由于 s 为整型,故赋值结果仍为整型,舍去了小数部分。

思考:若要使得程序的运算结果正确,应如何修改程序?

不同数据类型自动转换的规则如图 2-12 所示。

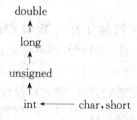

图 2-12　不同类型转换规则

2.6.2　强制类型转换

1. 强制类型转换的一般形式

强制类型转换是通过类型转换运算来实现的,其一般形式为:

(类型说明符)(表达式)

其功能是把表达式的运算结果强制转换成类型说明符所表示的类型。

例如:

(float)a　　　　　//把 a 转换为实型

(int)(x+y)　　　　//把 x+y 的结果转换为整型

2. 在使用强制转换时应注意的问题

(1) 类型说明符和表达式都必须加括号(单个变量可以不加括号),如把(int)(x+y)写成 (int)x+y 则成了把 x 转换成 int 型之后再与 y 相加了。

(2) 无论是强制转换或是自动转换,都只是为了本次运算的需要而对变量的数据长度进行的临时性转换,并不改变数据说明时对该变量定义的类型。

【例 2.8】 阅读分析强制类型转换。

```c
#include <stdio.h>
void main()
{
    float f=5.75;
    printf("(int)f=%d,f=%f\n",(int)f,f);  //(int)f 为强制类型转换
}
```

程序运行结果:

(int)f=5,f=5.750000

本例表明,f 虽强制转为 int 型,但只在运算中起作用,是临时的,而 f 本身的类型并不改变。因此,(int)f 的值为 5(删去了小数),而内存中 f 的值仍为 5.75。

2.7　常用库函数

C 语言提供了丰富的库函数,分为数学函数、字符函数、字符串函数、输入/输出函数、动态分配存储函数等几大类。每一个函数都包含在一个后缀为 .h 的文件中(也称头文件),在程序中要使用系统提供的库函数,需要在程序的开头加上包含预处理命令。其格式如下:

　　#include "头文件名"

　　或

　　#include <头文件名>

例如:

若要计算 e^x 的值,就要用到数学函数 exp(x),需要在程序开头加上包含预处理命令。形式如下:

　　#include <math.h>

编译预处理及文件包含的内容详见第 8 章。

本节简要介绍常用的一些数学函数、字符函数和字符串函数,其他 C 语言库函数请参见附录 C。

2.7.1 数学函数

数学函数大都包含在 math. h 头文件中,下面未注明头文件的都是指 math. h。

1. 整型数的绝对值函数 abs

函数原型:int abs(int i)

功能:求整数型参数 i 的绝对值。

例如:

abs(—8)的结果为 8。

2. 实型数的绝对值函数 fabs

函数原型:double fabs(double x)

功能:求实型数 x 的绝对值。

例如:

fabs(—5.8)的结果为 5.8。

3. 指数函数 exp

函数原型:double exp(double x)

功能:求参数 x 的指数函数值 e^x。

例如:

e^3 表示为 exp(3)。

4. 取整函数 floor

函数原型:double floor(double x)

功能:求不大于参数 x 的双精度最大整数。

例如:

floor(2. 618)的结果为 2。

5. 求余函数 fmod

函数原型:double fmod(double x,double y)

功能:求 x/y 的整除后的双精度余数。

例如:

fmod(7. 618,3)的结果为 1. 618。

6. 幂函数 pow

函数原型:double pow(double x,double y)

功能:求 x^y 的值。

例如:

pow(2,3)的结果为 8。

7. 以 e 为底的对数函数 log

函数原型:double log(double x)

功能:求参数 x 的自然对数($\ln x$)的值。

例如:

ln3. 14 表示为 log(3. 14)。

8. 以 10 为底的对数函数 log10

函数原型:double log10(double x)

功能:求参数 x 以 10 为底的对数($\log_{10} x$)的值。

例如:

$\log_{10} 3.14$ 表示为 log10(3.14)。

9. 平方根函数 sqrt

函数原型:double sqrt(double x)

功能:求参数 x 的平方根。

例如:

sqrt(9)的结果为 3。

10. modf 函数

函数原型:double modf(double x,double * pt)

功能:把双精度数 x 分为整数部分和小数部分,整数部分保存在 pt 所指向的存储单元中,小数部分作为函数的返回值。

例如:

modf(3.14159, * pt),则 * pt 的值为 3,函数返回值为 0.14159。

11. 正弦函数 sin

函数原型:double sin(double x)

功能:求 x 的正弦函数值,x 为弧度值。

例如:

sin(3.1415926 * 30/180)的值为 0.5。

12. 余弦函数 cos

函数原型:double cos(double x)

功能:求 x 的余弦函数值,x 为弧度值。

例如:

cos(3.1415926 * 60/180)的值为 0.5。

13. 正切函数 tan

函数原型:double tan(double x)

功能:返回参数 x 的正切函数值。

例如:

tan(3.1415926 * 90/180)的值为 1.732051。

14. 反正弦函数 asin

函数原型:double asin(double x)

功能:求 x 的反正弦三角函数值。

例如:

asin(0.5)的值为 0.523599。

15. 反余弦函数 acos

函数原型:double acos(double x)

功能:求 x 的反余弦三角函数值。

例如:

acos(0.5)的值为 1.047148。

16. 反正切函数 atan

函数原型：double atan(double x)

功能：返回双精度参数的反正切三角函数值。

例如：

atan(0.5)的值为 0.463648。

17. 随机数函数 rand

函数原型：int rand(void)

功能：随机函数，返回一个范围在 0～32767 的随机整数。

例如：

执行一次 rand()函数，可能得到的值为 41。

rand()％100，产生一个 0 到 99 之间的随机数。

rand()％9+1，则产生一个 1 到 9 之间的随机数。

18. 初始化随机数生成器 srand

函数原型：void srand(unsigned seed)

功能：初始化随机函数发生器，若每次用相同的 seed，则产生相同的随机序列。

例如：

在执行随机函数前，先执行语句 srand(100)；再执行一次 rand()函数，得到的值为 365，通过修改 srand 函数的参数(种子)，可以得到不同的随机整数。

2.7.2 字符函数

字符测试函数大都包含在 ctype.h 头文件中。

1. 测试字母或数字函数 isalnum

函数原型：int isalnum(char ch)

功能：测试参数 ch 是否为字母或数字，是则返回非零，否则返回零。

例如：

isalnum('a')和 isalnum('3')的值为"真"，isalnum('@')的值为"假"。

2. 测试字母函数 isalpha

函数原型：int isalpha(char ch)

功能：测试参数 ch 是否为字母，是则返回非零，否则返回零。

例如：

isalpha('a')的值为"真"，isalpha('5')的值为"假"。

3. 测试数字函数 isdigit

函数原型：int isdigit(char ch)

功能：测试参数 ch 是否为数字，是则返回非零，否则返回零。

例如：

isdigit('5')的值为"真"，isdigit('％')的值为"假"。

4. 测试小写字母函数 islower

函数原型：int islower(char ch)

功能：测试参数 ch 是否为小写字母，是则返回非零，否则返回零。

例如：

islower('a')的值为"真",islower('A')的值为"假"。

5. 测试大写字母函数 isupper

函数原型：int isupper(char ch)

功能：测试参数 ch 是否为大写字母,是则返回非零,否则返回零。

例如：

isupper('A')的值为"真",isupper('a')的值为"假"。

6. 测试空格函数 isspace

函数原型：int isspace(char ch)

功能：测试参数 ch 是否为空格,是则返回非零,否则返回零。

例如：

isspace(' ')的值为"真",isspace('%')的值为"假"。

2.7.3　字符串函数

字符串函数大都包含在 string.h 头文件中。

1. 字符串连接函数 strcat

函数原型：char * strcat(char * s1,const char * s2)

功能：把字符串 s2 复制连接到字符串 s1 后面(串合并),s1 后面的 '\0' 被取消,返回值为指向 s1 的指针。

2. 查找字符函数 strchr

函数原型：char * strchr(char * str,char c)

功能：查找字符串 str 中某个给定字符(c 中的值)第一次出现的位置,返回值为 NULL 时表示没有找到。

3. 字符比较函数 strcmp

函数原型：int strcmp(char * s1,char * s2)

功能：把字符串 s1 与另一个字符串 s2 进行比较。当两个字符串相等时,函数返回 0；s1< s2 返回负值；s1>s2 返回正值。

例如：

strcmp("C","C♯")的值为 -1,strcmp("C","C")的值为 0,strcmp("VB","C")的值为 1。

4. 字符复制函数 strcpy

原型：char * strcpy(char * s1,char * s2)

功能：把 s2 字符串复制到 s1 字符串中。函数返回指向 s1 的指针。

5. 字符串长度函数 strlen

函数原型：unsigned strlen(char * str)

功能：计算 str 字符串的长度。函数返回字符串长度值。

例如：

strlen("C language")的值为 10。

2.8　C语言程序设计基础应用实例

【例 2.9】　阅读分析已知一个三角形三边的边长为 3、4、5,求其面积的程序,并上机运行。

（1）算法分析。

设三角形三边的边长分别为 a、b、c（假定能组成三角形），面积为 s，则：由海伦公式 $s=\sqrt{p(p-a)(p-b)(p-c)}$ 可求三角形面积，其中，$p=\dfrac{1}{2}(a+b+c)$。

（2）程序设计。

```
#include <stdio. h>
#include <math. h>                    //包含数学函数的头函数
void main()
{
    float a,b,c,p,s;
    a=3; b=4; c=5;                    //为变量提供数据
    p=1.0/2.0*(a+b+c);               //计算 p
    s=sqrt(p*(p-a)*(p-b)*(p-c));    //计算面积 s
    printf("三角形的面积为：%f\n",s);    //输出面积 s
}
```

（3）程序运行。

按照上机步骤，经过编辑、编译、连接、运行后，得到如下运行结果。

程序运行结果：

三角形的面积为：6. 000000

【例 2. 10】 阅读分析已知一个一元二次方程，求其实根的程序，并上机运行。

（1）算法分析。

设一元二次方程的形式为：$ax^2+bx+c=0$，则方程的实根为：

$$x_1=\frac{-b+\sqrt{b^2-4ac}}{2a}, x_2=\frac{-b-\sqrt{b^2-4ac}}{2a}$$

（2）程序设计。

```
#include <stdio. h>
#include <math. h>
void main()
{
    float a,b,c,x1,x2;
    a=1;b=1;c=-6;                         //为变量提供数据
    x1=(-b+sqrt(b*b-4*a*c))/(2*a);       //计算 x1
    x2=(-b-sqrt(b*b-4*a*c))/(2*a);       //计算 x2
    printf("方程的两个实根为：x1=%f,x2=%f\n",x1,x2);//输出 x1、x2
}
```

（3）程序运行。

按上机步骤，经过编辑、编译、连接、运行后，得到运行结果。

程序运行结果：

方程的两个实根为：x1=2.000000,x2=-3.000000

【例 2. 11】 阅读下列程序，说明程序功能，并上机运行。

（1）源程序。

```
#include <stdio. h>
void main()
{
    int a,b;
    scanf("%d",&a);
    b=(a%10)*10+a/10;            //注意:这里 a/10 的值为整数
    printf("a=%d,b=%d",a,b);
}
```

（2）程序运行。

程序运行后输入:35

输出:a=35,b=53

（3）运行结果分析。

变量 a 的值由键盘输入 35,即 a=35,接着计算(a%10)*10+a/10,先计算 a%10 的值为 5,再计算 5*10,而 a/10=35/10 的结果为 3,最后 b 的值为 50+3=53,即先求 a 的余数乘 10,再加上 a 整除 10 的结果。

（4）程序功能。

从以上分析可知,本程序的功能是求一个两位数的逆序数。

思考:若从键盘输入 345,能否得到正确的逆序数? 如果不能,如何修改程序?

练习题 2

一、选择题

1. 下列叙述不正确的是_____。

　A. 在 C 程序中,%是只能用于整数运算的运算符

　B. 在 C 程序中,无论是整数还是实数,都能正确无误地表示

　C. 若 a 是实型变量,C 程序中 a=20 是正确的,因此实型变量允许被整型数赋值

　D. 在 C 程序中,语句之间必须要用分号";"分隔

2. 执行以下程序后,变量 x, y,z 值的关系为_____。

```
#include <stdio. h>
void main()
{
    int a=200,b=300;
    float x,y,z;
    x=a*b/100;
    y=(long)(a*b)/100;
    z=(long)a*b/100;
    printf("\n%f,%f,%f",x,y,z);
}
```

　A. x,y,z 相同　　　　　　　　　　　　B. x 与 y 相同而与 z 不同

    C. x 与 z 相同而与 y 不同   D. y 与 z 相同而与 x 不同

3. 在 C 程序中,可以作为用户标识符的一组标识符是_____。

    A. void   define   WORD   B. Switch   -wer   case

    C. as_b3   _224   Else   D. 4b   DO   SIG

4. 执行下面程序段后,变量 a,b,x,y 的值分别是_____。

    int x,y,a,b,c;

    x=9;y=8;

    a=(--x==y++)? ++x:--y;

    b=y++;

    A. a=9 b=10 x=9 y=10   B. a=10 b=9 x=9 y=10

    C. a=9 b=9 x=9 y=10   D. a=10 b=9 x=10 y=9

5. 在 x 值处于 $-2 \sim 2, 4 \sim 8$ 时值为"真",否则为"假"的表达式是_____。

    A. (2>x>-2)||(4>x>8)

    B. !(((x<-2)||(x>2))&&((x<4)||(x>8)))

    C. (x<2)&&(x>=-2)&&(x>4)&&(x<8)

    D. (x>-2)&&(x>4)||(x<8)&&(x<2)

6. 下列不合法的十六进制数是_____。

    A. oxff   B. 0xcde   C. 0x11   D. 0x23

7. 假定 int a=2,b=3,c=0;,表达式:(a+1==b>c)+(a&&! c)+b/a*2.0 的值是
_____。

    A. 2.0   B. 3.0   C. 4.0   D. 5.0

8. 在 C 语言中,下列合法的字符常量是_____。

    A. '\039'   B. '\x76'   C. 'ab'   D. '\o'

9. 以下叙述中不正确的是_____。

    A. 在 C 程序中所有的变量必须先定义后使用

    B. 在程序中,APH 和 aph 是两个不同的变量

    C. 若 a 和 b 类型相同,在执行了赋值语句 a=b 后,b 中的值将放入 a 中,b 中的值
       不变

    D. 当输入数值时,对于整型变量只能输入整型值;对于实型变量只能输入实型值

10. 在 C 语言中,要求参加运算的数必须是整数的运算符是_____。

    A. !   B. /   C. %   D. *

11. 已知各变量的类型说明如下:

    int k,a,b;

    unsigned long w=5;

    double x=1.42;

    则以下不符合 C 语言语法的表达式是_____。

    A. x%(-3)   B. w+=-2

    C. k=(a=2, b=3, a+b)   D. a+=a-=a*(a=3)

12. 以下程序的输出结果是_____。

    #include <stdio. h>

```
void main()
{
    int i=010,j=10;
    printf("%d,%d\n",++i,j--);
}
```
A. 11,10　　　　　B. 9,10　　　　　C. 010,9　　　　　D. 10,9

13. 设 a、b、c、d、m、n 均为 int 型变量,且 a=5,b=6,c=7,d=8,m=2,n=2,则逻辑表达式(m=a>b)&&(n=c>d)运算后,n 的值为_____。

A. 0　　　　　　B. 1　　　　　　C. 2　　　　　　D. 3

14. 若执行以下程序段后,c3 的值为_____。

```
int c1=1,c2=2,c3;
c3=1.0/c2*c1;
```
A. 0　　　　　　B. 0.5　　　　　C. 1　　　　　　D. 2

15. 下列程序的输出结果是_____。

```
#include <stdio.h>
void main()
{
    double d=3.2; int x, y;
    x=1.2; y=(x+3.8)/5.0;
    printf("%f\n",d*y);
}
```
A. 3　　　　　　B. 3.2　　　　　C. 0　　　　　　D. 3.07

二、填空题

1. 通常一个字节包含_____个二进制位。在一个字节中能存放的最大(十进制)带符号整数是_____,最小(十进制)带符号整数是_____,它的二进制数的形式是_____;最大(十进制)无符号整数是_____,它的二进制数的形式是_____。

2. 在 C 语言中,十进制数 30 的八进制数表示形式是_____,十六进制数表示形式是_____,在内存中它的二进制数表示形式是_____。

3. 条件“20<x<30 或 x<-100”的 C 语言表达式是_____。

4. 若 a、b 和 c 均是 int 型变量,则计算表达式 a=(b=4)+(c=2)后,a 值为_____,b 值为_____,c 值为_____。

5. 已知 int y; float x=-3; ,执行语句 y=x%2;后,变量 y 的值为_____。

6. 字符串"ab\034\\x79"的长度为_____。

7. 在 C 语言中(以 16 位 PC 机为例),一个 float 型数据在内存中所占用的字节数为_____;一个 double 型数据在内存中所占的字节数为_____。

8. 若 s 是 int 型变量,且 s=6,则 s%2+(s+1)%2 表达式的值为_____。

9. 表达式 pow(2.8,sqrt(double(x)))值的数据类型为_____。

10. 若 a 是 int 型变量,则表达式(a=4*5, a*2), a+6 的值为_____。

11. 若 a 是 int 型变量,则执行表达式 a=25/3%3 后 a 的值为_____。

12. 若 i 为 int 整型变量且赋值为 6,则运算 i++后表达式的值是_____,变量 i 的值是_____。

13. 若 x 为 int 型变量,执行语句:x=10;x+=x-=x-x;则 x 的值为_____。

14. 若 x 和 y 为 double 型变量,则表达式 x=1,y=x+3/2 的值是_____。

15. (-b+sqrt(b*b-4*a*c))/(2*a)的数学式子是_____

16. sqrt(p*(p-a)*(p-b)*(p-c))的数学式子是_____。

17. 判断某一年份是否为闰年的表达式是_____。

18. 用随机函数 rand()产生一个在[-20,20]两位整数的表达式是_____。

三、阅读分析下列程序

1. 写出下列程序的输出结果。

```
#include <stdio.h>
void main()
{
    int x=023;
    printf("%d\n",--x);
}
```

2. 已知字母 B 的 ASCII 码为 66,写出下列程序的输出结果。

```
#include <stdio.h>
void main()
{
    char ch='B';
    ch--;
    printf("%d,%c",ch+'2'-'0',ch+'4'-'0');
}
```

3. 写出下列程序的输出结果。

```
#include <stdio.h>
void main()
{
    int a=3,b;
    b=a++;
    printf("a=%d,b=%d\n",a,b);
}
```

第3章 顺序结构程序设计

本章的主要内容:字符的输入和输出,格式化输入和输出,赋值语句的使用,顺序结构程序设计的基本方法。通过本章内容的学习,应当解决的问题:如何进行各种数据的输入? 如何设计数据的输出格式? 如何对输入的数据进行计算或处理? 初步具备编写源程序、准备测试数据和调试程序的能力,能使用顺序结构程序设计解决简单的实际应用问题。

【任务】 运用 C 语言的数据输入和输出函数及赋值语句编写简单的应用程序,如求解二元一次方程组等,初步具备运用 C 语言程序设计解决简单实际问题的能力,牢固掌握顺序结构程序设计的基本方法。

3.1 顺序结构程序的引入

3.1.1 问题与引例

【引例】 从键盘输入一个 3 位正整数 m,然后将其各位数字分离为 a、b、c,并输出。

问题分析:

将一个 3 位数的各位数字分离,实际上就是计算出各位数字的值,可以利用下列方法进行运算。

百位:$a = m/100$

十位:$b = (m\%100)/10$

个位:$c = m\%10$

程序执行时先输入一个数据,然后只要从上到下依次运算,最后输出即可。

3.1.2 顺序结构的基本概念

C 语言是结构化程序设计语言,它强调程序的模块化。一个结构化程序由顺序结构、分支结构和循环结构组成,它们都是单入口单出口结构,每一个基本结构可以包含一条或若干条语句。这三种基本结构可以组成各种复杂程序,实现算法的计算机表示。

顺序结构是三大基本结构中最简单的一种,所谓顺序结构,就是按照语句编写的顺序依次执行。对于一些简单的程序,可能只用顺序结构就可以实现,而对于复杂的程序就不仅包括顺序结构,还可能包括分支结构和循环结构。

采用结构化程序设计方法编写的程序逻辑结构清晰,层次分明,可读性好,可靠性强,提高了程序的开发效率,保证了程序的质量。

3.1.3 顺序结构流程图

顺序结构是最简单的一种逻辑结构,程序从第一条语句开始按照书写顺序依次执行直到程序结束。一般情况下,一个程序由输入数据、数据处理和输出结果 3 部分组成。典型的顺序结构流程图如图 3-1 所示。

图 3-1 顺序结构流程图

本章主要介绍实现数据输入、计算和输出的基本语句,并编写简单的顺序结构程序。

3.1.4 顺序结构举例

在 C 语言程序中,这类结构主要使用的是赋值语句、数据的输入/输出等函数语句。

【例 3.1】 从键盘输入两个整数 a 与 b,将它们交换后输出。

(1)算法分析。

在此程序中,可使用 scanf 函数语句实现随机输入,将从键盘输入的 2 个数分别赋给变量 a、b;要交换两个变量的值,可采用借助中间变量 temp 的方法实现数据交换后输出。

(2)程序设计。

```
#include <stdio.h>                          //标准库函数声明
void main()
{
        int a,b,temp;                       //定义3个整型变量
        printf("请输入两个数:");            //输入提示
        scanf("%d%d",&a,&b);                //格式化输入函数
        printf("交换前:a=%d,b=%d\n",a,b);   //输出交换前的两个数
        temp=a;
        a=b;
        b=temp;                             //此前3句为两数交换语句
        printf("交换后:a=%d,b=%d\n",a,b);   //输出交换后的两个数
}
```

(3)程序运行。

程序运行结果:

请输入两个数:5 8

交换前 a=5,b=8

交换后 a=8,b=5

本例中程序的所有语句按编写的先后顺序依次执行,这就是典型的顺序结构,其执行步骤是从上向下依次执行的,没有任何转向操作。

注意:在使用 C 语言编写程序时,声明语句必须写在可执行语句之前,也就是说在执行语句中不能再出现对某个变量的声明。

请思考:能否不借助于中间变量实现两个整数的交换?

3.2 数据的输入

C 语言的基本输入/输出函数是初学者必须熟悉掌握的基本内容之一。输入/输出(简

称 I/O)是程序的基本组成部分,程序运行所需的数据通常需要从外部设备(如键盘、文件等)输入,程序的运行结果通常也要输出到外部设备(如显示器、打印机、文件)等。实际上,对数据的一种重要操作就是输入/输出,没有输出的程序是没有价值的,而没有输入的程序缺乏灵活性。

C 语言本身没有提供输入/输出语句,所有的数据输入/输出功能是由 C 语言提供的库函数来实现,如 getchar(输入字符)、putchar(输出字符)、scanf(格式化输入)、printf(格式化输出),其中 scanf 和 printf 函数是针对标准输入/输出设备(键盘和显示器)进行格式化输入/输出的函数。由于它们在头文件 stdio. h 中定义,因此在使用 I/O 函数前,必须在程序开头使用编译预处理命令 ♯include ＜stdio. h＞或 ♯include "stdio. h",将该文件包含到程序文件中。

3.2.1　字符输入函数 getchar()

1. getchar()函数

原型:int getchar();

功能:接收从键盘输入的一个字符。

返回值:输入成功则返回该字符的 ASCII 码,错误则返回 EOF。

头文件:stdio. h

字符输入函数每调用一次,就从标准输入设备上取一个字符。函数值一般赋给字符变量或整型变量。

例如:

char c;

int a;

c＝getchar();

a＝getchar();

【例 3. 2】　从键盘输入一个小写字母,输出其对应的大写字母。

(1)算法分析。

由于大、小写字母的 ASCII 码值相差 32,所以如果已知小写字母,只要将其 ASCII 码值减去 32,就可以得到相应大写字母的 ASCII 码值。

(2)程序设计。

```
//例 3.2 将小写字母转换为大写字母
#include <stdio. h>
void main()
{
    char ch1,ch2;
    ch1＝getchar();          //从键盘输入一个字符,并存入变量 ch1
    ch2＝ch1－32;            //小写字母转化为大写字母
    printf("%c",ch2);       //按字符格式输出转换后的值
}
```

(3)程序运行。

程序运行结果如下:

输入:b

输出：B

2. 注意点

（1）getchar()是一个无参函数，函数的返回值就是从键盘读入的字符。

（2）getchar()函数只能接收单个字符，输入数字、空格、回车等也按字符处理。当输入多个字符时，只接收第一个字符。

（3）使用 getchar()函数前必须包含文件"stdio. h"。

（4）执行 getchar()输入字符时，输入字符后需要按回车键，这样程序才会响应输入，继续执行后续语句。

3.2.2　格式化输入函数 scanf()

scanf 函数称为格式输入函数，即按用户指定的格式从键盘上把数据输入到指定的变量中。

原型：int scanf(const char ＊ format,address-list)；

功能：按格式字符串 format 从键盘读取数据，并存入地址列表 address-list 指定的存储单元。

返回值：输入成功则返回输入数据的个数，错误则返回 0。

头文件：stdio. h

1. 格式字符串

格式控制字符 format：是用英文双引号括起来的字符串，其作用是控制输入项的格式和需要输入的提示信息。

函数 scanf()通常由％开始，并以一个格式字符结束，用于指定各参数的输入格式。

scanf 函数的格式字符串的一般形式为：％[＊][m][l][h]类型，其中有方括号[]的项为任选项，各项的意义如下。

（1）类型。

表示输入数据的类型，其格式控制符及说明如表 3-1 所示。

表 3-1　scanf()函数的格式控制字符

格式控制字符	说　　　明
％d	输入十进制整数
％o	输入八进制整数
％x	输入十六进制整数
％u	输入无符号十进制数
％c	输入单个字符，空白字符（包括空格、回车、制表符）也作为有效字符输入
％s	输入字符串，非空格开始，遇到第一个空白字符（包括空格、回车、制表符）结束
％f 或％e	输入实数，以小数或指数形式输入均可

格式控制字符包括格式转换说明符和普通字符两部分。格式控制说明符表示按指定的格式读入数据，普通字符是在输入数据时需要原样输入的字符。例如：

scanf("％d,％d",＆a,＆b);

需输入：3,4↙

此时 3 和 4 之间的逗号为普通字符,与"%d,%d"中的逗号对应,需原样输入。

又如:

scanf("a=%d,b=%d,c=%d",&a,&b,&c);

需输入:a=5,b=10,c=15 ✓(a、b、c 及逗号与格式控制对应)

为了减少不必要的输入,防止出错,在 scanf()函数的格式控制字符串中尽量不要出现普通字符。

(2) 修饰符。

[*]、[l]、[m]、[h]均为可选的格式修饰符,各种修饰符的意义如表 3-2 所示。

表 3-2　scanf()函数的修饰符

格式修饰符	意　　义
h	加在格式符 d、o、x 之前,用于输入 short 型整数
l	加在格式符 d、o、x 之前,用于输入 long 型整数
	加在格式符 f、e 之前,用于输入 double 型整数
m	指定输入数据的宽度(列数),遇到空格或不可转换的字符则结束
*	抑制符,表示对应的输入项读入后不赋给相应的变量

① 宽度修饰符 m。

宽度修饰符 m 用十进制整数指定输入的宽度(即字符数),系统自动按它截取所需数据。例如:

scanf("%2d%3d",&a,&b);

输入:123456789 ✓

系统自动将 12 赋给 a,345 赋给 b。

② 抑制修饰符 *。

抑制修饰符 * 表示对应的数据读入后,不赋予相应的变量,该变量由下一个格式指示符输入,即跳过该输入值。例如:

scanf("%3d %*2d %2d",&a,&b);

输入:123□45□67 ✓

系统将读取第一个数 123 并赋值给变量 a;读取第二个数 45,但被跳过("*"的作用);读取第三个数 67 并赋值给变量 b。

③ 长度修饰符。

长度格式符为 l 和 h,l 表示输入长整型数据(如%ld)和双精度浮点数(如%lf)。h 表示输入短整型数据。

在输入长整型数据和双精度实型数据时,必须使用长度修饰符"l"或"L",否则,不能得到正确的输入值。

例如:

long x,double y;

scanf("%ld%lf",&x,&y);

2. 地址列表

地址列表是由若干个内存地址组成的列表,可以是变量的地址、字符串的首地址、指针变量,各地址间以逗号间隔。变量的地址是由地址运算符"&"后跟变量名组成的。例如：&a，&b 分别表示变量 a 和变量 b 的地址。这个地址就是编译系统在内存中给 a,b 变量分配的地址。在 C 语言中,使用了地址这个概念,这是与其他语言不同的,应该把变量的值和变量的地址这两个不同的概念区别开来。变量的地址是 C 编译系统分配的,用户不必关心具体的地址是多少。

3. 使用 scanf()函数的注意点

（1）scanf()函数中的变量名前必须使用地址运算符 &。

例如：

int a;

scanf("%d",a);   //仅用变量名 a,错误用法

scanf("%d",&a);   //地址名,正确用法

（2）scanf()函数中没有精度控制。

例如：

scanf("%5.2f",&a)；//非法语句,不能企图用此语句输入小数为两位的实数。

（3）在用"%c"输入时,任意字符（比如空格）均作为有效字符输入。

例如：

char c1,c2,c3;

scanf("%c%c%c",&c1,&c2,&c3)；

输入：a□b□c↙

结果:a 赋给 c1,a 后第一个空格□赋给 c2,b 赋给 c3（其余被丢弃）。

（4）输入数据时,遇到下列情况时该输入被认为结束。

① 遇到空格、回车键、Tab 键；

② 达到输出域宽,如"%3d",只取三位数；

③ 遇非法字符输入。

【例 3.3】　从键盘输入三个数据,并输出到屏幕上。

（1）源程序。

```
#include <stdio.h>
void main()
{
    int a,b,c;
    printf("输入 a,b,c:\n");              //显示输入提示信息
    scanf("%d%d%d",&a,&b,&c);            //格式化输入
    printf("a=%d,b=%d,c=%d",a,b,c);      //格式化输出
}
```

（2）程序说明。

在本例中,由于 scanf 函数本身不能显示提示串,故先用 printf 语句在屏幕上输出提示,请用户输入 a、b、c 的值。执行 scanf 语句,则退出 TC 屏幕进入用户屏幕等待用户输入。用户输入 7　8　9 后按下回车键,此时,系统又将返回 TC 屏幕。在 scanf 语句的格式串中由于没有非格式字符在"%d%d%d"之间作输入时的间隔,因此在输入时要用一个以上的空格或回车键作为每两个输入数之间的间隔。

（3）程序运行。

程序运行后根据提示输入：

输入 a,b,c：

7 8 9

或

7

8

9

输出：a＝7,b＝8,c＝9

3.3　数据的输出

3.3.1　字符输出函数 putchar()

putchar 函数是字符输出函数,其功能是在显示器上输出单个字符。

原型：int putchar(int ch);

功能：将 ch 内容(一个字符)输出到屏幕。

返回值：成功则返回所输出字符 ch,错误则返回 EOF。

例如：

putchar('A');　　　　//输出大写字母 A

putchar(x);　　　　　//输出字符变量 x 的值

putchar('\101');　　//也是输出字符 A

putchar('\n');　　　//换行

对控制字符则执行控制功能,不在屏幕上显示。

使用本函数前必须要用文件包含命令：♯include ＜stdio. h＞或 ♯include "stdio. h"。

【例 3.4】　用 putchar 函数输出单个字符。

(1) 源程序。

```
♯include ＜stdio. h＞
void main()
{
    char a='B',b='o',c='k';
    putchar(a);putchar(b);
    putchar(b);putchar(c);putchar('\t');
    putchar(a);putchar(b);putchar('\n');
    putchar(b);putchar(c);
}
```

(2) 程序说明。

本例利用 putchar()函数一次输出一个字符,该字符包括字符常量、字符变量及转义字符等。

(3) 程序运行。

程序运行结果如下：

Book　　Bo

ok

注意：putchar()函数一次只能输出一个字符,且该函数只有一个参数。

3.3.2 格式化输出函数 printf()

printf 函数称为格式输出函数,其关键字最末一个字母 f 即为"格式"(format)之意。其功能是按用户指定的格式,把指定的数据显示到显示器屏幕上。在前面的例题中已多次使用过这个函数。

原型：int printf(const char * format,arg-list);

功能：按照格式控制字符串 format,将参数表 arg-list 中的参数输出到屏幕。

返回值：成功则返回实际打印的字符个数,错误则返回一个负数。

格式控制字符串 format,是用英文双引号括起来的字符串,其作用是控制输出项的格式和输出一些提示信息。

格式控制字符串由格式说明符和普通字符组成。格式说明符是以%开头的字符串,在%后面跟有各种格式字符,以说明输出数据的类型、形式、长度、小数位数等。普通字符在输出时原样输出,在显示中起提示作用。

参数列表 arg-list 列出要输出的表达式,如常量、变量、运算符、表达式、函数返回值等,输出的数据可有可无,如果有多个数据,每个参数之间用逗号分隔。输出的数据可以是整数、实数、字符和字符串等。

printf 函数是一个标准库函数,它的函数原型在头文件"stdio. h"中。但作为一个特例,不要求在使用 printf 函数之前必须包含 stdio. h 文件。

1. 格式字符串

printf()函数中的格式字符串的一般格式为：%[flag][m][. n][l][h|l]type,其中方括号[]中的项为可选项。各项的意义介绍如下：

(1) 类型。

类型 type 用来表示输出数据的类型,其格式控制字符及说明如表 3－3 所示。

表 3－3   printf()函数的格式控制字符

格式控制字符	说　　明
d	以十进制形式输出带符号整数(正数不输出符号)
O(字母)	以八进制形式输出无符号整数(不输出前缀 0)
x 或 X	以十六进制形式输出无符号整数(不输出前缀 Ox)
u	以十进制形式输出无符号整数
f	以小数形式输出单、双精度实数,隐含 6 位小数
e 或 E	以标准指数形式输出单、双精度实数
g 或 G	以%f 或%e 中较短的输出宽度输出单、双精度实数,不输出无意义的 0
c	输出单个字符
s	输出字符串

(2) 修饰符。

修饰符也称为附加格式说明符,各种修饰符及意义如表 3－4 所示。使用修饰符可以指定输出宽度及精度、输出对齐方式、空位填充字符和输出长度修正值等。

表 3-4 printf()函数修饰符及意义

格式修饰符	意　义
＋	输出符号(正号或负号)
♯	对 c,s,d,u 类无影响;对 o 类,在输出时加前缀 o; 对 x 类,在输出时加前缀 0x
h	加在格式符 d、o、x 之前,用于输出 short 型整数
l	加在格式符 d、o、x、u 之前,用于输出 long 型整数
0	在右对齐的输出格式中左补 0,默认左补空格
m(表示整数)	按宽度 m 输出,若 m 大于数据长度,左补空格,否则按实际位数输出
—m(表示整数)	按宽度 m 输出,若 m 大于数据长度,右补空格,否则按实际位数输出
.n(表示整数)	加在 f 之前,指定 n 位小数
	加在 e、E 之前,指定 n—1 位小数
	加在 s 之前,指定截取字符串前 n 个字符

① 标志 flag。

标志格式字符为—、＋、♯、空格四种,其意义如表 3-4 所示。

② 输出最小宽度 m。

指定输出项输出时所占的列数。若实际位数多于定义的宽度,则按实际位数输出,若实际位数少于定义的宽度则补以空格或 0。

③ 精度.n。

精度格式符.n 以"."开头,后跟十进制整数。其意义是:如果输出数字,则表示小数的位数;如果输出的是字符,则表示输出字符的个数;若实际位数大于所定义的精度数,则截去超过的部分。

④ 长度 h,l。

长度格式符为 h,l 两种,h 表示按短整型输出,l 表示按长整型输出。

注意:输出表列中给出了各个输出项,要求格式字符串和各输出项在数量、位置和类型上应该一一对应。

【例 3.5】 使用 printf()函数格式控制符。

(1) 源程序。

```
#include <stdio.h>
void main()
{
    int a=66,b=67;
    printf("%d,%d\n",a,b);
    printf("%c,%c\n",a,b);
    printf("a=%d,b=%d\n",a,b);
}
```

（2）程序说明。

本例中 3 次输出 a,b 的值,但由于格式控制符不同,输出的结果也不同。程序的第 5 行的 printf()函数格式控制串中,两个格式串%d 之间加了一个逗号(非格式字符),所以输出的 a,b 值之间有一个逗号;第 6 行中的格式控制串是%c,表示按字符型输出 a,b 的值;第 7 行为了提示输出结果,又增加了非格式字符串"a＝"、",b＝"。

（3）程序运行。

程序运行结果如下:

```
66,67
B,C
a＝66,b＝67
```

【例 3.6】　使用 printf()函数格式修饰符。

（1）源程序。

```
#include <stdio.h>
void main()
{
    int a＝15;
    float b＝123.1234567;
    double c＝12345678.1234567;
    char d＝'p';
    printf("a＝%d,%5d,%o,%x\n",a,a,a,a);        //将 a 以 4 种格式输出
    printf("b＝%f,%lf,%5.4lf,%e\n",b,b,b,b);    //将 b 以 4 种格式输出
    printf("c＝%lf,%f,%8.4lf\n",c,c,c);         //将 c 以 3 种格式输出
    printf("d＝%c,%8c\n",d,d);                  //将 d 以 2 种格式输出
}
```

（2）程序说明。

本例第 8 行中以四种格式输出整型变量 a＝15 的值。其中:"%5d"要求输出宽度为 5,而 a 值为 15,只有两位,左补三个空格(默认右对齐);%o、%x 分别以八进制和十六进制输出;第 9 行中以四种格式输出实型量 b 的值。其中"%f"和"%lf"格式的输出相同,说明"l"符对"f"类型无影响。"%5.4lf"指定输出宽度为 5,小数位数为 4,由于实际长度超过 5,应该按实际位数输出,而小数位数按四舍五入保留 4 位;第 10 行输出双精度实数,"%8.4lf"由于指定精度为 4 位故截去了超过 4 位的部分;第 11 行输出字符量 d,其中"%8c"指定输出宽度为 8 故在输出字符 p 之前补加 7 个空格。

（3）程序运行。

运行程序,输出结果如下:

```
a＝15,   15,17,f
b＝123.123459,123.123459,123.1235,1.231235e＋002
c＝12345678.123457,12345678.123457,12345678.1235
d＝p,       p
```

3.4　基本语句及程序规范

3.4.1　C 语言的基本语句

　　C 语言利用函数体中的可执行语句,向计算机系统发出操作命令。按照语句功能或构成的不同,可将 C 语言的语句分为以下五类。

1. 控制语句

控制语句完成一定的控制功能。C 语言只有 9 条控制语句,又可细分为三种:

(1) 选择结构控制语句 if()…else…, switch()…

(2) 循环结构控制语句 do…while(), for()…, while()…, break, continue

(3) 其他控制语句 goto, return

2. 函数调用语句

函数调用语句由一次函数调用加一个分号(语句结束标志)构成。

例如:

printf("This is a C function statement. ");

3. 表达式语句

表达式语句是由在表达式后加一个分号构成。最典型的表达式语句是:在赋值表达式后加一个分号构成的赋值语句。

例如:

"num=5"是一个赋值表达式,而"num=5;"却是一个赋值语句。

赋值语句在设计程序代码时用得很多,主要用于对数据进行计算或处理。

4. 空语句

空语句仅由一个分号构成。显然,空语句什么操作也不执行。

例如,下面就是一个空语句:

;

5. 复合语句

复合语句是由大括号括起来的一组(也可以是 1 条)语句构成。

例如:

```
void main()
{
  …
    {
     …
    }          //注意:右括号后不需要分号
  …
}
```

　　注意:① 在语法上和单一语句相同,即单一语句可以出现的地方,也可使用复合语句;
② 复合语句可以嵌套,即复合语句中也可出现复合语句。

3.4.2　程序的风格与基本规范

1. 程序风格

C 语言对于程序书写格式的限制较小,因此形成不同的程序风格。其中最基本的是缩进、花括号的位置以及换行等。比如下面几段代码都能编译运行,但风格各异。

```
// 第一段 K&R 风格
int main(void){
    printf("Hello World! \n");
    return 0;
}
// 第二段 ANSI 风格
int main(void)
{
    printf("Hello World! \n");
    return 0;
}
// 第三段
int main
(
){ printf
("Hello World! \n"
); return 0;}
```

很明显,前面两段虽然风格各异,但可读性都比较好,而第三段的可读性就比较差。对于 C 语言的初学者而言,养成良好的程序书写风格非常重要。一般采用 K&R 或 ANSI 的编程风格。

2. 程序设计基本规范

程序设计主要原则是"清晰第一,效率第二",限制使用 goto 语句。

(1) 适当增加注释,并保持注释与代码完全一致。

(2) 每个源程序文件,都有文件头说明。

(3) 每个函数,都有函数头说明。

(4) 定义标识符时,尽量"见名知义",并通过注释反映其含义。

(5) 利用缩进来显示程序的逻辑结构,缩进量一致并以 Tab 键为单位,定义 Tab 为 6 个字节。

(6) 注释可以与语句在同一行,也可以在上一行。

(7) 空行和空白字符也是一种特殊注释。

3.5　顺序结构程序设计及实例

3.5.1　顺序结构程序设计

1. 问题分析

此类问题的解决是用顺序结构按照编写代码的顺序依次执行相关计算或处理。分析:① 实现要完成的功能采用的方法步骤;② 输入哪些数据及其类型;③ 对输入数据的处理;

④ 输出数据及其格式。

2. 算法分析

此类问题的算法一般都很简单,主要是对一些初始数据的计算或对初始数据的处理。

3. 代码设计

(1) 用 scanf 函数输入原始数据;

(2) 用赋值语句进行计算或处理;

(3) 用 printf 函数输出计算或处理的结果。

4. 运行调试

用初始数据的不同情况分别测试程序的运行结果。

3.5.2　应用实例

【例 3.7】　已知圆柱的半径和高,求圆柱的体积。

(1) 算法分析。

设用 v 表示圆柱的体积、h 表示圆柱的高,则 $v = \pi r^2 h$。

在编程解决实际问题时,应注意三个重要的环节:源数据、算法和输出结果,并将这个过程用代码来实现,形成完整的程序。

定义变量并提供源数据,依题意定义 3 个变量;算法实现,本例较简单,只需进行乘法运算;结果输出。这几个步骤正好一步一步完成,因此用顺序结构即可实现。

(2) 程序设计。

```
#include <stdio.h>
void main()
{
    float r,h,v;               //定义变量:r 为圆柱的底面半径,h 为高,v 为体积
    printf("请输入圆柱的底面半径和高:");//输出提示信息
    scanf("%f%f",&r,&h);                //从键盘上输入半径和高
    v=3.1415926*r*r*h;                 //按公式计算圆柱体积
    printf("圆柱的体积是:%8.2f\n",v);   //按指定格式输出变量 v 的值
}
```

(3) 程序运行。

运行结果:

输入:

请输入圆柱的底面半径和高:5 8↙

输出:

圆柱的体积是:　638.32

程序第 8 行使用宽度和精度说明符,即按%8.2f 格式输出实型数据,这里的%8.2f 表示输出数据所占的域宽为 8,小数点后保留 2 位。其中小数点也占一个字符位置,所以 638.32 前面有 2 个空格。

【例 3.8】　输入一个 3 位正整数,输出逆序后的数。如输入 345,输出为 543。

(1) 算法分析。

本题的关键是设计一个分离三位整数的个、十、百位的算法。设输入的三位整数是 345,

个位数可用对 10 取余的方法得到,如 $345\%10=5$;百位数可用对 100 取整的方法得到,如 $345/100=3$;十位数可先与 100 取余再与 10 取整的方法,如 $(345\%100)/10$,也可用先与 10 取整再与 10 取余的方法,如 $(345/10)\%10$。

(2) 程序代码。

```
#include <stdio.h>                        //标准库函数声明
void main()
{
    int a,b,c,x,y;                        //变量定义
    printf("请输入一个三位数:");          //输入提示
    scanf("%d",&x);                       //格式化输入函数
    a=x/100;                              //计算百位
    b=x/10%10;                            //计算十位
    c=x%10;                               //计算个位
    y=100*c+10*b+a;                       //计算逆序后的值
    printf("x=%d,y=%d\n",x,y);            //输出 x,y 的值
}
```

(3) 程序运行。

运行结果:

输入:

请输入一个三位数:345

输出:

x=345,y=543

【例 3.9】 已知一个二元一次方程组 $\begin{cases} 3x+4y=1 \\ 2x-y=8 \end{cases}$,求 x,y 的解。

(1) 算法分析。

设二元一次方程组为 $\begin{cases} a_1x+b_1y=c_1 \\ a_2x+b_2y=c_2 \end{cases}$

由数学知识,方程组的解为:$\begin{cases} x=\dfrac{c_1b_2-c_2b_1}{a_1b_2-a_2b_1} \\ y=\dfrac{c_1a_2-c_2a_1}{a_2b_1-a_1b_2} \end{cases}$

(2) 程序设计。

```
#include <stdio.h>
void main()
{
    float a1,a2,b1,b2,c1,c2,x,y;                  //变量定义
    printf("请输入方程组的系数1:a1,b1,c1:");       //输入提示
    scanf("%f,%f,%f",&a1,&b1,&c1);                //输入第一个方程的系数
    printf("请输入方程组的系数2:a2,b2,c2:");       //输入提示
    scanf("%f,%f,%f",&a2,&b2,&c2);                //输入第二个方程的系数
```

```
    x＝(c1＊b2－c2＊b1)/(a1＊b2－a2＊b1);        //计算 x
    y＝(c1＊a2－c2＊a1)/(a2＊b1－a1＊b2);        //计算 y
    printf("方程组的解为:\n");                  //输出提示
    printf("x＝%f\n",x);                        //输出 x
    printf("y＝%f\n",y);                        //输出 y
}
```

(3) 程序运行。

程序的运行结果：

请输入方程组的系数 1:a1,b1,c1:3,4,1

请输入方程组的系数 2:a2,b2,c2:2,−1,8

方程组的解为：

x＝3.000000

y＝−2.000000

练习题 3

一、选择题

1. 合法的 C 语言赋值语句是＿＿＿＿＿。

   A. a＝b＝58   B. k＝int(a＋b);   C. a＝58, b＝58   D. −−i;

2. 阅读以下程序：

```
#include <stdio.h>
void main()
{
    char str[10];
    scanf("%s",str);
    printf("%s\n",str);
}
```

   运行上面的程序,输入字符串 HOW DO YOU DO,则程序的输出结果是＿＿＿＿＿。

   A. HOW DO YOU DO   B. HOW

   C. HOWDOYOUDO   D. how do you do

3. 若变量已正确定义,以下程序段：

```
x=5.16894;
printf("%f\n",(int)(x*1000+0.5)/(float)1000);
```

   的输出结果是＿＿＿＿＿。

   A. 输出格式说明与输出项不匹配,输出无定值

   B. 5.170000

   C. 5.168000

   D. 5.169000

4. 若有以下程序段：

```
#include <stdio.h>
```

```
void main()
{
    int a=2,b=5;
    printf("a=%%d,b=%%d\n",a,b);
}
```

其输出结果是（　　　）。

A. a=%2,b=%5   B. a=2,b=5

C. a=%%d,b=%%d   D. a=%d,b=%d

5. 以下程序段的输出结果是_____。

```
float a=57.666;
printf(" * %010.2f * \n",a);
```

A. * 0000057.66 *   B. *57.66 *

C. * 0000057.67 *   D. *57.67 *

6. 若变量 c 定义为 float 类型，当从终端输入 283.1900 后按回车键，能给变量 c 赋以 283.19 的输入语句是_____。

A. scanf("%f",c);   B. scanf("%8.4f",&c);

C. scanf("%6.2f",&c);   D. scanf("%8f",&c);

7. 下面程序的输出是_____。

```
#include <stdio.h>
void main()
{
    int k=11;
    printf("%d,%o,%x\n",k,k,k);
}
```

A. 11,12,11   B. 11,13,13

C. 11,013,0xb   D. 11,13,b

8. 执行下面程序中的输出语句后，a 的值是_____。

```
#include <stdio.h>
void main()
{
    int a;
    printf("%d\n",(a=3*5,a*4,a+5));
}
```

A. 65   B. 20   C. 15   D. 10

9. 执行下列程序时输入 1234567，程序的运行结果为_____。

```
#include<stdio.h>
void main()
{
    int x,y;
    scanf("%2d%2d",&x,&y);
```

```
        printf("%d\n",x+y);
    }
```

    A. 17   B. 46   C. 15   D. 9

10. 已知 int a,b;,用语句 scanf("%d%d",&a,&b);输入 a,b 的值时,不能作为输入数据分隔符的是_____。

    A. ;   B. 空格   C. 回车   D. 【Tab】键

二、填空题

1. C 语句句尾用_____结束。

2. 若有变量定义:int a=1,b=2,c=3,d=4,x=5,y=6;则表达式(x=a>b)&&(y=c>d)的值为_____。

3. 使用强制转换方法将正整数转换成字符。本题程序如下:

```
#include <stdio.h>
void main()
{    char c; int i;
     printf("输入一个正整数(小于 255):");
     scanf("%d",&i);
     c=(char)i;
     printf("%c 的 ASCII 码为%d\n",c,i);
}
```

本程序的执行结果为_____。

4. 下面程序的输出是_____。

```
#include <stdio.h>
void main()
{
     int i=-100,j=50;
     printf("%d,%d\n",i,j);
     printf("i=%d, j=%d\n",i,j);
     printf("i=%d\n j=%d\n",i,j);
}
```

5. 执行以下程序时,若从第一列开始输入数据,为使变量 a=2,b=8,x=6.5,y=56.62,c1='C',c2='b',正确的数据输入形式是_____。

```
#include <stdio.h>
void main()
{
     int a,b;float x,y; char c1,c2;
     scanf("a=%d b=%d",&a,&b);
     scanf("x=%f y=%f",&x,&y);
     scanf("c1=%c c2=%c",&c1,&c2);
     printf("a=%d, b=%d, x=%f, y=%f, c1=%c, c2=%c",a,b,x,y,c1,c2);
}
```

三、程序设计题

1. 编写程序交换两个变量 a,b 的值,并输出。如输入 a=3,b=5,输出 a=5,b=3。

2. 编写程序输入小写字符 boy,输出大写字符 BOY。

3. 已知华氏温度与摄氏温度的转换公式为:$C=[(F-32)\times 5]\div 9$。编写程序当输入华氏温度 F 时,输出对应的摄氏温度。

4. 设圆的半径 $r=1.5$,圆柱高 $h=3$,编写程序求圆周长、圆面积、圆球表面积、圆球体积及圆柱体积。用 scanf 函数输入数据,输出计算结果,输出时要求有文字说明,取小数点后 2 位数字。

5. 编写程序输入梯形的上底 a,下底 b 和高 h,输出该梯形的面积。

6. 编写程序将"China"译成密码,密码规律是:用原来的字母后面第 4 个字母代替原来的字母。例如,字母"A"后面第 4 个字母是"E",用"E"代替"A"。因此,"China"应译为"Glmre"。请编写程序,用赋初值的方法使 c1,c2,c3,c4,c5 这 5 个变量的值分别为 'C','h','i','n','a',经过运算,使 c1,c2,c3,c4,c5 分别变为 'G','l','m','r','e'。分别用 putchar 函数和 printf 函数输出这 5 个字符。

第4章 选择结构程序设计

本章的主要内容:选择结构的概念,条件语句、开关语句的格式和执行过程以及使用,选择结构程序设计的基本方法及应用实例。通过本章内容的学习,应当解决的问题:为什么要使用选择结构程序设计?如何进行选择结构程序设计?使用选择结构语句进行程序设计的基本方法,运用选择结构程序设计解决一般的实际应用问题。

4.1 选择结构程序的引入

【任务】 运用C语言的选择结构语句编写稍微复杂一些问题的应用程序,如求解一元二次方程的根、四则运算、企业奖金发放、税款计算等,具备独立解决一般实际问题的能力,熟练掌握选择结构程序设计的基本方法。

4.1.1 问题与引例

前面三章所介绍的程序都是一些简单的程序,都属于顺序结构程序设计,只能解决一些简单的问题,如果要解决稍微复杂一些的问题,则仅用顺序结构程序就远远不够了。因为顺序结构程序的执行就像一条流水线,将程序中的各个语句按从上到下的顺序逐一执行,不能根据一定的条件选择执行相应的语句,也就是不具有逻辑判断能力。

【引例】 求解一元二次方程 $ax^2+bx+c=0$ 的根(包括实根或复根)。

问题分析:本例需要根据一元二次方程 $ax^2+bx+c=0$ 中系数 a、b、c 的不同情况进行判断,从而选择不同的根的计算或处理方法。

本例具体有下列几种情况:

(1) $a=0,b=0$ 时,如果 $c=0$,则方程为同义反复;否则(即 $c\neq0$),则方程为矛盾;

(2) $a=0,b\neq0$ 时,方程只有一个根为:$x=-c/b$;

(3) $a\neq0$ 时,方程有两个根:

① $d=b^2-4ac=0$ 时,有两个相等的实根:$x_{1,2}=-\dfrac{b}{2a}$

② $d=b^2-4ac>0$ 时,有两个不相等的实根:$x_{1,2}=\dfrac{-b\pm\sqrt{d}}{2a}$

③ $d=b^2-4ac<0$ 时,有两个不相等的复根:$x_{1,2}=-\dfrac{b}{2a}\pm\dfrac{\sqrt{-d}}{2a}\mathrm{i}$

这里需要根据一元二次方程系数 a、b、c 和根的判别式的 6 种不同情况选择不同的计算或处理方法。

4.1.2 选择结构的基本概念

对于上述或类似的问题,需要根据某些给定的条件进行某种判断,并根据判断的结果进行不同的处理。如何进行这一类问题的程序设计呢?解决的办法就是用选择结构来完成。使用选择结构就是利用计算机的逻辑判断能力,来对各种复杂情况进行处理。

选择结构就是对给定条件进行判断,从而选择执行不同的执行分支。条件的表示通常是关系表达式,也可能是逻辑表达式或一般的算术表达式。选择结构实现的方法是采用条件语句和开关选择语句。本章主要介绍条件语句 if 和开关选择语句 switch 以及选择结构程序设计的方法与步骤、应用实例。

4.2 条件语句

运用条件语句 if 可以构成选择结构,它根据给定的条件进行判断,以决定执行某个分支程序段。C 语言的条件语句有三种基本形式:单分支结构、双分支结构和多分支结构。

4.2.1 单分支结构

1. 结构形式

单分支结构的 if 语句形式为:

if(表达式)语句;

2. 执行过程

如果表达式的值为真(不等于 0),则执行其后的语句;否则(即表达式的值等于 0),不执行该语句。其执行过程可表示为如图 4-1 所示。

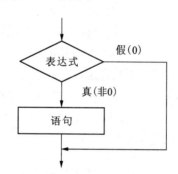

图 4-1 单分支选择结构的执行流程

3. 使用举例

【例 4.1】 编制程序输入两个数,输出其中的较大值。

(1) 算法分析。

本例中要求两个数中的较大数,只要将输入的两个数进行一次比较就可以找出其中的较大数。方法有多种:

方法 1:输入两个数放在 a、b 中,先把 a 存放到 max 中,然后再将 b 和 max 进行比较,如果 b 大于 max,则把 b 放到 max 中。

方法 2:输入两个数放在 a、b 中,将 a 和 b 进行比较,如果 a>b,则直接输出 a 的值,否则直接输出 b 的值。

方法 3:输入两个数放在 a、b 中,将 a 和 b 进行比较,如果 a<b,则先交换 a 和 b 的值,然后输出 a 的值,否则直接输出 a 的值。

其中,交换变量 a 和 b 的值的方法:

需要引进一个中间变量,比如 t,接下来用三个语句实现三个步骤:

```
t=a;a=b;b=t;
```

（2）程序设计。

这里用第一种方法进行程序设计如下：

```
#include <stdio.h>
void main()
{
    int a,b,max;                //定义变量,max 存放较大数
    printf("输入两个数:");
    scanf("%d,%d",&a,&b);    //输入两个数
    max=a;                      //先把 a 作为较大数
    if(b>max)max=b;            //单分支结构,如果 b 大于 max,则把 b 作为较大数
    printf("较大数是:%d\n",max);//输出较大数
}
```

其余两种方法,请读者设计程序。

（3）程序运行。

本例程序中,输入两个数 a,b;把 a 先赋给变量 max,再用 if 语句判别 max 和 b 的大小,如 b 大于 max,则把 b 赋给 max。因此 max 中总是大数,最后输出 max 中的值。程序的运行结果如下：

① 第一次运行结果。

输入两个数:10,20

较大数是:20

② 第二次运行结果。

输入两个数:30,15

较大数是:30

4.2.2　双分支结构

1. 结构形式

双分支结构的 if 语句形式为：

if(表达式)

　语句 1；

else

　语句 2；

2. 执行过程

　如果表达式的值为真,则执行语句 1,否则,执行语句 2。其执行过程可表示为如图 4-2 所示。

3. 使用举例

【例 4.2】　编制程序求一个数的绝对值。

（1）算法分析。

由数学知识,$|x|$ 的绝对值表示为：

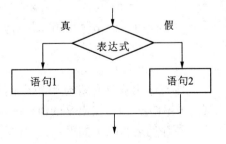

图 4-2　双分支选择结构的执行流程

$$y=\begin{cases} x & x\geqslant 0 \\ -x & x<0 \end{cases}$$

本例中先输入 x 的值,只分两种情况:一种是 $x\geqslant 0$,另一种是 $x<0$,所以只需要用一个 if 语句判断一次。如果 $x\geqslant 0$,则 $y=x$,否则 $y=-x$,最后输出 x,y 的值。程序执行流程如图 4-3所示。

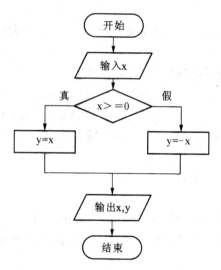

图 4-3 求数 x 的绝对值 y 的流程图

(2) 程序设计。

```c
#include <stdio.h>
void main()
{
    int x,y;
    printf("输入一个数:");
    scanf("%d",&x);        //输入 x
    if(x>=0)               //双分支结构
      y=x;                 //x>=0 时,把 x 赋给 y
    else
      y=-x;                //x<0 时,把-x 赋给 y
    printf("|%d|=%d\n",x,y);   //输出 x,y
}
```

(3) 程序运行。

本程序用双分支结构 if-else 条件语句判别 x 的大小,若 x 大于等于 0,则把 x 赋给 y,否则把-x 赋给 y,最后输出 y 的值。

程序的运行结果如下:

① 第一次运行结果。

输入一个数:60

|60|=60

② 第二次运行结果。

输入一个数：-70

|-70|=70

本例的双分支结构亦可以用条件运算符(表达式 1? 表达式 2:表达式 3)实现：

y=(x>=0)? x:-x;

4.2.3　多分支结构

1. 结构形式

当有多个分支选择时,可采用多分支选择结构 if-else if 条件语句,其一般形式为：

if(表达式 1)

　　语句 1;

else if(表达式 2)

　　语句 2;

else if(表达式 3)

　　语句 3;

　　···

else if(表达式 m)

　　语句 m;

else

　　语句 n;

2. 执行过程

首先依次判断表达式的值,如果其值为真时,则执行其对应的语句,然后跳到整个 if 语句之外继续执行后面的程序;如果所有表达式的值均为假,则执行语句 n,然后继续执行后面的程序。多分支结构 if-else if 条件语句的执行过程如图 4-4 所示。

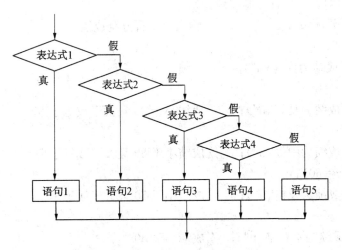

图 4-4　多分支选择结构的执行流程

【例 4.3】　根据考试的百分制成绩输出相应的等级。设成绩 90 至 100 分为优秀,80 至 89 分为良好,70 至 79 分为中等,60 至 69 分为及格,60 分以下为不及格。

(1) 算法分析。

本例中设成绩分为 5 种情况:90 至 100 分为优秀,80 至 89 分为良好,70 至 79 分为中等,

60 至 69 分为及格,60 分以下为不及格。这里用多分支结构 if-else if 条件语句来实现。程序流程图如图 4-5 所示。

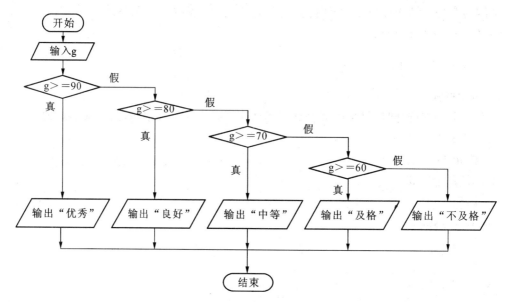

图 4-5　百分制成绩输出相应的等级的流程图

(2) 程序设计。

```c
#include <stdio.h>
void main()
{
    int g;
    printf("请输入一个百分制成绩:");
    scanf("%d",&g);          //输入一个百分制成绩
    if (g>=90)
       printf("成绩为优秀\n");   //成绩大于或等于 90
    else if(g>=80)
       printf("成绩为良好\n");   //成绩小于 90 且大于或等于 80
    else if(g>=70)
       printf("成绩为中等\n");   //成绩小于 80 且大于或等于 70
    else if(g>=60)
       printf("成绩为及格\n");   //成绩小于 70 且大于或等于 60
    else
       printf("成绩为不及格\n"); //成绩小于 60
}
```

(3) 程序运行。

要特别注意的是:当第一个表达式 g≥90 的值为假时,继续判断第二个表达式 g≥80,这里隐含的一个条件就是 g<90,若 g>=80 为真时,表明此时的条件是 80≤g<90;其余类同。程序的运行结果如下:

① 第一次运行结果。

请输入一个百分制成绩:95

成绩为优秀

② 第二次运行结果。

请输入一个百分制成绩:86

成绩为良好

③ 第三次运行结果。

请输入一个百分制成绩:74

成绩为中等

④ 第四次运行结果。

请输入一个百分制成绩:63

成绩为及格

⑤ 第五次运行结果。

请输入一个百分制成绩:46

成绩为不及格

3. 使用举例

【例 4.4】 从键盘输入一个字符,并根据输入字符的 ASCII 码来判别其类型。

(1) 算法分析。

本例中先输入一个字符到字符变量 c 中,接下来分别对 c 的 ASCII 码进行判断,分为 5 种情况:① c 的 ASCII 值小于 32 的为控制字符;② 在 '0' 到 '9' 之间的为数字;③ 在 'A' 到 'Z' 之间为大写字母;④ 在 'a' 到 'z' 之间为小写字母;⑤ 其余则为其他字符。这里使用多分支结构 if-else if 条件语句来实现。程序流程图如图 4 - 6 所示。

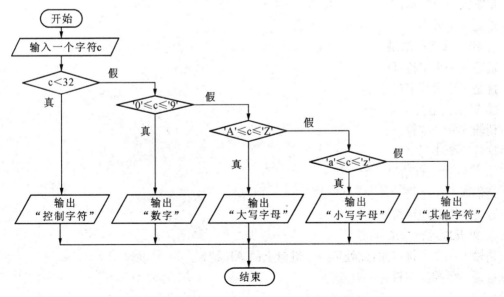

图 4 - 6 判别输入字符的类型的流程图

(2) 程序设计。

♯ include ＜stdio. h＞

```
void main()
{
    char c;
    printf("请输入一个字符:");
    c=getchar();                    //输入一个字符
    if (c<32)
      printf("这是一个控制字符\n");    // ASCII 码小于 32
    else if(c>='0' && c<='9')
      printf("这是一个数字\n");        //字符大于或等于 '0' 且小于或等于 '9'
    else if(c>='A' && c<='Z')
      printf("这是一个大写字母\n");    //字符大于或等于 'A' 且小于或等于 'Z'
    else if(c>='a' && c<='z')
      printf("这是一个小写字母\n");    //字符大于或等于 'a' 且小于或等于 'z'
    else
      printf("这是一个其他字符\n");    //以上四种情况都不是
}
```

(3) 程序运行。

本例要求判别键盘输入字符的类别,可以根据输入字符的 ASCII 码值来判别类型。ASCII 值小于 32 的为控制字符,在 '0' 和 '9' 之间的为数字,在 'A' 和 'Z' 之间为大写字母,在 'a' 和 'z' 之间为小写字母,其余则为其他字符。这是一个多分支选择的问题,用 if-else if 条件语句编程,判断输入字符 ASCII 码所在的范围,分别给出不同的输出。程序的运行结果如下:

① 第一次运行结果。

请输入一个字符:7

这是一个数字

② 第二次运行结果。

请输入一个字符:D

这是一个大写字母

③ 第三次运行结果。

请输入一个字符:f

这是一个小写字母

④ 第四次运行结果。

请输入一个字符:*

这是一个其他字符

⑤ 第五次运行结果。

请输入一个字符:(注:此处可按下键盘上的 Alt 键)

这是一个控制字符

4.2.4　条件语句的嵌套

当 if 语句中的执行语句又是 if 语句时,则构成了 if 语句嵌套结构的情形,采用嵌套结构的实质是为了便于进行多分支选择。其一般形式可表示如下三种:

1. 在 if 和 else 之间嵌套

if(表达式 1)

    if(表达式 2)语句;

else

2. 在 else 后面嵌套

if(表达式 1)

    语句 1;

else

    if(表达式 2)语句 2;

3. 在 if 和 else 之间、else 后面均嵌套

if(表达式 1)

    if(表达式 2)语句 1;

else

    if(表达式 3)语句 2;

注意:在嵌套内的 if 语句中可能又是 if-else 型的,这将会出现多个 if 和多个 else 重叠的情况,这时要特别注意 if 和 else 的配对问题。为了避免二义性,C 语言规定 else 总是与它前面最近的 if 配对。

例如:

if(表达式 1)

    if(表达式 2)

        语句 1;

else

    if(表达式 3)

        语句 2;

else

    语句 3;

其中的 else 究竟是与哪一个 if 配对呢？这种情况应该理解为:

if(表达式 1)

{ if(表达式 2)

        语句 1;

else

{   if(表达式 3)

        语句 2;

    else

        语句 3;

  }

}

【例 4.5】 比较两个数的大小关系。

(1)算法分析。

本例中先输入两个数分别放入 a、b 中,a 和 b 的关系有 3 种情况:a>b、a=b、a<b。判断

3 种情况要用两个 if 语句进行,这里用 if 语句的嵌套结构来实现,嵌套的方法有两种:一种方法是在 if 和 else 之间嵌套 if 语句,另一种方法是 else 之后嵌套 if 语句。程序流程图如图 4 - 7 所示。

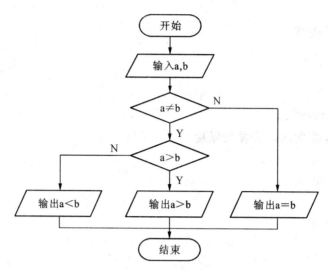

图 4 - 7   比较两个数的大小关系流程图

(2) 程序设计。

```c
#include <stdio.h>
void main()
{
    int a,b;
    printf("请输入 a,b:");
    scanf("%d,%d",&a,&b);       //输入 a、b 的值
    if(a! =b)                   //在 if 与 else 之间嵌套一个双分支结构
        if(a>b)
            printf("a 大于 b\n");   //a 不等于 b 时,a 大于 b
        else
            printf("a 小于 b\n");   //a 不等于 b 时,a 小于 b
    else
        printf("a 等于 b\n");       //a 不等于 b 条件不成立时,即 a 等于 b
}
```

本例中用了 if 语句的嵌套结构,在 if 和 else 之间嵌套 if 语句,也可以在 else 之后嵌套 if 语句,请读者自己完成。

(3) 程序运行。

① 第一次运行结果。

请输入 a,b:20,30

a 小于 b

② 第二次运行结果。

请输入 a,b:50,40

a 大于 b

③ 第三次运行结果。

请输入 a,b:60,60

a 等于 b

(4) 用多分支结构 if 语句设计程序。

本例也可以不用 if 语句的嵌套结构,而直接用多分支结构 if-else if 条件语句也可以完成,而且程序结构更加清晰。因此,在一般情况下应少用 if 语句的嵌套结构,以使程序更便于阅读理解。

```c
#include <stdio.h>
void main()
{
    int a,b;
    printf("请输入 a,b:");
    scanf("%d,%d",&a,&b);        //输入 a、b 的值
    if(a==b)                     //a 等于 b 时
        printf("a 等于 b\n");
    else if(a>b)                 //在 else 之后嵌套一个双分支结构
        printf("a 大于 b\n");    //a 不等于 b 时,a 大于 b
    else
        printf("a 小于 b\n");    //a 不等于 b 时,a 小于 b
}
```

程序运行情况,请读者分析。

4.2.5　条件语句的使用注意点

(1) 在三种形式的 if 语句中,在 if 关键字之后均为表达式。该表达式通常是关系表达式或逻辑表达式,但也可以是其他表达式,如赋值表达式等,甚至也可以是一个变量或是一个数值表达式。例如:

if(a=5)语句;　//a=5 是一个赋值表达式

if(b)语句;　　//b 是一个变量

if(a+b)语句;　//a+b 是一个表达式

上述都是允许的。只要表达式的值为非 0,条件即为"真"。

如在 if(a=5)…;中表达式的值永远为非 0,所以其后的语句总是要执行的,当然这种情况在程序中不一定会出现,但在语法上是合法的。

(2) 在 if 语句中,条件表达式必须用括号括起来,且在其后的语句之后必须加分号。

(3) 在 if 语句的三种形式中,所有的语句应为单个语句。如果要想在满足条件时执行一组(多个)语句,则必须把这一组语句用"{}"括起来组成一个复合语句,但要注意的是在"{}"之后不能再加分号。

例如:

if(a>b)

{　　m=a;

```
        n=b;
    }               // }之后不能再加分号
    else
    {    m=b;
         n=a;
    }               // }之后不能再加分号
```

4.3   开关语句

4.3.1   开关语句的格式

C 语言还提供了另一种用于多分支选择的 switch 语句,其一般形式为:

```
switch(表达式)
{
    case 常量表达式 1:   语句 1;
    case 常量表达式 2:   语句 2;
    ...
    case 常量表达式 n:   语句 n;
    default:   语句 n+1;
}
```

说明:

(1) switch 后面表达式的值应为整型或字符型。

(2) switch 下面的应该是一对花括号,即是组成一个复合语句。

4.3.2   开关语句的执行

计算 switch 后面表达式的值,并逐个与其后的常量表达式的值相比较,当表达式的值与某个常量表达式的值相等时,即执行其后的语句,然后不再进行判断,继续执行后面所有 case 后的语句。如果表达式的值与所有 case 后的常量表达式均不相同时,则执行 default 后的语句。

【例 4.6】   根据学生考试成绩的等级输出相应的百分制分数段。

(1) 算法分析。

设学生的考试成绩分为五个等级。等级 A 表示 90~100 分,等级 B 表示 80~89 分,等级 C 表示 70~79 分,等级 D 表示 60~69 分,等级 E 表示 0~59 分。本例共有 5 种情况,使用 switch 语句实现很方便。

(2) 程序设计。

```
#include <stdio. h>
void main()
{
    char g;
    printf("请输入学生考试成绩的等级:");
    scanf("%c",&g);   //输入一个学生考试成绩的等级
    switch(g)
```

```
{   case 'A':            //考试成绩的等级为 'A' 时
       printf("90~100 分\n");
    case 'B':            //考试成绩的等级为 'B' 时
       printf("80~89 分\n");
    case 'C':            //考试成绩的等级为 'C' 时
       printf("70~79 分\n");
    case 'D':            //考试成绩的等级为 'D' 时
       printf("60~69 分\n");
    default:             //考试成绩的等级不为 'A'、'B'、'C'、'D' 时
       printf("60 分以下\n");
    }
}
```

注意分析程序的运行过程及结果,看存在什么问题?

例如,当成绩等级 A 的时候,输出的结果是:

90~100 分

80~89 分

70~79 分

60~69 分

60 分以下

显然,这样的结果是不正确的。为什么会出现这种情况呢? 这恰恰反应了 switch 语句的一个特点。在 switch 语句中,"case 常量"只相当于一个语句标号,常量的值和某标号相等则转向该标号执行,但不能在执行完该标号的语句后自动跳出整个 switch 语句,所以出现了继续执行所有后面 case 语句的情况。那该如何解决呢?

为了避免上述情况,C 语言还提供了一种 break 语句,可用于跳出 switch 语句。解决的办法是在每个 case 子句的后面加一个 break 语句,修改后的程序如下:

```c
#include <stdio. h>
void main()
{
    char g;
    printf("请输入学生考试成绩的等级:");
    scanf("%c",&g);
    switch(g)
    {   case 'A':
           printf("90~100 分\n");break;
        case 'B':
           printf("80~89 分\n"); break;
        case 'C':
           printf("70~79 分\n"); break;
        case 'D':
           printf("60~69 分\n"); break;
```

```
      default：
          printf("60 分以下\n");
      }
  }
```

4.3.3 开关语句的使用举例

【例 4.7】 输入一个 1~7 之间的数字,输出这个数字是对应的星期几。

(1) 算法分析。

本例要求先输入一个数字,然后对输入的数字进行判断,这里一共有 7 种情况,可以采用多分支结构条件语句 if 来实现,也可以采用开关语句 switch 来实现,本例采用后面一种 switch 语句。另外,增加了一个 7 种情况以外的其他情况。

(2) 程序设计。

```c
#include <stdio. h>
void main()
{ int a;
  printf("输入一个整数：");
  scanf("%d",&a);        //输入一个整数
  switch(a)
  {
      case 1：printf("星期一\n"); break；   //a 的值为 1 时
      case 2：printf("星期二\n"); break；   //a 的值为 2 时
      case 3：printf("星期三\n"); break；   //a 的值为 3 时
      case 4：printf("星期四\n"); break；   //a 的值为 4 时
      case 5：printf("星期五\n"); break；   //a 的值为 5 时
      case 6：printf("星期六\n"); break；   //a 的值为 6 时
      case 7：printf("星期日\n"); break；   //a 的值为 7 时
      default：printf("输入错误! \n");      //以上七种情况都不是时
  }
}
```

(3) 程序运行。

程序的运行结果如下：

① 第一次运行结果。

输入一个整数:4

星期四

② 第二次运行结果。

输入一个整数:6

星期六

③ 第三次运行结果。

输入一个整数:9

输入错误!

4.3.4 开关语句的使用注意点

1. 在使用 switch 语句时应注意

(1) 在 case 后的各常量的值不能相同,否则会出现错误。

(2) 在 case 后,允许有多个语句,可以不用"{}"括起来。

(3) 在 case 后,允许为空,即多个 case 可以共用一个或多个语句。

(4) 各 case 和 default 子句的先后顺序可以变动,而不会影响程序执行结果。

(5) 在每一个 case 语句之后应有一个 break 语句,使每一次执行之后均可跳出 switch 语句,从而避免输出不应有的结果。

(6) default 子句可以省略不用。

2. 使用注意点说明

将例 4.3 使用 switch 语句实现如下,通过该例分别说明以上注意点。

```
#include <stdio.h>
void main()
{   int g; char d;
    printf("请输入一个百分制成绩:");
    scanf("%d",&g);        //输入一个百分制成绩
    switch(g/10)           //将 g 除以 10 取整数作为表达式的值
    {
        case 0:    //当表达式的值为 0 时
        case 1:    //当表达式的值为 1、0 时
        case 2:    //当表达式的值为 2、1、0 时
        case 3:    //当表达式的值为 3、2、1、0 时
        case 4:    //当表达式的值为 4、3、2、1、0 时
        case 5:d='E';printf("成绩为不及格\n");break;       //当表达式的值为 5、4、3、2、1、0 时
        case 6:d='D';printf("成绩为合格\n");break;         //当表达式的值为 6 时
        case 7:d='C';printf("成绩为中等\n");break;         //当表达式的值为 7 时
        case 8:d='B';printf("成绩为良好\n");break;         //当表达式的值为 8 时
        case 9:                                           //当表达式的值为 9 时
        case 10:d='A';printf("成绩为优秀\n");break;        //当表达式的值为 10、9 时
    }
}
```

4.4 选择结构程序设计及实例

4.4.1 选择结构程序设计

1. 问题分析

此类问题的解决总是用选择结构根据已知条件选择不同的计算或处理。分析:① 实现要完成的功能采用的方法步骤;② 输入哪些数据及其类型;③ 对输入数据的处理;④ 输出数据及其格式。

2. 算法分析

此类问题的算法一般较简单,主要是根据一些初始数据或对初始数据的处理结果进行判断,再依据判断的结果选择不同的执行分支。

常见的算法有:比较数的大小、分段函数的计算、求解一元二次方程的根、模拟计算器、奖金发放、所得税计算、货款计算等。

3. 代码设计

(1) 输入原始数据。

(2) 用条件语句或开关语句根据判断的结果选择不同的语句进行计算或处理。

(3) 输出计算或处理结果。

4. 运行调试

用初始数据的不同情况分别测试程序的运行结果。

4.4.2　应用实例

【例4.8】　输入三个整数,输出其中的最大数和最小数。

(1) 算法分析。

首先输入三个整数放在变量 a、b、c 中,然后比较 a,b 的大小,把其中大的数放入变量 max,小的数放入变量 min 中,接着再将 c 与 max 和 min 进行比较,若 c 大于 max,则把 c 放入 max 中;如果 c 小于 min,则把 c 放入 min 中;最后输出 max 和 min 中的值即可。程序流程图如图 4-8 所示。

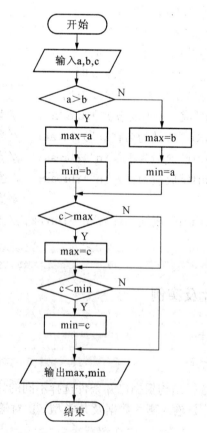

图 4-8　求三个数中的最大数和最小数流程图

（2）程序设计。

```
#include <stdio.h>
void main()
{
    int a,b,c,max,min;              //定义变量,max 表示最大,min 表示最小
    printf("请输入三个整数:");
    scanf("%d,%d,%d",&a,&b,&c);     //输入三个整数
    if(a>b)
    { max=a;min=b; }                //a 大于 b 时,a 放入 max 中,b 放入 min 中
    else
    { max=b;min=a; }                //a 小于 b 时,b 放入 max 中,a 放入 min 中
    if (c>max)
      max=c;                        //c 大于 max 时,c 放入 max 中
    else if(c<min)
      min=c;                        //c 小于 min 时,c 放入 min 中
    printf("最大数是:%d,最小数是:%d\n",max,min);//输出最大数、最小数
}
```

（3）程序运行。

本程序中,首先比较输入的 a,b 的大小,并把大的数放入 max,小的数放入 min 中,然后再与 c 比较,若 c 大于 max,则把 c 赋予 max;如果 c 小于 min,则把 c 赋予 min。因此 max 中总是最大数,而 min 中总是最小数。最后输出 max 和 min 的值。程序的运行结果如下:

① 第一次运行结果。

请输入三个整数:5,9,16

最大数是:16,最小数是:5

② 第二次运行结果。

请输入三个整数:12,7,22

最大数是:22,最小数是:7

③ 第三次运行结果。

请输入三个整数:19,17,11

最大数是:19,最小数是:11

本例也可以先将 a 放入 max 和 min 中,然后将 b 和 c 分别与 max、min 进行比较,若比 max 大,则将其放入 max 中,若比 min 小,则将其放入 min 中。程序请读者自己设计。

【例 4.9】 求一元二次方程 $ax^2+bx+c=0$ 的实根或复根。

（1）算法分析。

一元二次方程 $ax^2+bx+c=0$ 根的情况:

① $a=0,b=0$ 时,方程或为同义反复($c=0$),或为矛盾($c\neq0$);

② $a=0,b\neq0$ 时,方程只有一个根为:$x=-c/b$;

③ $a\neq0$ 时,方程有两个根:

$d=b^2-4ac=0$ 时,有两个相等的实根:$x_{1,2}=-\dfrac{b}{2a}$

$d = b^2 - 4ac > 0$ 时，有两个不相等的实根：$x_{1,2} = \dfrac{-b \pm \sqrt{d}}{2a}$

$d = b^2 - 4ac < 0$ 时，有两个不相等的复根：$x_{1,2} = -\dfrac{b}{2a} \pm \dfrac{\sqrt{-d}}{2a} i$

程序流程图如图 4-9 所示。

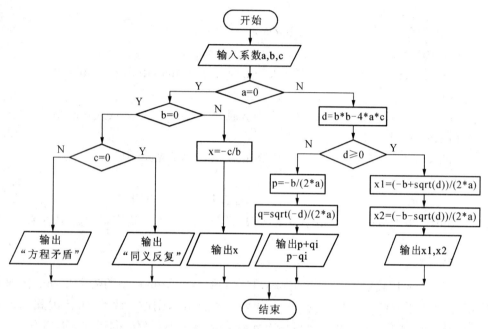

图 4-9　求一元二次方程根的流程图

（2）程序设计。

```c
#include <stdio.h>
#include <math.h>
void main()
{
    float a,b,c,d,x1,x2,p,q; //x1、x2 表示实根,p、q 表示虚根的实部和虚部
    printf("输入方程的系数 a,b,c:");
    scanf("%f,%f,%f",&a,&b,&c);   //输入方程的系数
    if (a==0)
      if(b==0)
        if(c==0)
          printf("方程同义反复\n"); //a、b、c 同时为 0 时
        else
          printf("方程矛盾\n"); //a、b 同时为 0 时
      else
        printf("方程只有一个实根:%.4f\n",-c/b);   //a 为 0 时
    else
    {
```

```
    d=b*b-4*a*c;                    //求根的判别式的值并放入 d 中
    if(fabs(d)<1eb)
        printf("方程有两个相等的实根:%.4f\n",-b/(2*a));//d 等于 0 时
    else if(fabs(d)>1eb)
    {
        x1=(-b+sqrt(d))/(2*a);x2=(-b-sqrt(d))/(2*a);  //d 大于 0 时
        printf("方程有两个不相等的实根:%.4f,%.4f\n",x1,x2);
    }
    else
    {
        p=-b/(2*a);q=sqrt(-d)/(2*a);  //d 小于 0 时,求虚根的实部和虚部
        printf("方程有两个复根:");
        printf("%.4f+%.4fi",p,q);            //输出复根 p+qi
        printf("%.4f-%.4fi\n",p,q);          //输出复根 p-qi
    }
    }
}
```

(3) 程序运行。

① 第一次运行结果。

输入方程的系数 a,b,c:0,0,0

方程同义反复

② 第二次运行结果。

输入方程的系数 a,b,c:0,0,2

方程矛盾

③ 第三次运行结果。

输入方程的系数 a,b,c:0,2,9

方程只有一个实根:-4.5000

④ 第四次运行结果。

输入方程的系数 a,b,c:1,2,1

方程有两个相等的实根:-1.0000

⑤ 第五次运行结果。

输入方程的系数 a,b,c:2,5,2

方程有两个不相等的实根:-0.5000,-2.0000

⑥ 第六次运行结果。

输入方程的系数 a,b,c:1,2,2

方程有两个复根:-1.0000+1.0000i,-1.0000-1.0000i

【例 4.10】　编写四则运算程序。若用户输入运算数和四则运算符,则输出计算结果。

(1) 算法分析。

四则运算包括加、减、乘、除四种。程序运行时,首先输入一个数,再输入一个运算符号($+$、$-$、$*$、$/$),然后再输入另一个数,接下来通过开关语句根据输入的运算符进行具体的

运算。

（2）程序设计。

```c
#include <stdio.h>
void main()
{
    float a,b;        //定义参加运算的两个数的类型
    char c;           //定义运算符号的类型
    printf("请输入一个数、一个运算符(＋,－,＊,/)、另一个数:\n");
    scanf("%f%c%f",&a,&c,&b); //输入一个数、一个运算符、另一个数
    switch(c)
    {
        case '+':
            printf("=%f\n",a+b);break;    //运算符是'+'时
        case '-':
            printf("=%f\n",a-b);break;    //运算符是'-'时
        case '*':
            printf("=%f\n",a*b);break;    //运算符是'*'时
        case '/':
            if(b! =0)                     //运算符是'/'时,除数不能为0
            { printf("=%f\n",a/b);break; }
            else
            { printf("数据错误\n");break; }
        default: printf("运算符错误\n");    //不是以上四种运算符时
    }
}
```

本例可用于四则运算求值。switch 语句用于判断运算符,然后输出运算的结果。当输入的运算符不是"＋、－、＊、/"四种之一时给出运算符错误提示。

（3）程序运行。

① 第一次运行结果。

请输入一个数、一个运算符(＋,－,＊,/)、另一个数:

10＋20

＝30.000000

② 第二次运行结果。

请输入一个数、一个运算符(＋,－,＊,/)、另一个数:

3＊6

＝18.000000

③ 第三次运行结果。

请输入一个数、一个运算符(＋,－,＊,/)、另一个数:

10/0

数据错误

④ 第四次运行结果。

请输入一个数、一个运算符（＋，－，＊，/）、另一个数：

20＞10

运算符错误

【例 4.11】 企业奖金的发放。设企业发放的奖金根据利润提成，当利润 i 低于 100000 的，奖金可提成 10％；利润 $100000 \leqslant i < 200000$ 时，低于 100000 的部分按 10％提成，高于或等于 100000 的部分按 7.5％提成；利润 $200000 \leqslant i < 400000$ 时，低于 200000 的部分仍按上述办法提成（下同）；高于或等于 200000 的部分按 5％提成；利润 $400000 \leqslant i < 600000$ 时，高于或等于 400000 的部分按 3％提成；利润 $600000 \leqslant i < 1000000$ 时，高于或等于 600000 的部分按 1.5％提成；利润 $i \geqslant 1000000$ 时，高于或等于 1000000 的部分按 1％提成。从键盘输入当月利润 i，求应发奖金总数。

（1）算法分析。

本例设利润用变量 i 表示，奖金用变量 p 表示，则企业奖金可按如下情况发放：

$$p = \begin{cases} i \times 0.1 & i < 100000 \\ 10000 + (i - 100000) \times 0.075 & 100000 \leqslant i < 200000 \\ 10000 + 7500 + (i - 200000) \times 0.05 & 200000 \leqslant i < 400000 \\ 10000 + 7500 + 10000 + (i - 400000) \times 0.03 & 400000 \leqslant i < 600000 \\ 10000 + 7500 + 10000 + 6000 + (i - 600000) \times 0.015 & 600000 \leqslant i < 1000000 \\ 10000 + 7500 + 10000 + 6000 + 6000 + (i - 1000000) \times 0.01 & i \geqslant 1000000 \end{cases}$$

本例使用两种方法实现。一种方法是使用 if 条件语句编制程序，另一种方法是使用 switch 开关语句编制程序。

方法 1：使用 if 条件语句进行设计。

程序代码如下：

```c
#include <stdio.h>
void main()
{
    long int i; float p;
    printf("请输入当月利润:");
    scanf("%ld",&i);        //输入当月利润
    if(i<100000)            //利润小于 100000 时
      p=i*0.1;
    else if(i<200000)       //利润大于或等于 100000,小于 200000 时
      p=10000+(i-100000)*0.075;
    else if(i<400000)       //利润大于或等于 200000,小于 400000 时
      p=10000+7500+(i-200000)*0.05;
    else if(i<600000)       //利润大于或等于 400000,小于 600000 时
      p=10000+7500+10000+(i-400000)*0.03;
    else if(i<1000000)      //利润大于或等于 600000,小于 1000000 时
      p=10000+7500+10000+6000+(i-600000)*0.015;
    else                    //利润大于或等于 1000000 时
```

```
      p=10000+7500+10000+6000+6000+(i-1000000)*0.01;
      printf("当月利润:%ld,应发的奖金:%.2f\n",i,p);
}
```

本例使用多分支结构的条件语句来完成,一共是 6 种情况 5 次判断。

方法 2:使用 switch 开关语句进行设计。

程序代码如下:

```
#include <stdio.h>
void main()
{
    long i; float p;
    printf("请输入当月利润:");
    scanf("%ld",&i);           //输入当月利润
    switch(i/100000)           //将 i 除以 100000 取整数作为表达式的值
    {  case 0:                  //当表达式的值为 0 时
          p=i*0.1; break;
       case 1:                  //当表达式的值为 1 时
          p=10000+(i-100000)*0.075; break;
       case 2:                  //当表达式的值为 2 时
       case 3:                  //当表达式的值为 3、2 时
          p=10000+7500+(i-200000)*0.05;break;
       case 4:                  //当表达式的值为 4 时
       case 5:                  //当表达式的值为 5、4 时
          p=10000+7500+10000+(i-400000)*0.03; break;
       case 6:                  //当表达式的值为 6 时
       case 7:                  //当表达式的值为 7、6 时
       case 8:                  //当表达式的值为 8、7、6 时
       case 9:                  //当表达式的值为 9、8、7、6 时
          p=10000+7500+10000+6000+(i-600000)*0.015; break;
       default:                 //当表达式的值不为以上 9 种情况时
          p=10000+7500+10000+6000+6000+(i-1000000)*0.01;
    }
    printf("当月利润:%ld,应发的奖金:%.2f\n",i,p);
}
```

本例使用多分支结构的开关语句来完成,程序中的表达式(i/100000)的结果是整数,也是 6 种情况 5 次判断。

(3) 程序运行。

① 第一次运行结果。

请输入当月利润:12000

当月利润:12000,应发的奖金:1200.00

② 第二次运行结果。

请输入当月利润:160000

当月利润:160000,应发的奖金:14500.00

③ 第三次运行结果。

请输入当月利润:1100000

当月利润:1100000,应发的奖金:40500.00

练习题 4

一、选择题

1. 下列程序的输出结果是＿＿＿＿＿＿。

```
#include <stdio.h>
void main()
{
    float x=2.0,y;
    if(x<0.0)y=0.0;
    else if(x<10.0)y=1.0/x;
    else y=1.0;
    printf("%f\n",y);
}
```

A. 0.000000　　　B. 0.250000　　　C. 0.500000　　　D. 1.000000

2. 阅读以下程序:

```
#include <stdio.h>
void main()
{
    int x;
    scanf("%d",&x);
    if(x--<5)printf("%d",x);
    else printf("%d",x++);
}
```

程序运行后,如果从键盘输入 5,则输出结果是＿＿＿＿＿＿。

A. 3　　　　　　B. 4　　　　　　C. 5　　　　　　D. 6

3. 运行下面的程序两次,从键盘上分别输入 6 和 4,则输出结果是＿＿＿＿＿＿。

```
#include <stdio.h>
void main()
{
    int x;
    scanf("%d",&x);
    if(x++>5)
        printf("%d",x);
    else
```

```
        printf("%d\n",x--);
    }
```
   A. 7 和 5   B. 6 和 3   C. 7 和 4   D. 6 和 4

4. 假定所有变量均已正确说明,下列程序段运行后 x 的值是＿＿＿＿。
```
    a=b=c=0; x=35;
    if(! a)x--;
    else if(b)
      if(c)x=3;
      else x=4;
```
   A. 34   B. 4   C. 35   D. 3

5. 以下程序的输出结果是＿＿＿＿。
```
    #include <stdio.h>
    void main()
    {
        int a=-1,b=1,k;
        if((++a<0)&& ! (b--<=0))
            printf("%d %d\n",a,b);
        else
            printf("%d %d\n",b,a);
    }
```
   A. -1 1   B. 0 1   C. 1 0   D. 0 0

6. 如下程序的输出结果是＿＿＿＿。
```
    #include <stdio.h>
    void main()
    {
        int a=12,b=5,c=-3;
        if(a>b)
          if(b<0)c=0;
          else c++;
        printf("%d\n",c);
    }
```
   A. 0   B. 1   C. -2   D. -3

7. 当 a=1、b=3、c=5、d=5 时,执行下面的程序段后,x 的值为＿＿＿＿。
```
    if(a<b)
      if(c<d)x=1;
      else if(a<c)
        if(b<d)x=2;
        else x=3;
      else x=6;
    else x=7;
```

  A. 1   B. 2   C. 3   D. 6

8. 如下程序的输出结果是_____。

```
#include <stdio.h>
void main()
{   int x=1,a=0,b=0;
    switch(x)
    {
        case 0: b++;
        case 1: a++;
        case 2: a++; b++;
    }
    printf("a=%d,b=%d\n",a,b);
}
```

  A. a=2, b=1   B. a=1, b=1

  C. a=1, b=0   D. a=2, b=2

9. 以下程序的输出结果是_____。

```
#include <stdio.h>
void main()
{
    int a=15,b=21,m=0;
    switch(a%3)
    {
        case 0: m++; break;
        case 1: m++;
        switch(b%2)
        {   case 0: m++; break;
            default: m++;
        }
    }
    printf("%d\n",m);
}
```

  A. 1   B. 2   C. 3   D. 4

10. 设有说明语句"int a=1, b=0;",则执行以下语句后,输出为_____。

```
switch(a)
{
    case 1:
        switch(b)
        {   case 0: printf("**0**"); break;
            case 1: printf("**1**"); break;
        }
```

```
            case 2：printf(" ＊＊2＊＊")； break；
        }
```

A. ＊＊0＊＊ 　　　　　　　　　　 B. ＊＊0＊＊＊＊2＊＊

C. ＊＊0＊＊＊＊1＊＊＊＊2＊＊ 　　 D. 有语法错误

二、填空题

1. 表示"整数 x 的绝对值大于 5"时值为"真"的 C 语言表达式是_____。

2. 以下程序运行后的输出结果是_____。

```
＃include ＜stdio. h＞
void main( )
{
    int x＝10,y＝20,t＝0;
    if(x＝＝y)t＝x; x＝y; y＝t;
    printf("％d,％d\n",x,y);
}
```

3. 若从键盘输入 58,则以下程序输出的结果是_____。

```
＃include ＜stdio. h＞
void main( )
{
    int a；
    scanf("％d",＆a)；
    if(a＞50)printf("％d",a)；
    if(a＞40)printf("％d",a)；
    if(a＞30)printf("％d",a)；
}
```

4. 以下程序输出的结果是_____。

```
＃include ＜stdio. h＞
void main( )
{
    int a＝5,b＝4,c＝3,d；
    d＝(a＞b＞c)；
    printf("％d\n",d)；
}
```

5. 以下程序的输出结果是_____。

```
＃include ＜stdio. h＞
void main( )
{
    int x＝2,y＝－1,z＝2;
    if(x ＜y)
        if(y＜0)z＝0;
```

```
        else z+=1;
    printf("%d\n",z);
}
```

6. 若 int i=10; 则运行下列程序后,变量 i 的正确结果是_____。

```
switch(i)
{
    case 9: i+=1;
    case 10: i+=1;
    case 11: i+=1;
    default: i+=1;
}
```

三、程序设计题

1. 编写程序输入 3 个整数 a、b、c,并按照从小到大的顺序输出。

2. 有一个函数:

$$y=\begin{cases} x & x<1 \\ 2x-1 & 1\leqslant x<10 \\ 3x-11 & x\geqslant 10 \end{cases}$$

编写一个程序,输入 x 的值,输出 y 的值。

3. 输入学生的百分制成绩,要求输出学生的成绩、等级以及相应的评语。设用 'A'、'B'、'C'、'D'、'E' 五个等级,且 90 分以上为等级 'A',评语为"成绩优秀",80~89 分为等级 'B',评语为"成绩良好",70~79 分为等级 'C',评语为"成绩中等",60~69 分为等级 'D',评语为"成绩及格",60 分以下为等级 'E',评语为"成绩不及格"。分别用 if 条件语句和 switch 开关语句编写程序。

4. 编写程序输入三个整数,判断它们是否能够构成三角形。若能构成三角形,则输出三角形的类型(等边三角形、等腰三角形、一般三角形),并计算三角形的面积;若不能构成三角形,则输出"不能构成三角形"的信息。

5. 编写程序在屏幕上显示一张如下所示的时间表:

```
***** Time *****
1    morning
2    afternoon
3    night
Please enter your choice(1~3):
```

操作人员根据提示进行选择,程序根据输入的时间序号显示相应的问候信息,选择 1 时显示"Good morning",选择 2 时显示"Good afternoon",选择 3 时显示"Good night",对于其他选择显示"Selection error!"。

6. 设银行整存整取不同期限的月利率分别为:一年定期为 0.63%;二年定期为 0.66%;三年定期为 0.69%;五年定期为 0.75%;八年定期为 0.84%。要求输入存款的本金和期限,求到期能从银行得到的本金和利息的合计。分别用 if 语句和 switch 语句编写程序。

7. 编写程序计算个人所得税。个人所得税的计算方法:(实发工资-3500)*税率-扣除

数,设个人所得税起征点为 3500 元。共分为 7 级,具体如下:

级数	应纳税额	税率(%)	扣除数
1	不超过 1500 元的	3	0
2	超过 1500 元至 4500 元的部分	10	105
3	超过 4500 元至 9000 元的部分	20	555
4	超过 9000 元至 35000 元的部分	25	1005
5	超过 35000 元至 55000 元的部分	30	2755
6	超过 55000 元至 80000 元的部分	35	5505
7	超过 80000 元的部分	45	13505

8. 编写程序计算货款。设按购买货物款的多少分别给予不同的优惠折扣,购货不足 250 元,没有折扣;购货 250 元(含 250 元,下同),不足 500 元,减价 5%;购货 500 元,不足 1000 元,减价 7.5%;购货 1000 元,不足 2000 元,减价 10%;购货 2000 元及以上,减价 15%。

9. 给一个不多于 5 位的正整数,编写程序实现:(1) 求出它是几位数;(2) 分别输出每一位数字;(3) 按逆序输出各位数字。

10. 编写程序对数据进行加密。设加密方法为:对任意给定的 4 位整数,每一位数字均加 2,若某位数字加 2 后大于 9,则取其除以 10 的余数,如数据 6987 加密后的数据为 8109。

第5章 循环结构程序设计

本章的主要内容:循环的概念,当型循环、直到型循环、计数型循环的格式和执行过程以及使用,循环的嵌套和辅助控制,循环结构程序设计及应用实例。通过本章内容的学习,应当解决的问题:为什么要使用循环结构程序设计?如何进行循环结构程序设计?循环结构程序设计的基本方法,运用循环结构程序设计解决较复杂的实际应用问题。

5.1 循环结构程序的引入

【任务】 运用 C 语言的循环结构语句编写一些较复杂问题的应用程序,如求素数和完数、求最小公倍数和最大公约数、计算表达式的近似值、求解超越方程等,熟练掌握循环结构程序设计的基本方法和典型应用。

5.1.1 问题与引例

在实际应用中,经常需要做某些重复执行的操作。如果这些重复执行的操作每做一次都要写一遍程序代码的话,则将是比较烦琐的。

【引例】 已知某班级 35 个学生的 C 语言程序设计课程的考试成绩,求该课程的平均成绩,并输出不及格学生的信息(含学号和成绩)。

问题分析:该例需要多次输入学生的学号和成绩,同时还要进行求和运算。若不采用循环结构,则程序可能是比较冗长的。

部分程序代码如下:

```
#include <stdio.h>
void main()
{  int num, score,sum,aver,n;
   sum=0;              //总分变量置为 0
   n=0;                //学生人数变量置为 0
   printf("请输入学生的学号和成绩:");
   scanf("%d,%d",&num,&score);  //输入学生的学号和成绩
   if(score<60)printf("%d,%d\n",num,score);  //成绩小于 60 时输出
   sum=sum+score;     //成绩求和
   n=n+1;             //人数加 1
   printf("请输入学生的学号和成绩:");
   scanf("%d,%d",&num,&score);
   if(score<60)printf("%d,%d\n",num,score);
   sum=sum+score;
   n=n+1;
   …                  //上述程序段还要重复 33 次
```

```
    aver＝sum/n;
    printf("平均成绩为:%d\n",aver);
}
```

　　本例的程序代码还没有写完整,其中的重复部分代码要写 35 次,从这里可以看出,多次重复书写相同的程序段是比较烦琐的,造成了程序比较冗长。

5.1.2　循环的基本概念

　　上述例子及类似的问题必须借助于循环来解决,使用循环后,编写程序就非常方便了。所谓循环是指程序中某一程序段需要反复多次执行,实现程序循环操作时所使用的结构称为循环结构。循环结构是结构化程序设计中一种很重要的程序结构,它与顺序结构和选择结构共同作为各种复杂程序的基本构造单元。循环结构的特点是,在给定的条件成立时,反复执行某个程序段,直到条件不成立为止。将给定的条件称为循环条件,控制循环执行的变量称为循环变量,反复执行的程序段称为循环体。

　　本章将介绍 C 语言中的三种基本循环:当型循环(while 循环)、直到型循环(do-while 循环)和计数型循环(for 循环),循环的嵌套以及循环程序设计的方法、循环程序设计的典型应用实例。

5.2　当型循环

5.2.1　当型循环的一般形式

　　当型循环主要是通过 while 语句来实现,while 语句的一般形式为:
　　while(表达式)语句;
　　其中,表达式是循环条件,语句为循环体。

5.2.2　当型循环的执行

　　首先计算表达式的值,然后判断表达式的值是否为真。当值为真(非 0)时,执行循环体中的语句。其执行过程如图 5-1 所示。

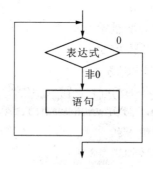

图 5-1　while 语句的执行

5.2.3　当型循环的使用举例

　　【例 5.1】　用 while 循环求 $sum=\sum\limits_{i=1}^{100}i$。

(1) 算法分析。

$sum = \sum\limits_{i=1}^{100} i = 1+2+3+\cdots+100$，用程序流程图表示算法，如图 5-2 所示。

① 用 sum 存放累加和,初值为 0;i 形成被加的自然数,初值为 1;

② 累加用 sum=sum+i,形成下一个自然数用 i=i+1;

③ 如果 i<=100,则重复(2),否则转(4);

④ 输出 sum 中的值。

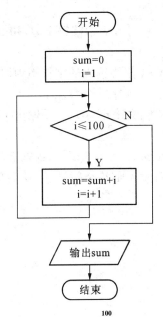

图 5-2 求 $sum = \sum\limits_{i=1}^{100} i$ 的流程图

(2) 程序设计。

```c
#include <stdio.h>
void main()
{
    int i,sum;          //i 表示被加的数,sum 表示和
    sum=0;i=1;          //sum 的初值为 0,i 的初值为 1
    while(i<=100)       //i 小于或等于 100 时进行循环
    {
        sum=sum+i;      //将 i 加到 sum 中
        i++;            //i 加 1 形成下一个数
    }
    printf("1+2+3+…+100=%d\n",sum);   //输出总和
}
```

(3) 程序运行。

1+2+3+…+100=5050

【例 5.2】 从键盘输入一行字符,并统计其中的字符个数。

（1）算法分析。

利用 getchar()函数从键盘输入字符。当 getchar()中的字符不是回车（即为 '\n'）时就进行循环，在循环体中通过 n++完成对输入字符个数统计；当 getchar()中的字符是回车时，就结束循环。

（2）程序设计。

```
#include <stdio.h>
void main()
{
    int n=0;                    //n 表示字符个数,初值置为 0
    printf("请输入一行字符:");
    while(getchar()! ='\n')     //当输入的字符不为回车量
        n++;                    //字符个数加 1
    printf("输入的字符个数为:%d\n",n);   //输出字符个数
}
```

本例程序中的循环条件为 getchar()! ='\n'，其意思是，只要从键盘输入的字符不是回车就继续循环。循环体 n++完成对输入字符个数计数，从而程序实现了对输入一行字符的字符个数统计。

（3）程序运行。

运行结果：

请输入一行字符：aq12 r56u

输入的字符个数为：9

5.2.4　当型循环的使用注意点

使用 while 循环应注意以下几点：

（1）while 语句中的表达式一般是关系表达式或逻辑表达式，只要表达式的值为真（非 0）就继续循环。

例如：

```
#include <stdio.h>
void main()
{
    int a=0,n;
    printf("请输入 n:");
    scanf("%d",&n);
    while(n——)
        printf("%d   ",a++ * 2);
    printf("\n");
}
```

本例程序将执行 n 次循环，每执行一次，n 值减 1，循环体输出表达式 a++ * 2 的值，该表达式等效于(a * 2;a++)。

（2）如果循环体包括有一个以上的语句，则必须用"{}"括起来组成复合语句。例如，例

5.1中循环体内的程序代码。

5.3 直到型循环

5.3.1 直到型循环的一般形式

直到型循环一般由 do-while 语句实现,do-while 语句的一般形式为:

```
do
    语句;
while(表达式);
```

5.3.2 直到型循环的执行

do while 循环与 while 循环的不同之处在于:它先执行循环体中的语句,然后再判断表达式是否为真,如果为真则继续循环;如果为假,则终止循环。因此,do-while 循环至少要执行一次循环语句。其执行过程如图 5-3 所示。

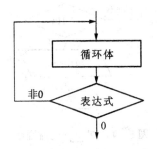

图 5-3 直到型循环的执行

5.3.3 直到型循环的使用举例

【例 5.3】 用 do while 型循环求 $\sum_{i=1}^{100} i$ 。

(1) 算法分析。

用程序流程图表示算法,如图 5-4 所示。

(2) 程序设计。

```c
#include <stdio.h>
void main()
{
    int i,sum;
    sum=0; i=1;
    do                    //执行循环体
    {
        sum=sum+i;
        i++;
    }
```

```
        while(i<=100);      //当 i 小于或等于 100 时,再执行循环体
        printf("1+2+3+…+100=%d\n",sum);
}
```

同 while 循环一样,当 do while 循环体中有多个语句时,要用"{}"把它们括起来。

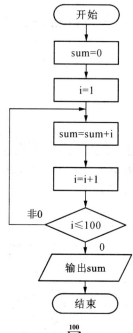

图 5 - 4　求 $\sum\limits_{i=1}^{100} i$ 的流程图

(3) 程序运行。

运行结果:

1+2+3+…+100=5050

5.3.4　当型循环和直到型循环的比较

试比较下列程序 1 和程序 2 的运行结果:

程序 1:

```
#include <stdio.h>
void main()
{   int sum=0,i;
    scanf("%d",&i);      //输入 i
    while(i<=10)         //i 小于或等于 10 时,执行循环体
    {   sum=sum+i;
        i++;
    }
    printf("sum=%d",sum);
}
```

运行情况如下:

输入 1 时：

sum＝55

输入 11 时：

sum＝0

程序 2：

```
#include <stdio.h>
void main()
{   int sum＝0,i;
    scanf("%d",&i);        //输入 i
    do                     //执行循环体
    {   sum＝sum+i;
        i++;
    }
    while(i<＝10);          //i 小于或等于 10 时,再执行循环体
    printf("sum＝%d",sum);
}
```

运行情况如下：

输入 1 时：

sum＝55

输入 11 时：

sum＝11

从上述例子可以看出：当输入 i 的值小于 10 时,两者的结果相同；而当 i 大于 10 时,两者的结果就不相同了。这是因为当型循环是先判断条件后执行循环体,循环体可能一次也不被执行；而直到型循环是先执行循环体后判断条件,循环体至少被执行一次。

5.4　计数型循环

5.4.1　计数型循环的一般形式

在 C 语言中,计数型循环一般是通过 for 语句实现的。for 语句使用最为灵活,它完全可以取代 while 语句或 do-while 语句。for 语句的一般形式为：

　　for(表达式 1;表达式 2;表达式 3)语句;

5.4.2　计数型循环的执行过程

1. for 语句的执行过程

（1）先求解表达式 1。

（2）求解表达式 2,若其值为真（非 0）,则执行 for 语句中指定的内嵌语句,然后执行下面第 3 步,若其值为假（0）,则结束循环,转到第 5 步。

（3）求解表达式 3。

（4）转回上面第（2）步继续执行。

（5）循环结束,执行 for 语句下面的一个语句。

2. for 语句的执行流程

for 语句的执行过程如图 5 - 5 表示。

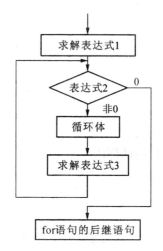

图 5 - 5　for 语句的执行流程

3. for 语句简单的应用形式

for 语句最简单的应用形式也是最容易理解的形式如下：

for(循环变量赋初值;循环条件;循环变量增量)语句;

循环变量赋初值总是一个赋值语句,它用来给循环控制变量赋初值;循环条件是一个关系表达式,它决定什么时候退出循环;循环变量增量,定义循环控制变量每循环一次后按什么方式变化,这三个部分之间用";"分开。

例如：

for(i=1;i<=100;i++)sum=sum+i;

先给 i 赋初值 1,判断 i 是否小于等于 100? 若是,则执行语句:sum=sum+i;之后 i 的值增加 1;然后再重新判断 i 是否小于等于 100, 直到条件为假,即 i>100 时,结束循环。

相当于：

i=1;

while(i<=100)

{　sum=sum+i;

　　i++;

}

对于 for 循环的一般形式,等价于如下的 while 循环形式：

表达式 1;

while(表达式 2)

{　语句;

　　表达式 3;

}

前述例 5.1 用计数型循环实现如下：

#include <stdio.h>

void main()

```
{
    int i,sum;
    sum=0;
    for(i=1;i<=100;i++)
        sum=sum+i;
    printf("1+2+3+…+100=%d\n",sum);
}
```

5.4.3　计数型循环的使用注意点

（1）for 循环中的"表达式 1"、"表达式 2"和"表达式 3"都是选择项，即可以缺省，但";"不能缺省。

① 省略"表达式 1（循环变量赋初值）"，表示不对循环控制变量赋初值，但可以在循环开始之前赋值。

例如，前述例 5.1 省略了"表达式 1"，用 for 循环实现如下：

```
#include <stdio.h>
void main()
{
    int i,sum;
    sum=0; i=1
    for(;i<=100;i++)    //此语句中省略了表达式1
        sum=sum+i;
    printf("1+2+3+…+100=%d\n",sum);
}
```

② 省略"表达式 2（循环条件）"，则表示不做循环判断，因此就成了"死循环"。

例如：

```
for(i=1;;i++)sum=sum+i;
```

相当于：

```
i=1;
while(1)
{   sum=sum+i;
    i++;
}
```

例如，前述例 5.1 省略了"表达式 2"，用 for 循环实现如下：

```
#include <stdio.h>
void main()
{
    int i,sum;
    sum=0;
    for(i=1; ;i++)    //此语句中省略了表达式2
        if(i<=100)sum=sum+i;
```

```
    else break；        //break 语句用于跳出循环体,后面介绍
    printf("1+2+3+…+100=%d\n",sum);
}
```

③ 省略"表达式 3(循环变量增量)",则表示不对循环控制变量进行操作,这时可在语句体中加入修改循环控制变量的语句。

例如,前述例 5.1 省略了"表达式 3",用 for 循环实现如下:

```
#include <stdio.h>
void main()
{
    int i,sum;
    sum=0;
    for(i=1;i<=100; )      //此语句中省略了表达式 3
    {
        sum=sum+i;
        i++;
    }
    printf("1+2+3+…+100=%d\n",sum);
}
```

④ 省略"表达式 1(循环变量赋初值)"和"表达式 3(循环变量增量)",则表示既不对循环控制变量赋初值,也不对循环控制变量进行操作。

例如:

```
for( ;i<=100;)
{   sum=sum+i;
    i++;
}
```

相当于:

```
while(i<=100)
{   sum=sum+i;
    i++;
}
```

例如,前述例 5.1 省略了"表达式 1、表达式 3",用 for 循环实现如下:

```
#include <stdio.h>
void main()
{
    int i,sum;
    sum=0; i=1
    for( ;i<=100; )   //此语句中省略了表达式 1、表达式 3
    {
        sum=sum+i;
        i++;
```

```
    }
    printf("1+2+3+…+100=%d\n",sum);
}
```

　　⑤ 表达式 1、表达式 2、表达式 3 三个表达式都可以省略,则表示既不对循环控制变量赋初值,也不对循环条件进行判断,也不对循环控制变量进行操作。

　　例如:

　　for(;;)语句

　　相当于:

　　while(1)语句

　　例如,前述例 5.1 省略了"表达式 1、表达式 2、表达式 3",用 for 循环实现如下:

```
#include <stdio.h>
void main()
{
    int i,sum;
    sum=0; i=1;
    for( ; ; )   //此语句中省略了表达式 1、表达式 2、表达式 3
    {
        if(i<=100)
        {
            sum=sum+i;
            i++;
        }
        else
            break;
    }
    printf("1+2+3+…+100=%d\n",sum);
}
```

　　(2) 表达式 1 可以是设置循环变量的初值的赋值表达式,也可以是与循环变量初值无关的其他表达式。

　　例如:

　　for(sum=0;i<=100;i++)sum=sum+i;　　//表达式 1 与循环变量初值无关

　　(3) 表达式 1 和表达式 3 可以是一个简单表达式也可以是逗号表达式。

　　for(sum=0,i=1;i<=100;i++)sum=sum+i; //表达式 1 是逗号表达式

　　或:

　　for(i=0,j=100;i<=100;i++,j--)k=i+j;　//表达式 1、表达式 3 是逗号表达式

　　(4) 表达式 2 一般是关系表达式或逻辑表达式,但也可以是数值表达式或字符表达式,只要其值非零,就执行循环体。

　　例如:

　　for(i=0;(c=getchar())! ='\n';i+=c);　　//表达式 2 是一个关系表达式

　　for(a=1;b+c;c++);　　　　　　　　　　//表达式 2 是一个算术表达式

5.4.4　三种循环的比较

1. 构思循环计算方式的不同

三种循环都可以用来处理同一问题,一般情况下它们可以互相代替,不过最好根据每种循环的不同特点选择最适合的循环。

在描述循环计算时,选用哪一种循环结构编写程序,主要以算法设计的想法为依据,至少有以下三种构思循环计算的方式。

(1) 当条件成立时循环执行某个计算,直至条件不成立时结束循环。

(2) 循环执行某个计算,直至条件不成立时结束循环。

(3) 某个(或某些)变量从初值开始,顺序变化,对其中的每一个(或一组)值,当条件成立时,循环执行某个计算,直至条件不成立时结束循环。

2. 编写代码的不同

(1) 在 while 语句和 for 语句中,循环表达式的求值和测试在前,循环体执行在后,因此,极端情况下循环体可能一次也没有被执行;而在 do…while 语句中,循环体执行在前,循环表达式的求值和测试在后,因此,循环体至少被执行一次。

(2) 书写 do…while 语句时,最后要接上一个分号,这是句法要求;而对于 while 语句和 for 语句,如果它们的循环体是一个表达式语句时,则最后也要以分号结束,但这个分号是该表达式语句的要求。

(3) 用 while 语句和 do…while 语句实现循环时,只在 while 后面指定循环条件,循环体内应包含使循环趋于结束的语句;用 for 语句实现循环时,使循环趋于结束的操作可以包含在"表达式3"中。一般来说,由 while 语句完成的循环,用 for 语句都能完成。在 for 语句"表达式1"中可以实现循环变量的初始化。

(4) 用 while 语句、do-while 语句和 for 语句实现循环时,循环变量初始化的操作应在 while 语句、do-while 语句和 for 语句之前完成,而 for 语句也可以在表达式1中实现循环变量的初始化。

5.5　循环嵌套与辅助控制

5.5.1　循环的嵌套

1. 循环嵌套的概念

在某一个循环体内部又包含了另一个完整的循环结构,称为循环的嵌套。前面介绍的3种类型的循环都可以互相嵌套,循环的嵌套可以多层,但要保证每一层循环在逻辑上必须是完整的。外面的嵌套称外嵌套,里面的嵌套称为内嵌套,内嵌套必须被完整地包含在外嵌套中。

例如,下面都是合法的九种形式。

```
(1) while()          (2) for( ; ; )        (3) do
    {                    {                     {
      …                    …                     …
      while()              for( ; ; )            do
      { … }                { … }                 { …
      …                    …                     }while();
    }                    }                     …
                                               }while();
```

(4) while()　　　　　(5) while()　　　　　(6) do
　　{　　　　　　　　　　{　　　　　　　　　　{
　　　…　　　　　　　　　…　　　　　　　　　…
　　　for(; ;)　　　　　do　　　　　　　　　while()
　　　{ … }　　　　　　{ …　　　　　　　　{ … }
　　　…　　　　　　　　}while();　　　　　…
　　}　　　　　　　　}　　　　　　　　　}while( );

(7) do　　　　　　　(8) for(; ;)　　　　(9) for(; ;)
　　{　　　　　　　　　{　　　　　　　　　　{
　　　…　　　　　　　　while()　　　　　　　…
　　　for(; ;)　　　　　{　　　　　　　　　do
　　　{ … }　　　　　　　…　　　　　　　　{ … }
　　　…　　　　　　　　}　　　　　　　　　while();
　　} while( );　　　　}　　　　　　　　　}

2. 循环嵌套的使用举例

【例 5.4】 计算 1! +2! +3! +…+n!。

(1) 算法分析。

本例可以使用双重循环来完成,外循环形成 i 并求阶层的和,内循环计算 i!。

(2) 程序设计。

```c
#include <stdio.h>
void main()
{
    int i,j,n; float t,s;
    printf("请输入 n:");
    scanf("%d",&n);              //输入 n
    s=0;                         //总和变量置为 0
    for(i=1;i<=n;i++)            //外循环,i 形成 1、2、3、…、n
    {   t=1;                     //存放阶乘的变量 t 置初值为 1
        for(j=1;j<=i;j++)        //内循环,j 形成 1、2、3、…、i
            t=t*j;               //求乘积
        s=s+t;                   //将 i 的阶乘加到 s 中
    }
    printf("1! +2! +3! +…+%d! =%.0f\n",n,s);   //输出总和
}
```

本例采用双重循环来实现。外循环变量 i 的取值为 1~n,即外循环共要执行 n 次,每执行一次外循环,内循环变量 j 的取值为 1~i,即内循环要执行 i 次。

(3) 程序运行。

上述程序当中要特别注意两个赋初值语句(s=0;t=1;)的位置,请读者分析下述两种情况:

① 将赋值语句 s=0;放到语句 for(i=1;i<n;i++)之后。

```c
#include <stdio.h>
void main()
{
    int i,j,n; float t,s;
    printf("输入 n:");
    scanf("%d",&n);
    for(i=1;i<=n;i++)
    {   s=0;            //注意此语句的位置
        t=1;
        for(j=1;j<=i;j++)
            t=t*j;
        s=s+t;
    }
    printf("1! +2! +3! +…+%d! =%.0f",n,s);
}
```

该程序的运行结果是求 s=n!。

② 将赋值语句 t=1;放到语句 for(j=1;j<i;j++)之后。

```c
#include <stdio.h>
void main()
{
    int i,j,n; float t,s;
    printf("请输入 n:");
    scanf("%d",&n);
    s=0;
    for(i=1;i<=n;i++)
    {
        for(j=1;j<=i;j++)
        {
            t=1;       //注意此语句的位置
            t=t*j;
        }
        s=s+t;
    }
    printf("1! +2! +3! +…+%d! =%.0f",n,s);
}
```

该程序的运行结果是求 s=1+2+3+…+n。

(4) 本例也可以采用单重循环实现。

程序设计如下：

```c
#include <stdio.h>
void main()
```

```
{
    int i,j,n; float t,s;
    printf("输入 n:");
    scanf("%d",&n);
    s=0;t=1;                    //总和变量置为 0,存放阶乘的变量 t 置初值为 1
    for(i=1;i<=n;i++)  //此处用单重循环
    {
        t=t*i;                   //求 i 的阶乘
        s=s+t;                   //将 i 的阶乘加到 s 中
    }
    printf("1! +2! +3! +…+%d! =%.0f",n,s);
}
```

在本程序的 for 循环中,变量 t 表示 i 的阶乘,其值为上一次 t 中的值(i−1 的阶乘)乘以 i。

3. 循环嵌套的使用注意点

使用循环嵌套结构时,应注意以下几方面:

(1) 在多层循环的嵌套结构中,层次必须清楚,每层循环的功能应该明确。

(2) 嵌套结构中,内外层循环的控制变量不能是同一个变量。

(3) 有关变量赋初值的位置必须在对应循环的前面或 for 语句的表达式 1 中。前面的例 5.4 已经说明了这种情况。

5.5.2　循环的辅助控制

1. 中断语句 break

中断语句 break 通常用在循环结构中或由开关语句构成的多分支结构中。当 break 语句用于开关语句 switch 语句中时,可使程序跳出 switch 构成的多分支结构而执行 switch 以后的语句。break 语句在 switch 语句中的用法已在前面 4.3 中介绍开关语句时的例子中碰到,这里不再举例。

当 break 语句用于 do-while、for、while 语句中时,可使循环提前终止而执行循环后面的语句,通常 break 语句总是与 if 语句一起使用,即满足条件时便跳出循环。例如,break 语句在 while 循环中的使用形式如下:

```
while(表达式 1)
{ …
    if(表达式 2)break;
    …
}
```

break 语句在 do-while 循环、for 循环中的使用形式类似。break 语句在使用时应注意:

(1) break 语句只能用在三种循环结构和由开关语句构成的多分支结构中,对条件语句不起作用。

(2) 在多层循环中,一个 break 语句只向外跳一层,即退出本层循环。

【例 5.5】　从键盘上输入多行字符并按行显示内容,在每行前显示字符串是"第几行字符",遇到 Esc 键结束。

（1）算法分析。

此题要求从键盘上输入字符并按行显示，初一看，只要用行输入语句就行。但仔细分析后会发现，用行输入语句不行。如用 gets 或 scanf 函数，则输入的内容会在屏幕上回显（即输入的内容显示在屏幕上），其次，这两个函数都不能单独捕捉到 Esc 键。由于要求不要回显，所以用 getchar 函数也不行。因此，只能用单个字符输入的函数 getch()。

getch()实际是一个输入命令，作用是从键盘接收一个字符，而且并不把这个字符显示出来。也就是说，你按了一个键后，它并不在屏幕上显示你按的是什么，而继续运行后面的代码。

既然是按行显示，用字符输入函数 getch()，每输入一个字符，立刻在屏幕上显示出来。当接受到回车符时，转入下一行。因此，对每一行的输入要用一个循环结构，循环的控制条件就是输入的字符不为回车符，且也不能是 Esc 键。当输入为回车符时，循环从头开始。程序的结束是以接收到 Esc 键为标志的，因此要在行输入的外面再增加一个循环，此循环的结束条件是输入的字符为 Esc 键。

（2）程序设计。

```c
#include <stdio.h>
void main()
{
    int i=0; char c;                //i表示第几行,初值为0;c存放字符
    while(1)                        //设置循环
    {
        c='\0';                     //变量赋初值
        i++;
        printf("第%d行字符是:",i);
        while(c! =13 && c! =27)//键盘接收字符直到按回车或 Esc 键
        {
            c=getch();              //从键盘输入一个字符,且不回显
            if(c! =27)printf("%c",c);
        }
        printf("\n");
        if(c==27)
            break;                  //判断若按 Esc 键则退出循环
    }
    printf("结束\n");
}
```

（3）程序运行。

第 1 行字符是：I am a student.

第 2 行字符是：c programming.

第 3 行字符是：That is a book.

结束

2. 继续语句 continue

继续语句 continue 的作用是跳过本次循环中剩余的语句而去执行下一次循环。continue

语句只能用在 for、while、do-while 的循环体中，常与 if 条件语句一起使用，用来加速循环。例如，continue 语句在 while 循环中的使用形式：

　　while(表达式 1)

　　{ …

　　　　if(表达式 2)continue；

　　　　…

　　}

continue 语句在 do-while 循环、for 循环中的使用形式类似。

【例 5.6】　求 100 以内的所有素数及其个数。

(1) 算法分析。

所谓素数就是除了 1 和该数本身之外，再也不能被其他任何整数整除的自然数。求素数的方法很多，最容易理解的方法是：将给定的自然数 m 除以从 2 到 m−1 中的所有整数，如果都不能被整除，则 m 是一个素数，否则 m 就不是素数。事实上，不需要将 m 除以从 2 到 m−1 中的所有整数，而只要 m 除以从 2 到 m 的平方根中的所有整数即可。

(2) 程序设计。

```c
#include <stdio.h>
#include <math.h>
void main()
{
    int m,i,k,f,n;
    printf(" 2 ");                //打印第一个素数 2
    n=1;                          //置素数的个数初值为 1
    for(m=3;m<=100;m=m+2)         //对 3 至 100 以内所有奇数进行处理
    {
        f=1;                      //置素数的标志为真
        k=(int)sqrt(m);           //将 m 的平方根取整存入 k 中
        for(i=2;i<=k;i++)
            if(m%i==0)            //将 m 除以从 2 到 k 中的所有数,若能被其整除时
            {
                f=0;              //置素数的标志为假
                break;            //退出内循环
            }
        if(f==0)
            continue;             //不为素数时,跳过下面的语句,继续下一次循环
        printf("%d  ",m);         //输出素数
        n=n+1;                    //素数个数加 1
        if(n%5==0)printf("\n");   //每输出 5 个数就换行
    }
    printf("100 以内的素数个数共有%d 个\n",n);
}
```

（3）程序运行。

运行结果：

2	3	5	7	11
13	17	19	23	29
31	37	41	43	47
53	59	61	67	71
73	79	83	89	97

100 以内的素数个数共有 25 个

5.6　循环结构程序设计及实例

5.6.1　循环结构程序设计

1. 问题分析

此类问题的解决总是用循环结构完成程序段的多次重复执行。分析：① 实现要完成功能的方法步骤；② 输入数据及其类型；③ 对输入数据的处理；④ 输出数据及其格式。

2. 算法分析

此类问题的算法一般较复杂，主要是恰当选择循环语句对循环体的重复执行，特别累加和累乘的算法实现。

常见的典型算法有：求各种数（最大数或最小数、最大公约数和最小公倍数、水仙花数、回文数、完数等）、哥德巴赫猜想、求解表达式的近似值（多项式、级数的和等）、方程求根（牛顿迭代法、二分法）、求定积分的值（矩形法、梯形法、抛物线法）、数据加密、整币兑零钞、百钱百鸡等。

3. 代码设计

（1）输入原始数据。

（2）恰当选用当型循环语句、直到型循环语句或计数型循环语句实现循环体的重复执行。特别注意的是：有关循环变量初值语句及其位置的确定、循环体中累加或累乘的形式的表示。

（3）输出计算或处理结果。

4. 运行调试

用初始数据的不同情况分别测试程序的运行结果。

5.6.2　应用实例

【例 5.7】　求两个正整数 m 和 n 的最大公约数和最小公倍数。

（1）算法分析。

最小公倍数为两个正整数 m 和 n 的乘积除以最大公约数，所以只要求两个正整数 m 和 n 的最大公约数即可。求两个正整数 m 和 n 的最大公约数采用的是欧几里德算法，该算法的流程图如图 5-6 所示。

（2）程序设计。

```
# include <stdio. h>
void main( )
{   int m,n,t,p,r;
```

```
printf("输入两个正整数:");
scanf("%d,%d",&m,&n);        //输入两个正整数
if(m<n){t=m; m=n; n=t;}      //将 m、n 中的较大数放入 m 中,较小数放入 n 中
p=m*n;                       //将 m、n 的乘积放入 p 中
do                           //欧几理德算法求最大公约数
{    r=m%n;
     m=n;
     n=r;
}while(r! =0);
printf("最大公约数是:%d\n",m);    //最大公约数在变量 m 中
printf("最小公倍数是:%d\n",p/m);
}
```

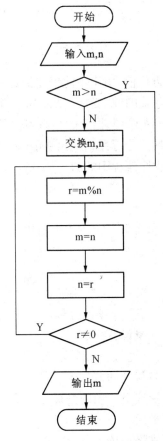

图 5-6 欧几里德算法求最大公约数的流程图

(3) 程序运行。

① 第一次运行结果。

输入两个正整数:24,36

最大公约数是:12

最小公倍数是:72

② 第二次运行结果。

输入两个正整数:72,36

最大公约数是:36

最小公倍数是:72

③ 第三次运行结果。

输入两个正整数:32,84

最大公约数是:4

最小公倍数是:672

④ 第四次运行结果。

输入两个正整数:15,22

最大公约数是:1

最小公倍数是:330

【例 5.8】 利用公式 $\frac{\pi}{4} \approx 1 - \frac{1}{3} + \frac{1}{5} - \frac{1}{7} + \cdots$,求 π 的近似值,要求被舍去的项绝对值小于 10^{-6}。

(1) 算法分析。

本例中要求根据公式求 π 的近似值,由于不能事先确定公式中的项数,所以循环的次数就不能确定。用变量 s 表示整个表达式的值,变量 t 表示每一项,n 表示每一项的分母,变量 f 表示每一项的数符。用 while 语句实现循环,循环的结束条件是 t 的绝对值小于 10^{-6},循环体实现累加用语句 s=s+t;形成每一项的分母用语句 n=n+2;形成每一项用语句 t=f*1/n;形成下一项的符号用语句 f=-f。程序流程图如图 5-7 所示。

(2) 程序设计。

```
#include <stdio.h>
#include <math.h>          //包含数学函数的头函数
void main()
{
    int f;                //f 表示每一项的符号
    float n,t,s;          //n 表示每项的分母,t 表示每一项,s 表示表达式的值
    t=1;s=0;n=1;f=1;      //变量设置初值
    while(fabs(t)>=1e-6)  //当每项的值大于或等于 10⁻⁶时,进行循环
    {   s=s+t;            //将每项的值加到 s 中
        n=n+2;            //形成下一项的分母
        f=-f;             //形成下一项的符号
        t=f*1.0/n;        //求下一项
    }
    s=s*4;                //求 π 的值
    printf("π的近似值是:%.6f\n",s);   //输出 π 的值
}
```

(3) 程序运行。

运行结果:

π 的近似值是:3.141594

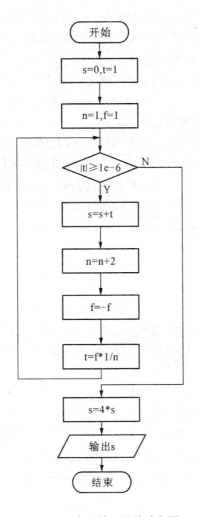

图 5 - 7 求 π 的近似值流程图

(4) 思考:若要提高精度,精确到 10^{-10},即要得到 π 的近似值是:3.1415926535,程序应如何修改?

值得注意的是:由于精度要求高,所以程序运行时间较长,要等待很久。

(5) 拓展:利用 $\dfrac{\pi}{2} = \dfrac{2}{1} \times \dfrac{2}{3} \times \dfrac{4}{3} \times \dfrac{4}{5} \times \dfrac{6}{6} \times \dfrac{6}{7} \times \cdots$ 计算 π 的值,要求精确到 10^{-6}。

【例 5.9】 用牛顿迭代法求方程 $x\mathrm{e}^x - 1 = 0$ 在 0.5 附近的根,要求精确到 10^{-6}。

(1) 算法分析。

牛顿迭代法是逐次使用迭代公式 $x = x_0 - \dfrac{f(x_0)}{f'(x_0)}$ 进行迭代:由 x_0 求出 x_1,由 x_1 求出 x_2,由 x_2 求出 x_3,…,直到连续两次差的绝对值小于给定的精度即可。

(2) 程序设计。

```
# include <stdio. h>
# include <math. h>
```

```
void main()
{   float x,x0,f,f1;        //x 表示方程的根,x0 表示根的初值
                            //f 表示函数值,f1 表示函数的导数值
    printf("请输入一个根的初始值:");
    scanf("%f",&x);         //输入方程根的初值
    do
    {   x0=x;               //将 x 作为 x0
        f=(x0*exp(x0))-1;   //求函数在 x0 处的函数值
        f1=(1+x0)*exp(x0);  //求函数在 x0 处的导数值
        x=x0-f/f1;          //根据迭代公式,由 x0 求 x
    }while(fabs(x-x0)>=0.000001);//当两次差的绝对值≥10⁻⁶时继续循环
    printf("方程根的近似值为:%f\n",x);    //输出 x
}
```

（3）程序运行。

请输入一个根的初始值:0.5

方程根的近似值为:0.567143

【例 5.10】 编写程序实现电文加密。设将电文中的字母按以下规律变成密码:将字母 A 变成字母 E,a 变成 e,即变成其后的第 4 个字母,W 变成 A,X 变成 B,Y 变成 C,Z 变成 D,非字母符号不变。

（1）算法分析。

对输入的字符判断它是否为字母(大写字母或小写字母)? 若不是字母,则将直接输出;若是字母,则其值加 4(即将该字母变为其后的第 4 个字母)。判断其值加 4 以后的字符值是否大于 'Z' 或 'z'? 若大于,则表示原来的字母在 V(或 v)之后,所以应该将它转换为 A～D(或 a～d)中之一,即使字符的 ASCII 值减去 26,最后输出处理后的字符。

（2）程序设计。

```
#include <stdio.h>
void main()
{
    char c;
    while((c=getchar())!='\n')//当输入不为回车符时,进行循环
    {
        if((c>='a' && c<='z')||(c>='A' && c<='Z'))
        {
            c=c+4;    //当字符 c 是字母时,ASCII 码值加 4
            if(c>'Z' && c<='Z'+4 || c>'z' && c<='z'+4)c=c-26;
            //若字符值加 4 后大于 'Z' 或 'z',则使字符的 ASCII 值减去 26,
        }
        printf("%c",c);
    }
    printf("\n");
```

```
}
```

（3）程序运行

China! ↙

Glmre!

练习题 5

一、选择题

1. 有以下程序段：

   int k＝0；

   while(k＝1)k＋＋；

   while 循环执行的次数是_____。

   A. 无限次   B. 有语法错，不能执行

   C. 一次也不执行   D. 执行一次

2. 有如下程序：

   ＃include ＜stdio. h＞

   void main( )

   ｛　int n＝9；

   　　while(n＞6)｛ n－－；printf("％d",n)；｝

   ｝

   该程序段的输出结果是_____。

   A. 987   B. 876   C. 8765   D. 9876

3. 执行下面程序片段的结果是_____。

   int x＝23；

   do

   ｛

   　　printf("％d",x－－)；

   ｝while(！ x)；

   A. 打印出 321   B. 打印出 23

   C. 不打印任何内容   D. 陷入死循环

4. 下面程序段的输出结果是_____。

   a＝1；b＝2；c＝2；

   while(a＜b＜c)｛ t＝a； a＝b； b＝t； c－－； ｝

   printf("％d,％d,％d",a,b,c)；

   A. 1,2,0   B. 2,1,0   C. 1,2,1   D. 2,1,1

5. 若有如下语句,则程序段_____。

   int x＝6；

   do｛ printf("％d\n",x－＝2)； ｝

   while(－－x)；

   A. 输出的是 1   B. 输出的是 4 和 1

　　C. 输出的是 3 和 0　　　　　　　　　　D. 是死循环

6. 以下程序中,while 循环的循环次数是_____。

```
#include <stdio.h>
void main()
{
    int i=0;
    while(i<10)
    {   if(i<1)continue;
        if(i==5)break;
        i++;
    }
}
```

　　A. 1　　　　　　　　　　　　　　　B. 10
　　C. 6　　　　　　　　　　　　　　　D. 死循环,不能确定次数

7. 以下的 for 循环_____。

```
for(x=0,y=0;(y!=123)&&(x<4);x++);
```

　　A. 是无限循环　　　　　　　　　B. 循环次数不定
　　C. 循环执行 4 次　　　　　　　　D. 循环执行 3 次

8. 以下循环体的执行次数是_____。

```
#include <stdio.h>
void main()
{   int i,j;
    for(i=0,j=1;i<=j+1;i+=2,j--)printf("%d\n",i);
}
```

　　A. 3　　　　　　B. 2　　　　　　C. 1　　　　　　D. 0

9. 以下程序的输出结果是_____。

```
#include <stdio.h>
void main()
{   int i=0,a=0;
    while(i<20)
    {   for(;;)
        {   if((i%10)==0)break;
            else  i--;
        }
        i+=11; a+=i;
    }
    printf("%d\n",a);
}
```

　　A. 21　　　　　　B. 32　　　　　　C. 33　　　　　　D. 11

10. 下面程序的输出结果是_____。

```
#include <stdio.h>
void main()
{    int k,j,m;
     for(k=5;k>=1;k--)
     {    m=0;
          for(j=k;j<=5;j++)
             m=m+k*j;
     }
     printf("%d\n", m);
}
```
　　A. 124　　　　　　　B. 25　　　　　　　C. 36　　　　　　　D. 15

二、填空题

1. 以下程序的输出结果是_____。
```
#include <stdio.h>
void main()
{    int i=10,j=0;
     do
     {
        j=j+i;
        i--;
     }while(i>2);
     printf("%d\n",j);
}
```

2. 以下程序的输出结果是_____。
```
#include <stdio.h>
void main()
{    int x=15;
     while(x>10 && x<50)
     {    x++;
          if(x/3){ x++; break; }
          else continue;
     }
     printf("%d\n",x);
}
```

3. 有以下程序：
```
#include <stdio.h>
void main()
{    char c;
     while((c=getchar())! ='? ')
```

```
        putchar(――c);
    }
```
程序运行时,如果从键盘输入:Y? N? <回车>,则输出结果为_____。

4. 下面程序的运行结果_____。

```
    #include <stdio. h>
    void main()
    {   int a,s,n,count;
        a=2; s=0; n=1; count=1;
        while(count<=7)
        {   n=n*a; s=s+n;++count; }
        printf("s=%d",s);
    }
```

5. 下面程序段中循环体的执行次数是_____。

```
    a=10;
    b=0;
    do
    {   b+=2;
        a-=2+b;
    }while(a>=0);
```

6. 下面程序段的运行结果是_____。

```
    x=2;
    do
    {   printf(" * ");
        x――;
    }while(x);
```

7. 下面程序的运行结果是_____。

```
    #include <stdio. h>
    void main()
    {   int y,a;
        y=2; a=1;
        while(y――! =-1)
        {   do
            {   a*=y;
                a++;
            }while(y――);
        }
        printf("%d, %d", a, y);
    }
```

8. 下面程序段的运行结果是_____。

```
    i=1; s=3;
```

```
do
{   s+=i++;
    if(s%7==0)continue;
    else ++i;
}while(s<15);
printf("%d", i);
```

9. 下面程序的功能是：计算 1~10 之间的奇数之和与偶数之和，试完善程序。

```
#include <stdio.h>
void main()
{   int a,b,c,i;
    a=c=0;
    for(i=0;i<=10;i+=2 )
    {   a+=i;
        _____ ;
        c+=b;
    }
    printf("偶数之和=%d\n",a);
    printf("奇数之和=%d\n",c-11);
}
```

10. 下面程序的功能是：输出 100 以内能被 3 整除且个位数为 6 的所有整数，请填空。

```
#include <stdio.h>
void main()
{   int i,j;
    for(i=0; _____ ;i++)
    {   j=i * 10+6;
        if( _____ )continue;
        printf("%d",j);
    }
}
```

三、程序设计题

1. 编写程序计算 1+3+5+7+…+97+99 的值。

2. 编写程序从键盘输入正整数 n，求 $n!$。

3. 编写程序求一个十进制整数的位数。

4. 编写程序输入一行字符，分别统计出其中英文字母、空格、数字和其他字符的个数。

5. 编写程序求一个十进制整数是否为回文数。所谓回文数是指从左向右读或从右向左读都是相同的数，也就左右对称的数，如：232、3553、123321 等。

6. 编写程序用两种方法（一种方法是使用三重循环形成 100~999 之间的所有数，另一种方法是使用单重循环直接形成 100~999 之间的所有数）求 100~999 之间的所有"水仙花数"。所谓"水仙花数"是指一个三位数，其各位数字的立方和等于该数本身。例如：153 是一个水仙花数,因为 $153＝1^3＋5^3＋3^3$。

7. 编写程序找出 1000 之内的所有"完美数(完全数、完备数)"。"完美数"也称为"完数",它是指一个数恰好等于它的因子之和。例如,6 的因子为 1、2、3,而 $6＝1＋2＋3$,因此 6 是"完数"。

8. 编写程序用穷举法求解我国古代《张丘建算经》中一道著名的百鸡问题:鸡翁一,值钱五;鸡母一,值钱三;鸡雏三,值钱一。百钱买百鸡,鸡翁、鸡母、鸡雏各几何?

9. 已知 $e^x＝1＋x＋\dfrac{x^2}{2!}＋\dfrac{x^3}{3!}＋\cdots$,编写程序输入 x 的值,求 e^x 的近似值(要求被舍去的项小于 10^{-6})。

10. 编写程序利用泰勒级数 $\sin x \approx x－\dfrac{x^3}{3!}＋\dfrac{x^5}{5!}－\dfrac{x^7}{7!}＋\dfrac{x^9}{9!}－\cdots$ 计算 $\sin x$ 的值,要求最后一项的绝对值小于 10^{-5},并计算共求了多少项。

11. 编写程序用牛顿迭代法求方程 $2x^3－4x^2＋3x－5＝0$ 在 1.5 附近的根。

12. 编写程序用二分法求方程 $2x^3－4x^2＋3x－5＝0$ 在 $(-10,10)$ 之间的根。

13. 编写程序将一张面值为 100 元的人民币等值换成 100 张 5 元、1 元和 5 角的零钞,要求每种零钞不少于 1 张。

14. 编写程序验证哥德巴赫猜想(任何一个大于等于 6 的偶数都可以分解为两个素数之和),验证范围限定为 6 到 2000。

15. 爱因斯坦数学题。有一条长阶梯,若每步跨 2 阶,最后剩下 1 阶;若每步跨 3 阶,最后剩下 2 阶;若每步跨 5 阶,最后剩下 4 阶;若每步跨 6 阶,最后剩 5 阶;只有每步跨 7 阶,最后才正好 1 阶不剩。编制程序求这条阶梯共有多少阶?

16. 三色球问题。若一个口袋中放有 12 个球,其中有 3 个红色的,3 个白色的,6 个黑色的,从中任取 8 个球,编写程序求共有多少种不同的颜色搭配?

第6章 数组与字符串

> 本章的主要内容:数组的概念,一维数组、二维数组的定义和使用,字符串及其处理,数组的典型应用。通过本章内容的学习,应当解决的问题:数据顺序存储的意义和作用,数组与循环的结合使用,运用数组进行程序设计解决具有批量数据的实际应用问题。

6.1 数组与字符串的引入

【任务】 运用 C 语言的数组解决一些成批数据的处理问题,如学生成绩的排名、数学中向量和矩阵的处理等,掌握运用数组进行程序设计解决的典型应用问题。

6.1.1 问题与引例

在程序中处理数据时,对于输入的数据、参加运算的数据、运行结果等临时数据,通常使用变量(简单变量)来保存,由于一个变量在一个时刻只能存放一个值,因此当数据不太多时,使用简单变量即可解决问题。但是,有些复杂问题,利用简单变量进行处理很不方便,甚至是有些问题仅用简单变量是不可能解决的。

【引例】 输入 100 名学生的姓名和某门课程的成绩,要求把高于平均分的那些学生打印出来,并按照成绩从高到低进行排序输出。

对于本例问题的解决,前面我们曾经遇到过三个数据的排序问题。将输入的三个数 a、b、c 按从小到大进行排序,程序设计的代码如下:

```c
#include <stdio.h>
void main()
{
    int a,b,c,t;
    printf("输入三个数:");
    scanf("%d,%d,%d",&a,&b,&c);     //输入三个数据
    if(a>b)
    {   t=a; a=b; b=t; }            //交换 a、b
    if(a>c)
    {   t=a; a=c; c=t; }            //交换 a、c
    if(b>c)
    {   t=b; b=c; c=t; }            //交换 b、c
    printf("三个数从小到大排列为:%d,%d,%d\n",a,b,c);
}
```

这个例子中对三个数据进行排序,需要进行三次比较。如果将本例改为对 100 个数据进行排序,也采用类似上面的解决方法,那将需要进行 $99+98+\cdots+3+2+1=4950$ 次比较,这个过程是非常烦琐的,当数据量多到一定程度时,如果还使用这种方法,则是不可能实现的。这就需

要我们采用一种新的数据结构——数组,而学生的姓名又是一种特殊的数组——字符串。

6.1.2　数组的基本概念

在程序设计中,为了处理方便,把具有相同类型的若干个数据按有序的形式组织起来,这些按序排列的相同类型数据的集合称为数组,一个数组必须用一个数组名表示。数组中的每一个数据称为数组元素,数组元素用数组名加下标表示,下标表示数组元素在数组中的位置。数组元素用一个下标表示的称为一维数组,数组元素用两个下标表示的称为二维数组,数组元素用两个以上下标表示的称为多维数组。

在 C 语言中,数组属于构造数据类型。一个数组可以包括多个数组元素,这些数组元素可以是基本数据类型或是构造类型。因此按数组元素的类型不同,数组又可分为数值数组、字符数组、指针数组、结构数组等各种类别。本章主要介绍数值数组和字符数组,其余的在以后各章中陆续介绍。

6.2　一维数组

6.2.1　一维数组的定义

1. 一维数组的定义

一维数组用来表示一串相同类型数据的有序集合,类似于数学中的向量。在 C 语言中使用数组必须先进行定义。

一维数组的定义方式为:

类型说明符 数组名 [常量表达式];

其中,类型说明符是任一种基本数据类型或构造数据类型;数组名是用户定义的数组标识符;方括号中的常量表达式表示数组元素的个数,也称为数组的长度。

例如:

```
int a[10];            //整型数组 a 有 10 个元素
float b[100],c[20];   //实型数组 b 有 100 个元素,实型数组 c 有 20 个元素
```

2. 数组定义时的注意点

(1) 所有数组中数组元素的下标最小值都为 0,下标最大值为数组定义时方括号中常量表达式的值减 1。

(2) 数组的类型实际上是指数组元素的取值类型。对于同一个数组,其所有元素的数据类型都是相同的。

(3) 数组名的命名规则应符合标识符的规定。

(4) 数组名不能与其他变量名相同。

例如:

```
void main()
{
    int a;
    float a[10];
    ...
}
```

是错误的。

（5）方括号中常量表达式表示数组元素的个数，常量表达式通常为一个数值常量，也可以为数字表达式，如：int a[2+3]表示数组 a 有 5 个元素，这 5 个元素分别为 a[0]，a[1]，a[2]，a[3]，a[4]。

（6）数组定义时不能在方括号中用变量来表示元素的个数，但是可以是符号常数或常量表达式。

例如：

```
♯define N 5
void main()
{
    int a[3+2],b[7+N];
    …
}
```

是合法的。

但是下述说明方式是错误的。

```
void main()
{
    int n=5;
    int a[n];
    …
}
```

（7）允许在同一个定义语句中，说明多个数组和多个变量。

例如：

```
int a,b,c,d,k1[10],k2[20];
```

6.2.2　一维数组元素的引用

数组元素是组成数组的基本单元，数组元素也是一种变量，其标识方法为数组名后跟一个下标，下标表示元素在数组中的顺序号。数组元素可以与普通变量一样使用，将数组元素称为下标变量。一维数组只有一个下标，所以也称其数组元素为单下标变量。

一维数组元素的一般形式为：数组名[下标]

其中，下标只能为整型常量或整型表达式。如果为实数时，则 C 编译将自动取整。

例如，a[5]、a[i+j]、a[i++]都是合法的数组元素。

在 C 语言中必须先定义数组，然后才能使用该数组的下标变量，且只能单个或逐个使用下标变量，而不能一次引用整个数组。

例如，要输出有 10 个元素的数组必须使用循环语句逐个输出各下标变量：

```
for(i=0;i<10;i++)
    printf("%d",a[i]);
```

而不能用一个语句输出整个数组。

下面的写法是错误的：

```
printf("%d",a);
```

【例 6.1】 从键盘输入 10 个整数,并将超过平均值的数打印出来。

(1) 问题分析。

首先利用循环和数组将输入的数据存储起来,并求所有数据的和,然后再用循环输出超过平均值的各个数据。

(2) 程序设计。

```
#include <stdio. h>
void main()
{
    int i,s,av,a[10];
    s=0;
    for(i=0;i<10;i++)        //数组数据输入,并求和
    {
        scanf("%d",&a[i]);
        s=s+a[i];
    }
    av=s/10;                 //求平均值
    for(i=0;i<10;i++)        //数组元素超过平均值时,输出
    {
        if(a[i]>av)
            printf("%d ",a[i]);
    }
    printf("\n");
}
```

6.2.3　一维数组的输入/输出

1. 一维数组的初始化

给数组赋值的方法除了用赋值语句对数组元素逐个赋值外,还可采用初始化赋值和动态赋值的方法。

数组的初始化是指在数组定义时给数组元素赋予初值,数组初始化是在编译阶段进行的,这样将减少运行时间,提高效率。

(1) 一维数组初始化的一般形式。

类型说明符 数组名[常量表达式]={值 1,值 2,…,值 n};

其中,在"{ }"中的各数据值即为各元素的初值,各值之间用逗号间隔。

例如:

int a[10]={ 0,1,2,3,4,5,6,7,8,9 };

相当于:

int a[10];a[0]=0;a[1]=1;…;a[9]=9;

(2) 一维数组初始化的规定。

① 可以只给部分元素赋初值。

当"{ }"中值的个数少于元素个数时,只给前面部分元素赋初值。

例如：

int a[10]＝{0,1,2,3,4};

表示只给 a[0]～a[4]这 5 个元素赋初值，而后面的 a[5]～a[9]这 5 个元素自动赋以 0 值。

② 只能给元素逐个赋初值，不能给数组整体赋初值。

例如，给 10 个元素全部赋 1 值，只能写为：

int a[10]＝{1,1,1,1,1,1,1,1,1,1};

而不能写为：

int a[10]＝1;

③ 如果给全部元素赋初值，则在数组说明中，可以不给出数组元素的个数。

例如：

int a[5]＝{1,2,3,4,5};

可写为：

int a[ ]＝{1,2,3,4,5};

2. 一维数组的输入

可以在程序执行过程中，对一维数组作动态输入，这时可用单重循环配合 scanf()函数逐个输入一维数组元素的值。

【例 6.2】　输入 10 个数据，求其中的最大数及其位置。

(1) 问题分析。

本例程序中用数组 a 存放 10 个数，变量 max 存放最大值，变量 p 存放最大值的位置。先输入 10 个数到数组 a 中，然后把 a[0]作为最大数送入 max 中，将 1 送到 p 中；再将 a[1]到 a[9]逐个与 max 中的内容比较，若比 max 的值大，则把该下标变量的值及下标加 1 分别送入 max 和 p 中。因此，max 总是在已比较过的下标变量中为最大者，p 为最大值的位置。比较结束时，输出 max 和 p 的值。

(2) 程序设计。

```
#include <stdio.h>
void main()
{
  int i,max,p,a[10];
  printf("请输入 10 个数:");
  for(i=0;i<10;i++)     //数组数据输入
      scanf("%d",&a[i]);
  for(i=0;i<10;i++)     //数组数据输出
      printf("%d",a[i]);
  printf("\n");
  max=a[0];             //将数组中的第一个元素作为最大数
  p=1;                 //最大数的位置为 1
  for(i=1;i<10;i++)
      if(a[i]>max)     //数组中的元素 a[i]大于 max 时
      {
```

```
            max=a[i];          //将元素 a[i]存入 max 中
            p=i+1;             //最大数的位置为 i+1
        }
    printf("最大数是:%d,它的位置是:%d\n",max,p);
}
```

本例程序中第一个 for 语句逐个输入 10 个数到数组 a 中,然后把 a[0]作为最大数送入 max 中;第二个 for 语句将数组 a 中的 10 个数逐个输出;在第三个 for 语句中,将 a[1]到 a[9] 逐个与 max 中的内容比较,若比 max 的值大,则把该下标变量的值送入 max 中。因此,max 总是在已比较过的下标变量中为最大者。比较结束时,输出 max 的值。

3. 一维数组的输出

在程序执行过程中,有时要输出一维数组中所有元素,这时可用单重循环结构配合 printf()函数逐个输出一维数组元素的值。

【例 6.3】 输入 10 个数据,按逆序输出这 10 个数据。

```
#include <stdio. h>
void main()
{
    int i,a[10];
    printf("请输入 10 个数:\n");
    for(i=0;i<10;i++)         //数组数据输入
        scanf("%d",&a[i]);
    printf("10 个数的逆序输出为:\n");
    for(i=9;i>=0;i--)          //数组数据的逆序输出
        printf("%d   ",a[i]);
    printf("\n");
}
```

6.3 二维数组

6.3.1 二维数组的定义

前面介绍的一维数组只有一个下标,在实际应用中有很多问题是二维的。例如,有 5 位学生参加了 3 门课程的考试,要求每位学生的平均成绩。C 语言中允许构造二维数组。二维数组元素有两个下标,以标识它在数组中的位置,所以也称为双下标变量。多于二维的数组称为多维数组,多维数组可以由二维数组类推而得到。

二维数组定义的一般形式是:

类型说明符 数组名[常量表达式 1][常量表达式 2];

其中,常量表达式 1 表示第一维下标的长度,也就是行数;常量表达式 2 表示第二维下标的长度,也就是列数。

例如:

int a[3][4];

定义了一个三行四列的数组,数组名为 a,其下标变量的类型为整型。该数组的下标变量

共有 3×4 个,即:

a[0][0],a[0][1],a[0][2],a[0][3]

a[1][0],a[1][1],a[1][2],a[1][3]

a[2][0],a[2][1],a[2][2],a[2][3]

二维数组在概念上是二维的,就是说其下标在两个方向上变化,下标变量在数组中的位置也处于一个平面之中,而不是像一维数组只是一个向量。但是,实际的硬件存储器却是连续编址的,也就是说存储器的存储单元是按一维线性排列的。在一维存储器中存放二维数组,可有两种方式:一种是按行排列,即放完一行之后顺次放入第二行……另一种是按列排列,即放完一列之后再顺次放入第二列……

在 C 语言中,二维数组中的元素是按行存放的。对于上述数组 a 是先存放第 0 行的元素,再存放第 1 行、第 2 行的元素,而每行中的 4 个元素是依次存放的。由于上述数组 a 定义为int 类型,该类型的每个元素占两个字节的内存空间。

6.3.2　二维数组元素的引用

二维数组的元素也称为双下标变量,其表示的形式为:

数组名[下标][下标]

其中,下标应为整型常量或整型表达式,第一个下标表示数组元素所在的行,第二个下标表示数组元素所在的列。

例如,a[2][3]表示 a 数组的第 2 行第 3 列的元素。

下标变量和数组定义在形式中有些相似,但这两者具有完全不同的含义。数组定义的方括号中给出的是某一维的长度,即可取下标的最大值减 1;而数组元素中的下标是该元素在数组中的位置标识。前者只能是常量,后者可以是常量、变量或表达式。

6.3.3　二维数组的输入/输出

1. 二维数组的初始化

(1) 二维数组初始化的方法。

二维数组初始化也是在类型说明时给各数组元素赋以初值。二维数组可按行分段赋值,也可按行连续赋值。例如对数组 a[5][3]进行初始化:

① 按行分段赋值。

int a[5][3]={ {80,75,92},{61,65,71},{59,63,70},{85,87,90},{76,77,85} };

② 按行连续赋值。

int a[5][3]={ 80,75,92,61,65,71,59,63,70,85,87,90,76,77,85};

这两种赋初值的结果是完全相同的。

(2) 二维数组初始化赋值的说明。

① 可以只对部分元素赋初值,未赋初值的元素自动取 0 值。

例如:

int a[3][3]={{1},{2},{3}};

对每一行的第一列元素赋值,未赋值的元素取 0 值。赋值后各元素的值为:

1　0　0

2　0　0

```
3  0  0
int a [3][3]={{0,1},{0,0,2},{3}};
```

赋值后的元素值为：

```
0  1  0
0  0  2
3  0  0
```

② 如对全部元素赋初值，则第一维的长度可以不给出。

例如：

```
int a[3][3]={1,2,3,4,5,6,7,8,9};
```

可以写为：

```
int a[][3]={1,2,3,4,5,6,7,8,9};
```

2. 二维数组的输入

同一维数组类似，也可以在程序执行过程中，对二维数组作动态输入，这时可用双重循环配合 scanf()函数逐个输入二维数组元素的值。

3. 二维数组的输出

同一维数组类似，也可以在程序执行过程中，要输出二维数组中所有元素，这时可用双重循环结构配合 printf()函数逐个输出二维数组元素的值。

【例 6.4】 一个学习小组有 5 位学生，每位学生有 3 门课程的考试成绩，如表 6-1 所示，求每位学生的平均成绩。

表 6-1 小组的学生成绩

姓名 \ 课程	高等数学	大学物理	程序设计
张明	80	78	90
王浩	66	71	79
李琴	85	88	92
赵飞	77	86	90
周正	68	81	79

（1）问题分析。

设用一个二维数组 a[5][3]存放 5 位学生 3 门课的成绩，再用一个一维数组 b[5]存放所求得的每位学生的平均成绩。

（2）程序设计。

```
#include <stdio. h>
void main()
{
    int i,j,s,b[5],a[5][3];  //数组与变量的定义
    printf("请输入学生的成绩:\n");
    for(i=0;i<5;i++)
    {
```

```
        s=0;
        for(j=0;j<3;j++)
        {    scanf("%d",&a[i][j]);    //二维数组数据的输入,5行3列
            s=s+a[i][j];              //求二维数组每行元素之和
        }
        b[i]=s/3.0;                   //求二维数组每行元素的平均值
    }
    for(i=0;i<5;i++)                  //输出二维数组,按5行4列格式
    {
        for(j=0;j<3;j++)
            printf("%d   ",a[i][j]);
        printf("%d\n",b[i]);
    }
}
```

本例程序中用了一个双重循环。在内循环中依次读入某一学生的3门课程的成绩,并把这些成绩累加起来,退出内循环后再把该累加成绩除以3送入b[i]之中,这就是该生的平均成绩。外循环共循环5次,分别求出5位学生各自的平均成绩并存放在b数组之中。

当然,本例也可以定义一个二维数组a[5][4],例6.4程序设计如下:

```
#include <stdio.h>
void main()
{
    int i,j,s,a[5][4];                //数组与变量的定义
    printf("请输入学生的成绩:\n");
    for(i=0;i<5;i++)                  //学生成绩数组的输入
    {
        s=0;
        for(j=0;j<3;j++)
        {  scanf("%d",&a[i][j]);
            s=s+a[i][j];
        }
        a[i][3]=s/3.0;
    }
    for(i=0;i<5;i++)                  //二维数组的输出
    {
        for(j=0;j<4;j++)
            printf("%d   ",a[i][j]);
        printf("\n");
    }
}
```

6.3.4　特殊的一维数组

数组是一种构造类型的数据,二维数组可以看作是由一维数组的嵌套而构成的。设一维数组的每个元素都又是一个数组,就组成了二维数组。当然,前提是各元素类型必须相同。根据这样的分析,一个二维数组也可以分解为多个一维数组。C语言允许这种分解。

例如,前述的二维数组 a[3][4],可分解为三个一维数组,这三个一维数组的数组名分别为:a[0]、a[1]、a[2],且对这三个一维数组不需另作说明即可使用。每一个一维数组都有 4 个元素。

a[0]→a[0][0],a[0][1],a[0][2],a[0][3]
a[1]→a[1][0],a[1][1],a[1][2],a[1][3]
a[2]→a[2][0],a[2][1],a[2][2],a[2][3]

必须强调的是,a[0],a[1],a[2]不能当作下标变量使用,它们是数组名,不是一个单纯的下标变量。

6.4　字符串及其处理

6.4.1　字符串及其结束标志

字符串是用双撇号“""”作为定界符的一个字符序列,如"a"、"C program"等。在 C 语言中没有专门的字符串变量,通常用一个字符数组来存放一个字符串。前面介绍字符串常量时,已说明字符串总是以 '\0' 作为串的结束符。因此,当把一个字符串存入一个数组时,也把结束符 '\0' 存入数组,并以此作为该字符串是否结束的标志。有了 '\0' 标志后,就不必再用字符数组的长度来判断字符串的长度了。

C语言允许用字符串的方式对数组作初始化赋值。

例如:char c[]={'C', ' ', 'p', 'r', 'o', 'g', 'r', 'a', 'm', '\0'};

可写为:char c[]={"C program"};

或去掉"{ }"写为:char c[]="C program";

数组 c 在内存中的实际存放情况如图 6-1 所示。

图 6-1　c 在内存中的实际存放情况

'\0' 是由 C 编译系统自动加上的。由于采用了 '\0' 标志,所以在用字符串赋初值时一般无须指定数组的长度,而由系统自行处理。

6.4.2　字符串的输入/输出

字符数组的输入/输出可以有以下两种方法:一种方法是用"%c"格式符将字符逐个输入或输出;另一种方法是用"%s"格式符,将整个字符串一次性输入或输出。

在采用字符串方式后,字符数组的输入/输出将变得简单方便。除了上述用字符串赋初值的办法外,还可用 printf 函数和 scanf 函数一次性输入/输出一个字符数组中的字符串,而不必使用循环结构逐个地输入/输出每个字符。例如:

＃include <stdio. h>

```
void main()
{
    char ch[]="c program. ";     //定义字符数组,并赋值字符串
    printf("%s\n",ch);           //输出字符串
}
```

注意:在本例的 printf 函数中,使用的格式字符串为"%s",表示输出的是一个字符串。而在输出表列中给出数组名则可,不能写为:printf("%s",ch[]);

例如:

```
#include <stdio. h>
void main()
{
    char st[15];            //定义字符数组
    printf("请输入一个字符串:\n");
    scanf("%s",st);         //输入字符串
    printf("%s\n",st);      //输出字符串
}
```

本例中由于定义一维字符数组 st 的长度为 15,因此输入的字符串长度必须小于 15,以留出一个字节用于存放字符串结束标志 '\0'。应该说明的是,对一个字符数组,如果不作初始化赋值,则必须说明数组长度。还应该特别注意的是,当用 scanf 函数输入字符串时,字符串中不能含有空格,否则将以空格作为串的结束符。

例如,当输入的字符串中含有空格时,运行情况为:

请输入一个字符串:

This is a book.

输出为:

This

从输出结果可以看出空格以后的字符都未能输入到字符数组 st 中。

在前面第 3 章中介绍过,scanf 的各输入项必须以地址方式出现,如 &a,&b 等。但在前例中却是以数组名方式出现的,这是为什么呢? 这是由于在 C 语言中规定,数组名就代表了该数组的首地址。整个数组是以首地址开头的一块连续的内存单元。例如,有字符数组 char c[10],设数组 c 的首地址为 2000,也就是说 c[0]单元地址为 2000,而数组名 c 就代表这个首地址。因此,在数组名 c 前面不能再加地址运算符 &。如果写作 scanf("%s",&c);则是错误的。在执行函数 printf("%s",c) 时,按数组名 c 找到首地址,然后逐个输出数组中各个字符直到遇到字符串结束标志 '\0' 为止。

6.4.3　常用字符串处理函数

C 语言提供了丰富的字符串处理函数,大致可分为字符串的输入、输出、合并、修改、比较、转换、复制、搜索几类。使用这些函数可大大减轻编程的负担。用于输入/输出的字符串函数,在使用前应包含头文件<stdio. h>,使用其他字符串函数则应包含头文件<string. h>。

1. 字符串输出函数 puts

格式:puts (字符数组名)

功能：把字符数组中的字符串输出到显示器，即在屏幕上显示该字符串。

例如：

```
#include <stdio.h>
void main()
{
    char c[]="BASIC\nVC++6.0";  //定义字符数组，并赋值字符串
    puts(c);                     //输出字符数组
}
```

程序运行结果：

BASIC

VC++6.0

从程序中可以看出 puts 函数中可以使用转义字符，因此输出结果成为两行。puts 函数完全可以由 printf 函数取代。当需要按一定格式输出时，通常使用 printf 函数。

2. 字符串输入函数 gets

格式：gets（字符数组名）

功能：从标准输入设备键盘上输入一个字符串。本函数得到一个函数值，即为该字符数组的首地址。

例如：

```
#include <stdio.h>
void main()
{
    char st[15];         //定义字符数组
    printf("请输入一个字符串：");
    gets(st);            //输入字符数组
    puts(st);            //输出字符数组
}
```

程序的运行结果：

请输入一个字符串：I am a student.

I am a student.

可以看出当输入的字符串中含有空格时，输出仍为全部字符串。说明 gets 函数并不以空格作为字符串输入结束的标志，而只以回车作为输入结束，这是与 scanf 函数不同的。

3. 字符串连接函数 strcat

格式：strcat（字符数组名 1，字符数组名 2）

功能：把字符数组 2 中的字符串连接到字符数组 1 中字符串的后面，并删去字符串 1 后的串标志 '\0'。本函数返回值是字符数组 1 的首地址。

例如：

```
#include <stdio.h>
#include <string.h>      //使用字符串函数的头文件
void main()
{
```

```
    char st1[30]="我的名字是：";  //定义字符数组 st1,并赋值字符串
    char st2[10];           //定义字符数组 st2
    printf("请输入你的姓名：");
    gets(st2);              //输入字符数组 st2
    strcat(st1,st2);        //将字符数组 st2 连接到字符数组 st1 中
    puts(st1);              //输出字符数组 st1
}
```

程序的运行结果：

请输入你的姓名：李明

我的名字是：李明

本程序把初始化赋值的字符数组 st1 与动态赋值的数组 st2 连接起来。

注意：字符数组 1 应定义足够的长度,否则不能全部装入被连接的字符串。

4. 字符串拷贝函数 strcpy

格式：strcpy（字符数组名 1,字符数组名 2）

功能：把字符数组 2 中的字符串拷贝到字符数组 1 中。字符串结束标志 '\0' 也一同拷贝。字符数组名 2 也可以是一个字符串常量,这时相当于把一个字符串赋予一个字符数组。

例如：

```
#include <stdio. h>
#include <string. h>    //使用字符串函数的头文件
void main()
{
    char st1[15],st2[]="C Language";
    strcpy(st1,st2);        //将字符数组 st2 中的字符复制到字符数组 st1
    puts(st1);
    printf("\n");
}
```

程序的运行结果：

C Language

注意：本函数要求字符数组 1 应有足够的长度,否则不能全部装入所拷贝的字符串。

5. 字符串比较函数 strcmp

格式：strcmp（字符数组名 1,字符数组名 2）

功能：按照 ASCII 码值顺序比较两个字符数组中的字符,并由函数返回值返回比较结果。

字符串比较规则：

将两个字符串中的字符从左到右逐个比较 ASCII 码值的大小,如果遇到字符的 ASCII 值大,则对应那个字符串就大;如果两个字符串完全相同,则这两个字符串就相等。例如:"A"<"B"、"a">"A"、"ABC">"AB"、"this">"that"、"123"<"ab"等。

字符串比较的结果由函数值带回：

① 字符串 1＝字符串 2,返回值＝0;

② 字符串 1＞字符串 2,返回值＞0;

③ 字符串 1＜字符串 2,返回值＜0。

　　本函数也可用于比较两个字符串常量,或比较字符数组和字符串常量。

　　例如:

```
#include <stdio. h>
#include <string. h>
void main()
{
    int k;
    char st1[15],st2[]="C Language";
    printf("请输入一个字符串:");
    gets(st1);
    k=strcmp(st1,st2);   //将字符数组 st1 与 st2 中的字符进行比较
    if(k==0) printf("st1=st2\n");   //比较结果为 0 时,两个字符串相等
    if(k>0) printf("st1>st2\n");    //比较结果大于 0 时,st1>st2
    if(k<0) printf("st1<st2\n");    //比较结果小于 0 时,st1<st2
}
```

　　程序的运行结果:

　　请输入一个字符串:BASIC Langeage

　　st1<st2

　　本程序中把输入的字符串和数组 st2 中的字符比较,比较结果返回到 k 中,根据 k 值再输出结果提示信息。当输入为 BASIC Langeage 时,由字符串比较结果知,"BASIC Langeag"小于"C Language",故 k<0,输出结果"st1<st2"。

6. 求字符串长度函数 strlen

　　格式:strlen(字符数组名)

　　功能:求字符串的实际长度(不含字符串结束标志 '\0'),并作为函数返回值。

　　例如:

```
#include <stdio. h>
#include <string. h>
void main()
{   int k;
    char st[]="C 语言程序设计";
    k=strlen(st);   //求字符串的长度,一个汉字的长度为 2,不含结束标志
    printf("字符串的长度是:%d\n",k);
}
```

　　程序的运行结果:

　　字符串的长度是:13

7. 转换大写字母为小写字母函数 strlwr

　　格式:strlwr(字符数组名)

　　功能:将字符串中的大写字母转换为小写字母。

　　例如:

```
printf("%s\n",strlwr("This is a BOOK. "));
```

结果为：this is a book.

8. 转换小写字母为大写字母函数 strupr

格式：strupr(字符数组名)

功能：将字符串中的小写字母转换为大写字母。

例如：

printf("%s\n",strupr("This is a book."));

结果为：THIS IS A BOOK.

6.5　数组与字符串程序设计及实例

6.5.1　数组与字符串程序设计

1. 问题分析

此类问题的解决总是用数组存储一组有序的数据，这组数据可能是一串有序数据（即一维向量），也可能是一组按行和列表示的矩阵。分析：① 实现要完成的功能方法和步骤；② 输入数据及其类型；③ 对输入数据的处理；④ 输出数据及其格式。

2. 算法分析

此类问题的算法一般较复杂，主要是恰当选择对数组的处理方法和技巧。常见的典型算法有：数据的查找（顺序查找、折半查找）、数据的排序（选择法排序、冒泡法排序、改进的选择法排序、改进的冒泡法排序）、矩阵的处理或计算等。

3. 代码设计

（1）输入原始数据。

（2）用适当的算法对数组进行计算或处理。

（3）输出计算或处理结果。

4. 运行调试

用初始数据的不同情况分别测试程序的运行结果。

6.5.2　应用实例

【例 6.5】　采用顺序查找法在任意给定的 10 个数中找出要查找的数。

（1）算法分析。

首先从键盘输入一个要查找的数，然后将数组中每一个数依次与要查找的数进行比较，如果相等，则表明已经找到，找到时就退出循环；如果所有数与要查找的数都不相等，则说明要查找的数不存在。

（2）程序设计。

```c
#include <stdio.h>
#define N 10
void main()
{
    int a[N],i,x;
    printf("请输入 10 个数据:\n");
    for(i=0;i<N;i++)    //输入数组中的数据,输入前给出提示
```

```
{   printf("第%d个数据:",i+1);
    scanf("%d",&a[i]);
}
printf("\n\n");
printf("请输入要查找的数:\n");
scanf("%d",&x);        //输入要查找的数
for(i=0;i<N;i++)    //将数组中的数据逐个与要找的数进行比较
    if(x==a[i]) break; //找到时,结束查找
if(i<N)                //i<N 时,说明是找到了,从循环体内跳出
    printf("要查找的数是:a[%d]=%d\n", i, x);
else                    //i>=N 时,说明整个数组中没有等于要找的数
    printf("要查找的数%d 不存在! \n",x);
}
```

【例 6.6】 采用选择法排序将任意给定的 10 个数按从小到大的顺序排列。

(1) 算法分析。

设已经在数组 a 中输入了 10 个整数,数组元素分别为 a[0],a[1],…,a[9],且数组中的 10 个数据为:6,12,8,2,5,4,7,11,10,9。

第一轮:把 a[0]依次与 a[1]～a[9]中的数比较,如果 a[0]大,则进行交换;
第二轮:把 a[1]依次与 a[2]～a[9]中的数比较,如果 a[1]大,则进行交换;
第三轮:把 a[2]依次与 a[3]～a[9]中的数比较,如果 a[2]大,则进行交换;
第四轮:把 a[3]依次与 a[4]～a[9]中的数比较,如果 a[3]大,则进行交换;
第五轮:把 a[4]依次与 a[5]～a[9]中的数比较,如果 a[4]大,则进行交换;
第六轮:把 a[5]依次与 a[6]～a[9]中的数比较,如果 a[5]大,则进行交换;
第七轮:把 a[6]依次与 a[7]～a[9]中的数比较,如果 a[6]大,则进行交换;
第八轮:把 a[7]依次与 a[8]～a[9]中的数比较,如果 a[7]大,则进行交换;
第九轮:把 a[8]与 a[9]中的数比较,如果 a[8]大,则进行交换。

处理过程如下所示:
初始数据:　　　6,12,8,2,5,4,7,11,10,9
第一轮后结果:2,12,8,6,5,4,7,11,10,9
第二轮后结果:2,4,12,6,8,5,7,11,10,9
第三轮后结果:2,4,5,12,8,6,7,11,10,9
第四轮后结果:2,4,5,6,12,8,7,11,10,9
第五轮后结果:2,4,5,6,7,12,8,11,10,9
第六轮后结果:2,4,5,6,7,8,12,11,10,9
第七轮后结果:2,4,5,6,7,8,9,12,11,10
第八轮后结果:2,4,5,6,7,8,9,10,12,11
第九轮后结果:2,4,5,6,7,8,9,10,11,12

(2) 程序设计。

```
#include <stdio.h>
void main()
```

```
{   int a[10],i,j,t;
    printf("请输入 10 个数:\n");
    for(i=0;i<10;i++)        //输入数组中的 10 个数据
        scanf("%d",&a[i]);
    printf("\n");
    for(i=0;i<9;i++)         //外循环,表示轮数,i 从 0 变化到 8
        for(j=i+1;j<10;j++)  //内循环,表示比较的次数,j 从 i+1 变化到 9
            if(a[i]>a[j])    //前面大后面小时,交换
                { t=a[i]; a[i]=a[j]; a[j]=t; }
    printf("排序好的 10 个数:\n");
    for(i=0;i<10;i++)        //输出排序后的结果
        printf("%d   ",a[i]);
    printf("\n");
}
```

(3) 改进的选择法排序算法。

由于选择法排序存在经常需要交换数据的情况,所以效率不够高。改进的选择法排序算法如下:

① 通过 n−1 次比较,从 n 个数中找出最小数的位置,然后将该位置上的数与第一个数交换——第一轮选择排序,结果最小的数被放置在第一个元素的位置上;

② 通过 n−2 次比较,从剩余的 n−1 个数中再找出最小数的位置,然后将该位置上的数与剩余数中的第一个数交换——第二轮选择排序,结果次小的数被放置在第二个元素的位置上;

③ 重复上述过程,共经过 n−1 轮排序后,排序结束。

处理过程如下所示:

设初始数据为:6,12,8,2,5,4,7,11,10,9

第一轮后结果:2,12,8,6,5,4,7,11,10,9

第二轮后结果:2,4,8,6,5,12,7,11,10,9

第三轮后结果:2,4,5,6,8,12,7,11,10,9

第四轮后结果:2,4,5,6,8,12,7,11,10,9

第五轮后结果:2,4,5,6,7,12,8,11,10,9

第六轮后结果:2,4,5,6,7,8,12,11,10,9

第七轮后结果:2,4,5,6,7,8,9,11,10,12

第八轮后结果:2,4,5,6,7,8,9,10,11,12

第九轮后结果:2,4,5,6,7,8,9,10,11,12

(4) 改进的选择法排序程序设计。

```
#include <stdio.h>
void main()
{   int a[10],i,j,p,t;
    printf("请输入 10 个数:\n");
    for(i=0;i<10;i++)        //输入数组中的 10 个数据
        scanf("%d",&a[i]);
```

```
        printf("\n");
        for(i=0;i<9;i++)              //外循环,表示轮数,i 从 0 变化到 8
        {   p=i;                       //p 指向第 i 个数
            for(j=i+1;j<10;j++)       //内循环,表示比较的次数,j 从 i+1 变化到 9
                if(a[j]<a[p]) p=j;    //第 j 个数小于 p 指的数时,p 向第 j 个数
            if(i! =p)                  //p 的值变化时,交换
              { t=a[i]; a[i]=a[p]; a[p]=t;}
        }
        printf("排序好的 10 个数:\n");
        for(i=0;i<10;i++)            //输出排序后的结果
            printf("%d   ",a[i]);
        printf("\n");
}
```

本例程序中用了两个并列的 for 循环语句,在第二个 for 语句中又嵌套了一个循环语句。第一个 for 语句用于输入 10 个元素的初值,第二个 for 语句用于排序,这里的排序采用逐个比较的方法进行。在 i 次循环时,先把第一个元素的下标 i 赋于 p,然后进入内循环,下标从 i+1 起到最后一个止的 a[j]逐个与 a[i]作比较,有比 a[i]小者则将其下标送 p,一次循环结束后,p 即为最小元素的下标。若此时 i≠p,说明 p 值已不是进入小循环之前所赋之值,则交换 a[i]和 a[p]之值,此时 a[i]为已排序完毕的元素。输出该值之后转入下一次循环,对 i+1 以后各个元素排序。

【例 6.7】 采用冒泡法排序将任意给定的 10 个数按从小到大的顺序排列。

(1)算法分析。

设已经在数组 a 中输入了 10 个整数,数组元素分别为 a[0],a[1],…,a[9]。

① 比较第一个数与第二个数,若为逆序 a[0]>a[1],则交换;然后比较第二个数与第三个数;依次类推,直至第 n-1 个数和第 n 个数比较为止——第一轮冒泡排序,结果最大的数被安置在最后一个元素位置上;

② 对前 n-1 个数进行第二轮冒泡排序,结果使次大的数被放置在第 n-1 个元素位置;

③ 重复上述过程,共经过 n-1 轮冒泡排序后,排序结束。

设初始数据为:6,12,8,2,5,4,7,11,10,9
第一轮后结果:6,8,2,5,4,7,11,10,9,12
第二轮后结果:6,2,5,4,7,8,10,9,11,12
第三轮后结果:2,5,4,6,7,8,9,10,11,12
第四轮后结果:2,4,5,6,7,8,9,10,11,12
第五轮后结果:2,4,5,6,7,8,9,10,11,12
第六轮后结果:2,4,5,6,7,8,9,10,11,12
第七轮后结果:2,4,5,6,7,8,9,10,11,12
第八轮后结果:2,4,5,6,7,8,9,10,11,12
第九轮后结果:2,4,5,6,7,8,9,10,11,12

(2)程序设计。

```
#include <stdio. h>
void main()
```

```
{    int a[10],i,j,t;
    printf("请输入 10 个数:\n");
    for(i=0;i<10;i++)            //输入数组中的 10 个数据
        scanf("%d",&a[i]);
    printf("\n");
    for(i=0;i<9;i++)             //外循环,表示轮数,i 从 0 变化到 8
        for(j=0;j<9-i;j++)      //内循环,表示比较的次数,j 从 0 变化到 8-i
            if(a[j]>a[j+1])      //相邻的两个数比较
                { t=a[j]; a[j]=a[j+1]; a[j+1]=t; } //前面大后面小时,交换
    printf("排序好的 10 个数:\n");
    for(i=0;i<10;i++)           //输出排序后的结果
        printf("%d  ",a[i]);
    printf("\n");
}
```

(3) 改进的冒泡法排序程序设计。

从本例的数据处理过程可以发现,到了第四轮排序时,数据排序实际上已经完成,所以第四轮后面的循环可以不做。对此,在每一轮排序前,先将标志变量 f 置为 0,若在一轮排序中有数据交换,则将标志变量置为 1。待一轮排序结束后,再来判断标志变量 f,如果标志变量为 1,则继续下一次循环进行下一轮排序,如果标志变量为 0,则跳出循环而结束排序。改进的冒泡法排序程序设计代码如下:

```
#include <stdio. h>
void main()
{    int a[10],i,j,t,f;
    printf("请输入 10 个数:\n");
    for(i=0;i<10;i++)
        scanf("%d",&a[i]);
    printf("\n");
    for(i=0;i<9;i++)
    {
        f=0;                    //设置交换标志为 0
        for(j=0;j<9-i;j++)
            if(a[j]>a[j+1])
                { f=1; t=a[j]; a[j]=a[j+1]; a[j+1]=t; } //交换时,设标志为 1
        if(f==0) break;         //若在某轮处理中没有交换,则退出循环
    }
    printf("排序好的 10 个数:\n");
    for(i=0;i<10;i++)
        printf("%d  ",a[i]);
    printf("\n");
}
```

【例 6.8】 采用折半查找法在任意给定的 10 个数中找出要查找的数。

(1) 算法分析。

该算法的前提条件：数组中的数据必须是有序的(升序或降序)。设一维数组 a 中的数据是有序的(升序)，b 和 t 是一维数组 a 下标的最小值和最大值(即下界和上界)。具体过程如下：

① 求中点 m＝(b＋t)/2；

② 判断 a[m]是否等于 x，如果等于 x，则退出循环，否则继续下一步；

③ 判断 x＞a[m]，如果成立，说明 x 可能在数组 a 的后一半(a[m＋1],a[t])中，否则可能在数组 a 的前一半(a[t],a[m－1])中；

④ 转①。

(2) 实例分析。

设在数组 a 中已经输入的数据为：2,4,6,9,13,19,22,43,67,89，以要找的数为 x＝22 来说明查找过程：

① b＝0,t＝9,求中点 m＝(0＋9)/2＝4；

② 将要找的数 x 与中点数 a[4]比较；由于要找的数 22 比中点数 13 大，说明要找数在后半边，即在 a[5]～a[9]中，修改 b＝5；

③ 求中点 m＝(5＋9)/2＝7；

④ 将要找的数 x 与中点数 a[7]比较；由于要找的数 22 比中点数 43 小，说明要找数在前边，即在 a[5]～a[6]中，修改 t＝6；

⑤ 求中点 m＝(5＋6)/2＝5；

⑥ 将要找的数 x 与中点数 a[5]比较；由于要找的数 22 比中点数 19 大，说明要找数在后边，即在 a[6]～a[6]中，修改 b＝6；

⑦ 求中点 m＝(6＋6)/2＝6；

⑧ 将要找的数 x 与中点数 a[6]比较；由于要找的数 22 与中点数 22 相等，说明要找数已找到。

也可以要找的数为 x＝20 来说明查找过程，请读者自己分析。

(3) 程序设计。

```
#include <stdio.h>
void main()
{   int a[10],x,i,j,m,b,t;
    printf("请输入 10 个数:\n");
    for(i=0;i<10;i++)
        scanf("%d",&a[i]);
    printf("输入要查找的数:\n");
    scanf("%d",&x);        //输入要查找的数
    for(i=0;i<9;i++)  //选择法排序
      for(j=i+1;j<10;j++)
          if(a[i]>a[j])
          { t=a[i];a[i]=a[j];a[j]=t; }
    b=0;t=9;              //设查找的区间的下限和上限
    while(b<=t)          //当下限小于或等于上限时,进行循环
```

```
    {    m＝(b＋t)/2;      //求查找区间中点
         if(x＝＝a[m]) break;//若中点元素等于要找的数,则退出循环
         if(x＞a[m])         //若要找的数大于中点元素,则要找的数在右一半
             b＝m＋1;
         else               //若要找的数小于中点元素,则要找的数在左一半
             t＝m－1;
    }
    if(b＜＝t)               //若下限小于或等于上限时,则找到,否则没有找到
        printf("要查找的数 a[%d]＝%d\n",m,x);
    else
        printf("%d 要查找的数不存在! \n",x);
}
```

【例 6.9】　用筛选法求 100 以内的素数。

(1) 算法分析。

① 定义一个一维数组 a[101],令其中的元素 a[2],a[3],…,a[100]的值分别 2、3、…、100,即数组中的元素值如下:

```
  2   3   4   5   6   7   8   9  10  11  12  13  14  15  16  17  18  19  20
21  22  23  24  25  26  27  28  29  30  31  32  33  34  35  36  37  38  39  40
41  42  43  44  45  46  47  48  49  50  51  52  53  54  55  56  57  58  59  60
61  62  63  64  65  66  67  68  69  70  71  72  73  74  75  76  77  78  79  80
81  82  83  84  85  86  87  88  89  90  91  92  93  94  95  96  97  98  99  100
```

② 对于 k＝2 到 sqrt(100),若元素 a[k]不为 0,则将该元素的倍数的数组元素均置为 0;具体过程如下:

k＝2 时,a[2]不为 0,经过处理后,数组中不为 0 的元素如下:
```
2   3   5   7   9   11  13  15  17  19  21  23  25  27  29  31  33  35  37  39
41  43  45  47  49  51  53  55  57  59  61  63  65  67  69  71  73  75  77  79
81  83  85  87  89  91  93  95  97  99
```

k＝3 时,a[3]不为 0,经过处理后,数组中不为 0 的元素如下:
```
2   3   5   7   11  13  17  19  23  25  29  31  35  37
41  43  47  49  53  55  59  61  65  67  71  73  77  79
83  85  89  91  95  97
```

k＝4 时,a[4]为 0,不处理,数组中的元素不变。

k＝5 时,a[5]不为 0,经过处理后,数组中不为 0 的元素如下:
```
2   3   5   7   11  13  17  19  23  29  31  37
41  43  47  49  53  59  61  67  71  73  77  79
83  89  91  97
```

k＝6 时,a[6]为 0,不处理,数组中的元素不变。

k＝7 时,a[7]不为 0,经过处理后,数组中不为 0 的元素如下:
```
2   3   5   7   11  13  17  19  23  29  31  37
41  43  47  53  59  61  67  71  73  79  83  89  97
```

k=8 时,a[8]为 0,不处理,数组中的元素不变。

k=9 时,a[9]为 0,不处理,数组中的元素不变。

k=10 时,a[10]为 0,不处理,数组中的元素不变。

③ 数组 a 中剩下的不为 0 的元素,均为素数。

2   3   5   7   11   13   17   19   23   29   31   37

41   43   47   53   59   61   67   71   73   79   83   89   97

(2) 程序设计。

```c
#include <math.h>
void main( )
{  int k,j,a[101],n=0;
    for(k=2;k<101;k++) a[k]=k ;        //形成一个一维数组 a[2]~a[100]
    for(k=2;k<=sqrt(100);k++)          //筛选素数
        for(j=k+1;j<101;j++)
            if(a[k]! =0 && a[j]! =0)
                if(a[j]%a[k]==0) a[j]=0;  //将不是素数的数组元素置为 0
    for(k=2;k<101;k++)                 //输出数组中不为 0 的元素
        if(a[k]! =0)
        {
            printf("%6d",a[k]);
            n=n+1;
            if(n%5==0)printf("\n");      //控制每行输出 5 个数
        }
}
```

(3) 程序运行。

运行结果:

  2   3   5   7   11

13   17   19   23   29

31   37   41   43   47

53   59   61   67   71

73   79   83   89   97

【例 6.10】 有一个 3×4 的矩阵,编写程序求出其中值最大的那个元素,以及其所在的行号和列号。

(1) 问题分析。

设有数组 a[3][4],先将数组中的第一个元素 a[0][0]放到最大值变量 max 中,同时将 0 放到变量 row 和 column 中;然后将数组中的所有元素分别与 max 中的值进行比较,如果有元素的值大于 max,则将该元素的值放入 max 中,并将该元素所在的位置 i 和 j 分别送入变量 row 和 column 中保存。当把数组中的所有元素都比较完毕后,max 中保存的就是最大的数,row 和 column 中就是最大数的位置。

(2) 程序设计。

```c
#include <stdio.h>
```

```
void main()
{
    int i,j,row,column,max;
    int a[3][4]={{1,2,3,4},{9,8,7,6},{-10,10,-5,2}};//定义数组,并初始化
    max=a[0][0];            //将数组中的第一个元素作为最大数 max
    row=0; column=0;        //位置为第 0 行 0 列
    for (i=0;i<3;i++)       //将数组中的所有元素与 max 比较,找出最大数
      for (j=0;j<4;j++)
        if (a[i][j]>max)    //数组中的元素大于 max 时
        {   max=a[i][j];    //将大于 max 的元素存入 max
            row=i;          //位置为第 i 行
            column=j;       //位置为第 j 列
        }
    printf("最大数是:%d,所在行:%d,所在列:%d\n",max,row,column);
}
```

【例 6.11】　求解幻方问题。幻方是一种古老的数学游戏,n 阶幻方就是把整数 $1\sim n^2$ 排成 $n\times n$ 的方阵,使得每行中的各元素之和、每列中的各元素之和、以及两条对角线上的元素之和都是同一个数,这个数称为幻方的幻和。在中世纪的欧洲,对幻方有某种神秘的观念,许多人佩带幻方以图避邪。奇数阶幻方的构造方法较简单,本例中只求解奇数阶幻方问题。先来看一个三阶幻方,如图 6-2 所示:

图 6-2　三阶幻方

(1) 算法分析。

整数 $1\sim n^2$ 各数在方阵中的位置可以这样确定:首先把 1 放在最上一行正中间的方格中,然后把下一个整数放置到右上方,如果到达最上一行,下一个整数放在最后一行,就好像它在第一行的上面,如果到达最右端,则下一整数放在最左端,就好像它在最右一列的右侧,当到达的方格中已填上数值时,下一个整数就放在刚填写上数码的方格的正下方。照着三阶幻方,从 1 至 9 走一下,就可以明白它的构造方法。

(2) 程序设计。

```
#include <stdio.h>
#define m 15
void main()
{
    int n,nn,i,j,k,ni,nj;
    int a[m][m];
    printf("请输入一个整数:");
```

```
    scanf("%d",&n);
    for (i=0;i<n;i++)
        for(j=0;j<n;j++)
            a[i][j]=0;
    if(n>0 && n%2!=0)          //奇数阶
    {   nn=n*n;
        i=0;                   //第 1 个值的位置
        j=n/2;
        for(k=1;k<=nn;k++)
        {   a[i][j]=k;         //求右上方格的位置
            if(i==0)           //最上一行
                ni=n-1;        //下一个位置在最下一行
            else
                ni=i-1;
            if(j==n-1)         //最右端
                nj=0;          //下一个位置在最左端
            else
                nj=j+1;        //右上方格中是否已有数
            if(a[ni][nj]==0)   //右上方格中是无数
            {   i=ni;
                j=nj;
            }
            else
                i++;           //右上方格中是已填入数
        }
        for (i=0;i<n;i++)      //输出幻方数组
        {   for (j=0;j<n;j++)
                printf("%4d",a[i][j]);
            printf("\n");
        }
    }
    else
        printf("数据错误! \n");
}
```

【例 6.12】 输入一行英文字符,统计其中有多少个单词,设单词之间用空格分隔开。

(1) 算法分析。

设输入一行英文字符放入字符数组 str 中,且单词之间用空格分隔。将字符数组 str 中的每一个字符取出并进行判断,如果是空格,则表示单词结束,将标志变量 word 置为 0;如果不是空格,则要判断一个单词有没有开始? 如果没有开始,则将标志变量 word 置为 1,同时将单词个数变量增 1;如果已经开始,则接着取下一个字符,直到字符串结束为止。

（2）程序设计。

```
#include <stdio.h>
void main()
{
    char str[81];
    int i,num=0,word=0;
    char c;
    printf("请输入一行字符串:\n");
    gets(str);        //输入一行字符
    for (i=0;(c=str[i])! ='\0';i++) //对一行字符中的每一个字符进行处理
      if(c==' ') //若字符为空格,则表示单词未开始
        word=0; //将单词标志置为 0
      else if(word==0)//若字符不为空格,且单词标志为 0,则表示新单词开始
      {
        word=1; //将单词标志置为 1
        num++; //将单词个数加 1
      }
    printf("这行字符串中含有的单词个数为:%d\n",num); //输出单词个数
}
```

运行情况：

I am a boy. ↙

这行字符串中含有的单词个数为:4

【例 6.13】 输入五个国家的名称按字母顺序排列输出。

（1）算法分析。

各国运动员在参加世界体育大赛入场时,通常是按国家名称的字母顺序排列。这些国家名称的处理可用一个二维字符数组来进行。由于 C 语言规定可以把一个二维数组当成多个一维数组处理。因此,本题又可以将一个二维数组按五个一维数组处理,而每一个一维数组就是一个国家名称字符串。用字符串比较函数比较各一维数组的大小,并进行排序,输出结果即可。

（2）程序设计。

```
#include <stdio.h>
#include <string.h>     //使用字符串处理函数
void main()
{
    char st[20],cs[5][20];//定义字符数组,cs 数组存放 5 个国家的名称
    int i,j,p;
    printf("请输入 5 个国家的名称:\n");
    for(i=0;i<5;i++)    //输入 5 个国家的名称
    {
        printf("输入第%d 国家的名称:\n",i+1);
```

```
        gets(cs[i]);
    }
    printf("\n");
    for(i=0;i<4;i++)    //使用改进的选择法对数组 cs[0]～cs[4]进行排序
    {   p=i;
        for(j=i+1;j<5;j++)
            if(strcmp(cs[j],cs[p])<0) //两个字符串进行比较
                p=j;
        if(p! =i)
        {                   //字符串交换,采用字符串复制函数实现
            strcpy(st,cs[i]);
            strcpy(cs[i],cs[p]);
            strcpy(cs[p],st);
        }
        puts(cs[i]);        //输出每轮处理后的第一个字符串
        printf("\n");
    }
    puts(cs[i]);            //输出最后一个字符串
    printf("\n");
}
```

  本程序的第一个 for 语句中,用 gets 函数输入五个国家名字符串。由于 C 语言允许把一个二维数组按多个一维数组处理,本程序定义 cs[5][20]为二维字符数组,可分为五个一维数组 cs[0],cs[1],cs[2],cs[3],cs[4],因此可以在 gets 函数中使用 cs[i]。在第二个 for 语句中又嵌套了一个 for 语句组成双重循环,这个双重循环完成按字母顺序排序的工作。在外层循环中把字符数组 cs[i]中的国家名称字符串的下标 i 赋给 p;进入内层循环后,把 cs[p]与 cs[i]以后的各字符串作比较,若有比 cs[p]小者则把该字符串的下标赋给 p;内循环结束后,如 p 不等于 i 说明有比 cs[i]更小的字符串出现,因此要交换 cs[i]和 cs[p]的内容。至此已确定了数组 cs 的第 i 号元素的排序值,然后输出该字符串,在外循环全部完成之后还需要输出最后一个元素。

练习题 6

一、选择题

1. 若有说明:int a[3][4];则对 a 数组元素的非法引用是_____。
  A. a[0][2 * 1]   B. a[1][3]   C. a[4−2][0]   D. a[0][4]
2. 若有说明:int a[][4]={0, 0};则下面不正确的叙述是_____。
  A. 数组 a 的每个元素都可得到初值 0
  B. 二维数组 a 的第一维大小为 1
  C. 因为二维数组 a 中初值的个数不能被第二维大小的值整除,则第一维的大小等于所得商数再加 1,故数组 a 的行数为 1

　　D. 只有元素 a[0][0]和 a[0][1]可得到初值 0,其余元素均得不到初值 0

3. 有如下程序：

```
#include <stdio.h>
void main()
{   int n[5]={0,0,0},i,k=2;
    for(i=0;i<k;i++) n[i]=n[i]+1;
    printf("%d\n",n[k]);
}
```

该程序的输出结果是_____。

A. 不定值　　　　　　B. 2　　　　　　　C. 1　　　　　　　D. 0

4. 如下程序的输出结果是_____。

```
#include <stdio.h>
void main()
{   int a[3][3]={{1,2},{3,4},{5,6}},i,j,s=0;
    for(i=1;i<3;i++)
        for(j=0;j<i;j++) s+=a[i][j];
    printf("%d\n", s);
}
```

A. 14　　　　　　　　B. 19　　　　　　　C. 20　　　　　　D. 21

5. 当执行下面的程序时,如果输入 ABC,则输出结果是_____。

```
#include <stdio.h>
#include <string.h>
void main()
{   char ss[10]= "1,2,3,4,5";
    gets(ss); strcat(ss, "6789"); printf("%s\n",ss);
}
```

A. ABC6789　　　B. ABC67　　　　　C. 12345ABC6　　D. ABC456789

6. 有以下程序：

```
#include <stdio.h>
#include <string.h>
void main()
{   char a[]={'a','b', 'c', 'd', 'e', 'f', 'g', 'h', '\0'};
    int i,j;
    i=sizeof(a);
    j=strlen(a);
    printf("%d,%d\n",i,j);
}
```

程序运行后的输出结果是_____。

A. 9,9　　　　　　　B. 8,9　　　　　　　C. 1,8　　　　　　D. 9,8

7. 以下程序的输出结果是_____。

```
#include <stdio. h>
#include <string. h>
void main()
{    char str[12]={ 's', 't', 'r', 'i', 'n', 'g'};
     printf("%d\n",strlen(str));
}
```

A. 6   B. 7   C. 11   D. 12

8. 下面程序中有错误的行是_____。

```
1    #include <stdio. h>
2    void main()
3    {
4        int a[3]={1};
5        int i;
6        scanf("%d", &a);
7        for(i=1;i<3;i++) a[0]=a[0]+a[i];
8            printf("%f\n",a[0]);
9    }
```

A. 4   B. 6   C. 7   D. 8

9. 若有说明:int a[][3]={1,2,3,4,5,6,7};则 a 数组第一维的大小是_____。

A. 2   B. 3   C. 4   D. 无确定值

10. 对两个数组 a 和 b 进行如下初始化:

char a[]="ABCDEF";

char b[]={'A', 'B', 'C', 'D', 'E', 'F'};

则以下叙述正确的是_____。

A. 数组 a 与数组 b 完全相同   B. 数组 a 与数组 b 长度相同

C. 数组 a 与数组 b 中都存放字符串   D. 数组 a 比数组 b 长度长

11. 设有数组定义:char array[]="China";则数组 array 所占的空间为_____。

A. 4 个字节   B. 5 个字节   C. 6 个字节   D. 7 个字节

12. 有下面的程序段:

char a[3],b[]="China";

a=b;

printf("%s",a);

则_____。

A. 运行后将输出 China   B. 运行后将输出 Ch

C. 运行后将输出 Chi   D. 编译出错

13. 下面程序的运行结果是_____。

```
#include <stdio. h>
void main()
{    char ch[7]={ "12ab56"};
     int i,s=0;
```

```
        for(i=0;ch[i]>= '0' && ch[i]<= '9';i+=2)
            s=10*s+ch[i]- '0';
        printf("%d\n",s);
    }
```
A. 1　　　　　　　　B. 1256　　　　　C. 12ab56　　　　D. 123

14. 当运行以下程序时,从键盘输入:AhaMA[空格]Aha<回车>,则下面程序的运行结果是_____。

```
#include <stdio. h>
void main()
{   char s[80],c='a';
    int i=0;
    scanf("%s",s);
    while(s[i]! = '\0')
    {   if(s[i]==c) s[i]=s[i]-32;
        else if(s[i]==c-32) s[i]=s[i]+32;
        i++;
    }
    puts(s);
}
```
A. ahAMa　　　　　　　　　　B. AhAMa
C. AhAMa[空格]ahA　　　　　D. ahAMa[空格]ahA

二、填空题

1. 下面程序的运行结果是_____。

```
#include <stdio. h>
void main()
{   int i,f[10];
    f[0]=f[1]=1;
    for(i=2;i<10;i++)
        f[i]=f[i-2]+f[i-1];
    for(i=0;i<10;i++)
    {   if(i%4==0)printf("\n");
        printf("%3d",f[i]);
    }
}
```

2. 以下程序的输出结果是_____。

```
#include <stdio. h>
void main()
{   char s[]="abcdef";
    s[3]= '\0';
```

```
        printf("%s\n",s);
    }
```

3. 若有定义：int a[3][4]={{1,2},{0},{4,6,8,10}};则初始化后,a[1][2]得到的初值是_____,a[2][1]得到的初值是_____。

4. 以下程序可求出所有水仙花数(水仙花数是指一个 3 位正整数,其各位数字的立方之和等于该正整数。如:407=4*4*4+0*0*0+7*7*7,故 407 是一个水仙花数)。请填空。

```
    #include <stdio. h>
    void main()
    {   int x,y,z,a[8],m,i=0;
        printf("The special numbers are:\n");
        for( _____ ; m++)
        {   x=m/100;
            y=_____ ;
            z=m%10;
            if(x*100+y*10+z==x*x*x+y*y*y+z*z*z)
            { _____ ; i++;}
        }
        for(x=0; x<i; x++)
            printf("%6d",a[x]);
    }
```

5. 下面程序的功能是:将字符数组 a 中下标值为偶数的元素从小到大排列,其他元素不变,请填空。

```
    #include <stdio. h>
    #include <string. h>
    void main()
    {   char a[]="c language", t;
        int i,j,k;
        k=strlen(a);
        for(i=0;i<=k-2;i+=2)
            for(j=i+2;j<k; _____ )
                if( _____ )
                { t=a[i]; a[i]=a[j]; a[j]=t; }
        puts(a);
        printf("\n");
    }
```

6. 下面程序的功能是将二维数组 a 中每个元素向右移一列,最右一列换到最左一列,移后的数组存到另一个二维数组 b 中,并按矩阵形式输出 a 和 b,请填空。

例如:array a: array b:

   4 5 6   6 4 5

   1 2 3   3 1 2

```
#include <stdio. h>
void main()
{    int a[2][3]={4,5,6,1,2,3},b[2][3];
     int i,j;
     printf("array a: \n");
     for(i=0;i<=1;i++)
     {    for(j=0;j<3;j++)
          {    printf("%5d",a[i][j]);
               _____ ;
          }
          printf("\n");
     }
     for( _____ ; i++) b[i][0]=a[i][2];
     printf("array b:\n");
     for(i=0;i<2;i++)
     {    for(j=0;j<3;j++)
               printf("%5d",b[i][j]);
          _____ ;
     }
}
```

7. 下面程序中的数组 a 包括 10 个整数元素,从 a 中第二个元素起,分别将后项减前项之差存入数组 b,并按每行 3 个元素输出数组 b。请填空。

```
#include <stdio. h>
void main()
{    int a[10],b[10],i;
     for(i=0; _____ ;i++)
          scanf("%d", &a[i]);
     for(i=1; _____ ;i++)
          b[i]=a[i]-a[i-1];
     for(i=1;i<10;i++)
     {    printf("%3d",b[i]);
          if( _____ )printf("\n");
     }
}
```

8. 以下程序是求矩阵 a,b 的和,结果存入矩阵 c 中,并按矩阵形式输出。请填空。

```
#include <stdio. h>
void main()
{    int a[3][4]={{3,-2,7,5},{1,0,4,-3},{6,8,0,2}};
     int b[3][4]={{-2,0,1,4},{5,-1,7,6},{6,8,0,2}};
     int i,j,c[3][4];
```

```
for(i=0;i<3;i++)
    for(j=0;j<4;j++)
        c[i][j]=_____  ;
for(i=0;i<3;i++)
{   for(j=0;j<4;j++)
        printf("%3d",c[i][j]);
    _____ ;
}
}
```

三、程序设计题

1. 从键盘输入某个班级的 30 名学生信息(设只含有学号),编写程序用折半查找法通过输入一个学生的学号查找某一学生(注意:查找前要先进行排序)。

2. 设有某班级 35 名学生的一门课程考试成绩,编写程序求超过平均分的学生(包括学号和成绩),并将所有学生按成绩降序排列输出。

3. 设从 3 个候选人中选择 1 个人,10 个人参加投票,编写一个统计选票的程序。

投票人编号	候选人	投票人编号	候选人
1	张华	6	李好
2	李好	7	李好
3	王娟	8	王娟
4	李好	9	李好
5	张华	10	王娟

4. 输入一行字符串,编写程序分别统计各个英文字母出现的次数(不区分字母大小写)。

5. 编写程序输出以下杨辉三角形(要求打印出 10 行)。

```
1
1  1
1  2  1
1  3  3  1
1  4  6  4  1
1  5  10  10  5  1
...
```

6. 编写程序输入并求一个 4×4 矩阵的两条对角线元素之和、四周靠边元素之和。

7. 编写程序输入 5 个学生的学号和 3 门课程的成绩,求每个学生的平均成绩,最后输出所有学生的学号、3 门课程的成绩及平均成绩。

8. 编写程序输入 10 名运动员参加 100 m 比赛的号码和成绩,要求按运动员的成绩输出名次。

9. 输入 C 语言源程序正文,编写程序找出可能存在的花括号和圆括号不匹配的错误。

10. 编写程序找出一个二维数组中的鞍点。鞍点是指该位置上的元素在该行上最大,但在该列上却最小,也可能没有鞍点。

11. 编写程序利用公式 $c_{ij} = a_{ij} + b_{ij}$ 计算 $m \times n$ 阶矩阵 A 和 $m \times n$ 阶矩阵 B 之和。已知 a_{ij} 为矩阵 A 的元素,b_{ij} 为矩阵 B 的元素,c_{ij} 为矩阵 C 的元素$(i=1,2,\cdots,m;j=1,2,\cdots,n)$。

12. 编写程序利用公式 $c_{ij} = \sum_{k=1}^{n} a_{ik} * b_{kj}$ 计算矩阵 A 和矩阵 B 之积。已知 a_{ij} 为 $m \times n$ 阶矩阵 A 的元素$(i=1,2,\cdots,m;j=1,2,\cdots,n)$,$b_{ij}$ 为 $n \times m$ 阶矩阵 B 的元素$(i=1,2,\cdots,n;j=1,2,\cdots,m)$,$c_{ij}$ 为 $m \times m$ 阶矩阵 C 的元素$(i=1,2,\cdots,m;j=1,2,\cdots,m)$。

第 7 章　函数与模块化程序设计

本章的主要内容:函数的概念,自定义函数的定义和调用,函数的参数和返回值,函数的嵌套调用和递归调用,数组作为函数的参数,变量的作用域以及模块化程序设计的基本方法,函数及模块化程序设计的应用实例。通过本章内容的学习,应当解决的问题:如何定义函数? 函数的调用与返回值、嵌套调用和递归调用,模块化程序设计的基本思想,运用模块化程序设计方法解决综合实际应用问题。

7.1　函数与模块化程序设计的引入

【任务】　运用 C 语言的自定义函数编写完成各种功能的程序模块解决一些综合应用问题,如学生成绩的处理、职工工资的处理等,这些问题都包括数据的输入、数据的处理、数据的输出等功能,这些问题的解决要求运用函数和模块化程序设计方法。

7.1.1　问题与引例

前面各章节中介绍的程序都是规模相对较小的程序,且只有一个主函数组成。实际应用中,典型的商业应用软件通常有几百、上千甚至上万行程序代码,为了降低开发较大规模软件的复杂度,一般情况下,必须把一个较大的应用程序分为若干个小的程序模块,每一模块专门用来实现一个特定的功能。这样做的实质是把一个大的问题进行拆分、简化为多个小的部分,每个部分用来独立完成某项功能。

在 C 语言中,每个模块的功能是由函数完成的。函数是 C 语言中模块化编程的最小单位,可以把每个函数看作一个模块。如果把编写程序比作制造一台机器,那么函数就好比其零部件,可将这些“零部件”单独设计、调试、测试好,用时拿出来装配,再总体调试。这些“零部件”可以是自己设计制造,也可以是别人设计制造的或现成的标准产品。也可以将若干相关的函数合并成一个“程序模块”。一个 C 语言程序可以由一个或多个源程序文件组成,一个源程序文件可以由一个或多个函数组成。

【引例】　某一班级有 5 个学习小组,每个学习小组有 4～7 名学生不等,每个学生学习 6 门课程,试编写程序:① 求每个学生的平均成绩;② 求每一门课程的平均成绩;③ 找出有两门以上(含两门)课程不及格以及平均成绩不及格的学生;④ 求平均分方差。

问题分析:

本例中有 5 个学习小组,由于每个学习小组的学生数不等,所以不能采用循环来实现,而又不能多次重复书写基本相同的程序段,因此,本例适合使用函数来实现。具体是编写一个主函数、4 个用户定义的函数,由主函数分别调用 4 个用户定义的函数。

对于比较复杂的程序,模块化程序设计就是对一个复杂的问题采用“分而治之”的策略,把一个较大的程序划分成若干个模块,每个模块只完成一个或者若干个功能,每一个功能通常由一个或多个自定义函数来实现。由于采用了函数模块式的结构,C 语言易于实现结构化程序设计,使程序的层次结构清晰,便于程序的编写、阅读和调试。

7.1.2　函数的基本概念

前面已经介绍过,C语言源程序是由函数组成的。虽然在前面各章的程序中大都只有一个主函数 main(),但应用程序往往由多个函数组成。函数是 C 语言源程序的基本模块,通过对函数模块的调用实现特定的功能。C 语言中的函数相当于其他高级语言的子程序。C 语言不仅提供了极为丰富的库函数,还允许用户建立自己定义的函数。用户可把自己的算法编成一个个相对独立的函数模块,然后通过调用的方法来使用函数。C 语言程序的全部工作都是由各式各样的函数完成的,所以也把 C 语言称为函数式语言。

一个 C 程序可由一个主函数和若干个其他函数构成,并且只能有一个主函数。由主函数来调用其他函数,其他子函数之间也可以互相调用。

C 程序的执行总是从 main()函数开始,main()函数调用其他函数完毕后,程序流程回到main()函数,继续执行主函数中的其他语句,直到 main()函数结束,则整个程序的运行结束。main()函数是由系统定义的。C 语言所有的函数都是平行的,即在函数定义时它们是互相独立的,函数之间并不存在从属关系。也就是说,函数不能嵌套定义,函数之间可以互相调用,但不允许调用 main()函数。

本章主要介绍 C 语言的用户定义的函数,包括自定义函数的定义与调用、自定义函数的参数与返回值、自定义函数的嵌套与递归、数组作为函数的参数、变量的作用域等。

7.2　函数的定义

7.2.1　函数的分类

1. 从用户使用的角度看

函数有两种:标准函数和自定义函数。

(1) 标准函数,即库函数。这些函数由符合标准的 C 语言编译器提供,函数的行为也符合ANSI/ISO C 的定义,可以直接使用。

(2) 自定义的函数。是用以解决用户需要时定义的函数。

2. 从函数的形式看

函数分为两类:无参函数和有参函数。

7.2.2　函数的定义

1. 无参函数的定义

类型标识符　函数名()

{　　声明部分

　　　语句部分

}

其中,类型标识符和函数名称为函数头。类型标识符指明了本函数的类型,函数的类型实际上是函数返回值的类型,该类型标识符与前面介绍的各种说明符相同。函数名是由用户定义的标识符,函数名后有一个空括号,其中无参数,但括号不可少。

在很多情况下都不要求无参函数有返回值,此时函数类型符可以写为 void。

"{ }"中的内容称为函数体。在函数体中声明部分,是对函数体内部所用到的变量的类型说明。

例如：

void Hello( )

{

    printf ("Hello world \n")；

}

这里，Hello 作为函数名，Hello 函数是一个无参函数，当被其他函数调用时，输出"Hello world"字符串。

2. 有参函数的定义

类型标识符 函数名（形参表列）

{   声明部分

     语句部分

}

有参函数比无参函数多了一个内容，即形参表列。在形参表中给出的参数称为形式参数，它们可以是各种类型的变量，各参数之间用逗号间隔。在进行函数调用时，主调函数将给这些形参赋予实际的值。形参既然是变量，必须在形参表中给出形参的类型说明。

例如，定义一个函数 max，用于求两个数中的大数，可写为：

int max(int a，int b)

{

    if （a＞b) return a；

    else return b；

}

该函数的第一行前面的 int 说明 max 函数是一个整型函数，其返回的函数值是一个整数，即函数的调用结果是整型。形参 a、b 均为整型变量，a、b 的具体值是由主调函数在调用时传送过来的。在"{ }"中的函数体内，除形参外没有使用其他变量，因此只有语句而没有声明部分。在 max 函数体中的 return 语句是把 a(或 b)的值作为函数的值返回给主调函数，有返回值的函数中至少应有一个 return 语句。

在 C 程序中，一个函数的定义可以放在任意位置，既可放在主函数 main 之前，也可放在 main 之后。

7.3   函数的调用和返回值

7.3.1   函数的调用的形式和方式

1. 函数调用的一般形式

前面已经说过，在程序中是通过对函数的调用来执行函数体的。C 语言中，函数调用的一般形式为：

函数名（实参表）

对无参函数调用时则无实参表。实参表中的参数可以是常数、变量或其他构造类型数据及表达式，各个实参之间用逗号分隔。

2. 函数调用的方式

在 C 语言中,可以用以下 3 种方式调用函数:

(1) 函数表达式。函数调用作为表达式中的一项出现在表达式中,以函数返回值参与表达式的运算,这种方式要求函数是有返回值的。例如:z＝max(x,y)是一个赋值表达式,把 max 的返回值赋予变量 z。

(2) 函数语句。把函数调用单独作为一个语句,即在函数调用的一般形式加上分号即构成函数语句。

例如:scanf ("％d",＆a);printf ("％d",a);都是以函数语句的方式调用函数。

(3) 函数实参。把函数调用作为另一个函数调用的实参出现,这种情况是把该函数的返回值作为实参进行传送,因此要求该函数必须是有返回值的。例如,printf("％d",max(x,y));即是把 max 调用的返回值又作为 printf 函数的实参来使用的。

注意:在函数调用中求值顺序问题。所谓求值顺序是指对实参表中各量是自左至右使用呢,还是自右至左使用,对此,各系统的规定不一定相同。

例如:

```
#include <stdio. h>
void main()
{
    int i＝8;
    printf("％d,％d,％d,％d\n",＋＋i,－－i,i＋＋,i－－);
    //参数求值顺序为从右至左
}
```

如按照从右至左的顺序求值。运行结果应为:8,7,7,8

如对 printf 语句中的＋＋i,－－i,i＋＋,i－－从左至右求值,结果应为:9,8,8,9

应特别注意的是,无论是从左至右求值,还是自右至左求值,其输出顺序都是不变的,即输出顺序总是和实参表中实参的顺序相同。

7.3.2　函数调用时的参数传递

1. 形式参数和实际参数

函数的参数分为形式参数和实际参数。形式参数简称形参,形参出现在函数定义中,在整个函数体内都可以使用,离开该函数则不能使用;实际参数简称实参,实参出现在主调函数中,进入被调函数后,实参变量也不能使用。实参和形参的功能主要是进行数据传送。当发生函数调用时,主调函数把实参的值传送给被调函数的形参,从而实现主调函数向被调函数的数据传送。

2. 形参和实参的特点

(1) 形参变量只有在被调用时才分配内存单元,在调用结束时,即刻释放所分配的内存单元。因此,形参只有在函数内部有效。函数调用结束返回主调函数后则不能再使用该形参变量。

(2) 实参可以是常量、变量、表达式、函数等,无论实参是何种类型的量,在进行函数调用时,它们都必须具有确定的值,以便把这些值传送给形参。因此应预先用赋值、输入等办法使实参获得确定值。

（3）实参和形参在数量上、类型上、顺序上应严格一致，否则会发生"类型不匹配"的错误。

（4）函数调用中发生的数据传送是单向的。即只能把实参的值传送给形参，而不能把形参的值反向地传送给实参。因此，在函数调用过程中，形参的值发生改变，而实参中的值不会变化。

【例 7.1】 利用自定义函数的方法求两个数中的大数。

程序代码如下：

```
#include <stdio.h>
int max(int a,int b)        //第2行,函数定义开始
{
    if(a>b)
        return a;           //函数的返回值
    else
        return b;           //函数的返回值
}                           //第8行
void main()
{
    int max(int a,int b);   //第11行,函数声明
    int x,y,z;
    printf("输入两个数:");
    scanf("%d,%d",&x,&y);
    z=max(x,y);             //函数调用
    printf("最大数是:%d\n",z);
}
```

程序中第 2 行至第 8 行为 max 函数定义。进入主函数 main()后，因为准备调用 max 函数，故先对 max 函数进行声明（程序中第 11 行）。函数定义和函数声明并不是一回事，在后面还要专门讨论。可以看出函数声明与函数定义中的函数头部分相同，但是末尾要加分号。程序中第 15 行为调用 max 函数，并把实参 x,y 中的值传送给 max 的形参 a,b。max 函数执行的结果（a 或 b）将返回给变量 z，最后由主函数输出 z 的值。

7.3.3 函数的返回值

1. 返回语句

函数的值又称函数的返回值，是指函数被调用之后，执行函数体中的程序段所取得的并返回给主调函数的值。例如，调用正弦函数取得正弦值，调用前面的 max 函数取得的最大数等。函数的值只能通过 return 语句返回主调函数。

return 语句的一般形式为：

return 表达式；

或者为：

return（表达式）；

该语句的功能是计算表达式的值，并返回给主调函数。在函数中允许有多个 return 语句，但每次调用只能有一个 return 语句被执行，因此只能返回一个函数值。

2. 函数值的类型

（1）函数值的类型和函数定义中函数的类型应保持一致。如果两者不一致，则以函数类型为准，自动进行类型转换。

（2）如果函数值为整型，则在函数定义时可以省去类型说明。

（3）不返回函数值的函数，可以明确定义为"空类型"，类型说明符为"void"。

一旦函数被定义为空类型后，就不能在主调函数中使用被调函数的函数值了。为了使程序有良好的可读性并减少出错，凡不要求返回值的函数都应定义为空类型。

7.3.4 被调用函数的声明

1. 被调用函数的声明及其一般形式

在主调函数中调用某函数之前应对该被调函数进行声明（函数原型），这与使用变量之前要先进行变量声明是一样的。在主调函数中对被调函数作声明的目的是使编译系统知道被调函数返回值的类型，以便在主调函数中按此种类型对返回值作相应的处理。

被调用函数的声明的一般形式为：

类型说明符 被调函数名（类型 形参，类型 形参，…）；

或为：

类型说明符 被调函数名（类型，类型，…）；

括号内给出了形参的类型和形参名，或只给出形参类型。这便于编译系统进行检错，以防止可能出现的错误。

例如，前面的 main 函数中对 max 函数的声明为：

int max(int a,int b);

或写为：

int max(int,int);

2. 可以省去对被调函数进行声明的情况

C 语言中又规定在以下几种情况时可以省去主调函数中对被调函数的声明。

（1）如果被调函数的返回值是整型或字符型时，可以不对被调函数作声明，而直接调用。这时系统将自动对被调函数返回值按整型处理。

（2）当被调函数的函数定义出现在主调函数之前时，在主调函数中也可以不对被调函数再作声明而直接调用。例如前面的函数 max 的定义放在 main 函数之前，因此可在 main 函数中省去对 max 函数的函数声明 int max(int a,int b);

（3）如在所有函数定义之前，在函数外预先声明了各个函数的类型，则在以后的各主调函数中，可不再对被调函数作声明。例如：

```
char str(int a);
float f(float b);
main()
{
    …
}
char str(int a)
{
```

```
    …
}
float f(float b)
{
    …
}
```

上述第一、二行对 str 函数和 f 函数预先作了声明。因此在以后各函数中无须对 str 和 f 函数再作声明就可直接调用。

（4）对库函数的调用不需要再作声明，但必须把该函数的头文件用 include 命令包含在源文件前部。

注意：函数定义与函数声明的区别。函数定义是指函数功能的确立，指定函数名、函数类型、形参及类型、函数体等，是完整独立的单位。而函数声明只是对函数名、返回值类型、形参类型的声明，不包括函数体，是一条语句，以分号结束，只起一个声明作用。

7.4　函数的嵌套调用与递归调用

7.4.1　函数的嵌套调用

C语言中不允许作嵌套的函数定义。因此各函数之间是平行的，不存在上一级函数和下一级函数的问题。但是 C 语言允许在一个函数的定义中出现对另一个函数的调用，这样就出现了函数的嵌套调用，即在被调函数中又调用其他函数，其关系可表示为如图7-1所示。

图7-1中表示了三层嵌套调用的情形。其执行过程是：执行 main 函数中调用 a 函数的语句时，即转去执行 a 函数，在 a 函数中调用 b 函数时，又转去执行 b 函数，在 b 函数中调用 c 函数时，又转去执行 c 函数，c 函数执行完毕返回 b 函数的断点继续执行，b 函数执行完毕返回 a 函数的断点继续执行，a 函数执行完毕返回 main 函数的断点继续执行。

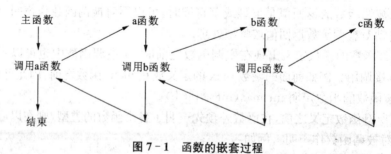

图 7-1　函数的嵌套过程

【例 7.2】 输入 3 个整数，求其中的最大数。要求采用函数嵌套调用的方法。

（1）算法分析。

根据题目的要求，要用函数嵌套调用的方法实现。首先在主函数中输入 3 个整数，然后调用 max1 函数，求 3 个数中的最大数；在 max1 函数中再调用另一个 max2 函数求两个数中的较大数。在 max1 函数中通过两次调用 max2 函数，可以求出 3 个数中的最大者，然后返回主函数 main，在 main 函数中输出结果。

（2）程序设计。

```
#include <stdio. h>
void main()
{
    int max1(int x,int y,int z);    //被调用函数 max1 声明
    int a,b,c,max;
    printf("请输入 3 个整数:\n");
    scanf("%d,%d,%d",&a,&b,&c);
    max=max1(a,b,c);            //调用函数 max1
    printf("最大数是:%d\n",max);
}
int max1(int x,int y,int z)        //max1 函数定义
{
    int max2(int m,int n);        //被调用函数 max2 声明
    int p;
    p=max2(x,y);                //调用函数 max2,嵌套调用
    p=max2(p,z);                //调用函数 max2,嵌套调用
    return (p);                  //返回 p 的值
}
int max2(int m,int n)            //max2 函数定义
{
    if(m>n) return (m);
    else return (n);
}
```

7.4.2　函数的递归调用

　　一个函数在它的函数体内直接或间接地调用它自身,称为函数的递归调用,这样的函数称为递归函数。一个函数在它的函数体内直接地调用它自身,称为直接递归;一个函数在它的函数体内间接地调用它自身,称为间接递归。

　　例如,直接递归:

```
int f(int x)
{
    int y=5,z;
    z=f(y);
    return z;
}
```

本例中,在函数 f 的函数体中调用自身 f,这是一种直接递归的情形。

　　例如,间接递归函数:

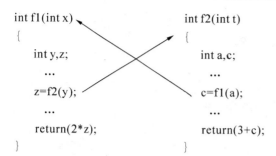

```
int f1(int x)                    int f2(int t)
{                                {
    int y,z;                         int a,c;
    ...                              ...
    z=f2(y);                         c=f1(a);
    ...                              ...
    return(2*z);                     return(3+c);
}                                }
```

本例中,在函数 f1 的函数体中调用函数 f2,而在函数 f2 的函数体中调用函数 f1,这是一种间接递归的情形。

上面的例子是递归函数的两种情形,但是运行上面的函数时将无休止地调用其自身,这显然是不正确的。为了防止递归调用无终止地进行,必须在函数内有终止递归调用的条件。C语言允许函数的递归调用。在递归调用中,主调函数又是被调函数。执行递归函数将反复调用其自身,每调用一次就进入新的一层。常用的办法是加条件判断,满足某种条件后就不再进行递归调用,然后逐层返回。下面举例说明递归调用的执行过程。

【例 7.3】 有 5 个人坐在一起,问第 5 个人多少岁? 他说比第 4 个人大 2 岁;问第 4 个人岁数,他说比第 3 个人大 2 岁;问第 3 个人,又说比第 2 个人大 2 岁;问第 2 个人,说比第 1 个人大 2 岁;最后问第 1 个人,他说是 10 岁。编写程序用递归法求第 5 个人的年龄。

(1) 算法分析。

年龄问题的递归公式表述如下:

$$age(n)=\begin{cases} 10 & n=1 \\ age(n-1)+2 & n>1 \end{cases}$$

第 5 个人的年龄:$age(5)=age(4)+2$

第 4 个人的年龄:$age(4)=age(3)+2$

第 3 个人的年龄:$age(3)=age(2)+2$

第 2 个人的年龄:$age(2)=age(1)+2$

第 1 个人的年龄:$age(1)=10$

(2) 程序设计。

用一个函数来描述上述递归过程:

```
int age(int n)                   //求年龄的递归函数
{   int c;                       //c 用作存放函数的返回值的变量
    if(n==1)
        c=10;                    //n=1 时,年龄为 10
    else
        c=age(n-1)+2;            //n 不为 1 时,进行递归
    return(c);                   //返回 c 的值
}
```

主函数调用 age 函数,求得第 5 人的年龄。

```
#include <stdio.h>
void main()
{
```

```
    printf("第 5 人的年龄:%d\n",age(5)); //在 printf 函数中嵌套调用 age
}
```

（3）程序运行结果。

第 5 人的年龄:18

程序中给出的函数 age 是一个递归函数。主函数调用 age 后即进入函数 age 执行,如果 n＝1 时将结束函数的执行,否则就递归调用 age 函数自身。由于每次递归调用的实参为 n－1,即把 n－1 的值赋给形参 n,最后当 n－1 的值为 1 时再作递归调用,形参 n 的值也为 1,将使递归终止,然后可逐层退回。

下面具体说明该过程。在主函数中的调用 age(5),进入 age 函数后,由于 n＝5,不等于 1,故应执行 c＝age(n－1)＋2,即 c＝age(5－1)＋2,该语句对 age 作递归调用即 age(4),同样再次进入 age 函数,过程与上述类似……进行 4 次递归调用后,age 函数形参取得的值变为 1,故不再继续递归调用而开始逐层返回主调函数。age(1)的函数返回值为 10,age(2)的返回值为 10＋2＝12,age(3)的返回值为 12＋2＝14,age(4)的返回值为 14＋2＝16,最后返回值 age(5) 为 16＋2＝18。

【例 7.4】　采用递归调用计算 $n!$

（1）算法分析。

计算 $n!$ 的递归定义公式:

$$n! = \begin{cases} 1 & n=0 \text{ 或 } n=1 \\ n \times (n-1)! & n>1 \end{cases}$$

（2）程序设计。

按照递归公式,编写求 $n!$ 的递归函数如下:

```
#include <stdio.h>
long fac(int n)            //求阶乘的递归函数
{
    long f;
    if(n<0) printf("n<0,input error");
    else if(n==0||n==1)
      f=1;                 //n 为 0 或为 1 时,阶乘为 1
    else
      f=n*fac(n-1);  //n 不为 0 或 1 时,递归求阶乘
    return(f);             //返回 f 的值
}
```

调用递归函数的主函数如下:

```
void main()
{
    int n; long y;
    do                     //循环用于控制输入一个大于或等于 0 的数
    {
        printf("请输入一个正整数:");
        scanf("%d",&n);
```

```
    }while(n<0);
    y=fac(n);          //调用递归函数
    printf("%d! =%ld\n",n,y);
}
```

（3）程序运行结果。

请输入一个正整数:5

5! =120

程序中给出的函数 fac 是一个递归函数。主函数调用 fac 后即进入函数 fac 执行,如果 n=0 或 n=1 时都将结束函数的执行,否则就递归调用 fac 函数自身。由于每次递归调用的实参为 n-1,即把 n-1 的值赋给形参 n,最后当 n-1 的值为 1 时再作递归调用,形参 n 的值也为 1,将使递归终止。然后逐层退回。

下面举例说明该过程。设执行本程序时输入为 5,即求 5!。在主函数中的调用语句即为 y=fac(5),进入 fac 函数后,由于 n=5,不等于 0 或 1,故应执行 f=fac(n-1)*n,即 f=fac(5-1)*5。该语句对 fac 作递归调用即 fac(4),同样再次进入 fac 函数,过程与上述类似……进行 4 次递归调用后,fac 函数形参取得的值变为 1,故不再继续递归调用而开始逐层返回主调函数。fac(1)的函数返回值为 1,fac(2)的返回值为 $1\times2=2$,fac(3)的返回值为 $2\times3=6$,fac(4)的返回值为 $6\times4=24$,最后返回值 fac(5)为 $24\times5=120$。

【例7.5】 汉诺塔(Hanoi)问题。一块板上有 A、B、C 三根针,A 针上套有 64 个大小不等的圆盘,大的在下,小的在上。8 层汉诺塔如图 7-2 所示。要把这 64 个圆盘从 A 针移动到 C 针上,每次只能移动一个圆盘,移动时可以借助 B 针进行。但在任何时候,任何针上的圆盘都必须保持大盘在下,小盘在上,编写程序求移动圆盘的步骤。

（1）算法分析。

设 A 针上有 n 个盘子,当 n 大于等于 2 时,移动的过程可分解为 3 个步骤:

第 1 步:把 A 针上的 n-1 个圆盘移到 B 针上;

第 2 步:把 A 针上的一个圆盘移到 C 针上;

第 3 步:把 B 针上的 n-1 个圆盘移到 C 针上;

其中,第 1 步和第 3 步应继续递归下去,直到搬动一个圆盘为止,整个搬动过程将达到 2^n-1 次。

图 7-2 8 层汉诺塔示意图

下面分析三种情况:

第一种情况:如果 n=1,则将圆盘从 A 针直接移动到 C 针上;

第二种情况:如果 n=2,则:

① 将 A 针上的 1 个圆盘移到 B 针上；

② 再将 A 针上的一个圆盘移到 C 针上；

③ 最后将 B 针上的于 1 个圆盘移到 C 针上。

第三种情况：如果 $n=3$，则：

① 将 A 针上的 $n-1$（等于 2，令其为 n'）个圆盘移到 B 针（借助于 C 针），步骤如下：

第 1 步：将 A 针上的 $n'-1$（等于 1）个圆盘移到 C 针上。

第 2 步：将 A 针上的一个圆盘移到 B 针上。

第 3 步：将 C 针上的 $n'-1$（等于 1）个圆盘移到 B 针上。

② 将 A 针上的一个圆盘移到 C 针上。

③ 将 B 针上的 $n-1$（等于 2，令其为 n'）个圆盘移到 C 针（借助 A 针），步骤如下：

第 1 步：将 B 针上的 $n'-1$（等于 1）个圆盘移到 A 针上。

第 2 步：将 B 针上的一个盘子移到 C 针上。

第 3 步：将 A 针上的 $n'-1$（等于 1）个圆盘移到 C 针上。

到此，完成了三个圆盘的移动过程。

当 $n=3$ 时，第一步和第三步又分解为类同的三步，即把 $n'-1$ 个圆盘从一个针移到另一个针上，这里的 $n'=n-1$。

(2) 程序设计。

实现上述搬圆盘的要求，可以定义以下两个函数：

① hanoi(n,A,C,B) 递归函数：实现将 A 针上的 n 个圆盘移动到 C 针上，借助于 B 针。

② move(m,from,to) 函数：输出将 m 号圆盘从 from 针移动到 to 针的信息。其中的 m 是圆盘序号，from 和 to 表示 A 针、B 针或 C 针。

求解汉诺塔问题的递归法程序代码如下：

```c
#include <stdio.h>
move(int m,char from,char to)    //move 函数定义
{
    printf("%d 号圆盘从%c 针移到%c 针\n",m,from,to);
}
void hanoi(int n,char A,char C,char B)  //hanoi 递归函数
{
    if(n==1)
        move(n,A,C);              //只有一个圆盘,直接从 A 针到 C 针
    else
    {
        hanoi(n-1,A,B,C);         //将 n-1 个圆盘从 A 针到 B 针,借助于 C 针
        move(n,A,C);             //将 A 针上最后一个圆盘移动到 C 针
        hanoi(n-1,B,C,A);        //将 n-1 个圆盘从 B 针到 C 针,借助于 A 针
    }
}
void main()                      //主函数
{
```

```
    int n;
    printf("请输入移动的圆盘数:\n");
    scanf("%d",&n);                    //输入移动的圆盘数
    printf("移动 %d 个圆盘的过程如下:\n",n);
    hanoi(n, 'A', 'C', 'B');        //将 n 个圆盘从 A 针到 C 针,借助于 B 针
}
```

（3）程序运行的结果。

请输入移动的圆盘数:3

移动 3 个圆盘的过程如下:

1 号圆盘从 A 针移到 C 针

2 号圆盘从 A 针移到 B 针

1 号圆盘从 C 针移到 B 针

3 号圆盘从 A 针移到 C 针

1 号圆盘从 B 针移到 A 针

2 号圆盘从 B 针移到 C 针

1 号圆盘从 A 针移到 C 针

有人曾计算过,当 $n=64$ 时,所需移动的次数为 18446744073709551615,即 1844 亿亿次。若按每次耗时 1 微秒计算,则完成 64 个圆盘的移动将需要 60 万年!

7.5 数组作为函数参数

数组可以作为函数的参数使用,进行数据传送。数组用作函数参数有两种形式,一种是把数组元素作为实参使用;另一种是把数组名作为函数的形参和实参使用。

7.5.1 数组元素作函数实参

数组元素就是下标变量,它与普通变量并无区别。因此它作为函数实参使用与普通变量是完全相同的,在发生函数调用时,把作为实参的数组元素的值传送给形参,实现单向的值传送。

【例 7.6】 输入 10 个学生的学号及成绩,输出成绩最高的学生的学号及成绩。

（1）算法分析。

本例中定义一个 10 行 2 列的二维数组,第一列表示学号,第二列表示成绩。定义一个函数求 10 个学生成绩中的最高者,数组元素作为函数的参数。

（2）程序设计。

```
#include <stdio.h>
void main()
{
    int max(int x,int y);          //被调用函数说明
    int a[10][2],m,n,i;
    printf("请输入 10 个学生的学号及成绩:\n");
    for(i=0;i<10;i++)              //输入 10 学生的学号及成绩
        scanf("%d,%d",&a[i][0],&a[i][1]);
```

```
        printf("\n");
        m=a[0][1]; n=0;
        for(i=1;i<10;i++)
        {  if(max(m,a[i][1])>m) //调用 max 函数,一个实参为数组元素
            {   m=max(m,a[i][1]);
                n=i;
            }
        }
        printf("成绩最高的学生:学号是%d,成绩是%d\n",a[n][0],a[n][1]);
}
int max(int x,int y)            //求两个数中的较大数函数
{
        if(x>y) return (x);
        else return (y);
}
```

本程序中,主函数调用 max 函数时,其中的一个实参 a[i][1]是二维数组中的一个元素,它在进行参数结合时,将数组元素的值传递给形参,即将 a[i][1]的值传递给形参 y,参数之间的数据传递是单向传递。

7.5.2　数组名作为函数参数

1. 用数组名作函数参数与用数组元素作实参的不同

（1）用数组元素作实参时,只要数组类型和函数的形参变量的类型一致,那么作为下标变量的数组元素的类型也和函数形参变量的类型是一致的。因此,并不要求函数的形参也是下标变量。换句话说,对数组元素的处理是按普通变量对待的。用数组名作函数参数时,则要求形参和相对应的实参都必须是类型相同的数组,都必须有明确的数组声明。当形参和实参二者不一致时,就会发生错误。

（2）在普通变量或下标变量作函数参数时,形参变量和实参变量是由编译系统分配的两个不同的内存单元。在函数调用时发生的值传送是把实参变量的值赋予形参变量。在用数组名作函数参数时,不是进行值的传送,即不是把实参数组的每一个元素的值都赋予形参数组的各个元素。因为实际上形参数组并不存在,编译系统不为形参数组分配内存。那么数据的传送是如何实现的呢? 我们已经知道,数组名就是数组的首地址。因此在数组名作函数参数时所进行的传送只是地址的传送,也就是说把实参数组的首地址赋予形参数组名。形参数组名取得该首地址之后,也就等于有了实在的数组。实际上是形参数组和实参数组为同一数组,共同拥有一段内存空间。

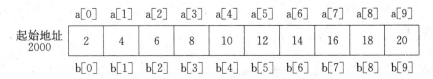

图 7-3　数组名作为参数的情形

图 7-3 说明了这种情形。图中设 a 为实参数组，类型为整型。a 占有以 2000 为首地址的一块内存区。b 为形参数组名。当发生函数调用时，进行地址传送，把实参数组 a 的首地址传送给形参数组名 b，于是 b 也取得该地址 2000。于是 a，b 两数组共同占有以 2000 为首地址的一段连续内存单元。从图中还可以看出 a 和 b 下标相同的元素实际上也占相同的两个内存单元（整型数组每个元素占二字节）。例如 a[0] 和 b[0] 都占用 2000 和 2001 单元，当然 a[0] 等于 b[0]。类推则有 a[i] 等于 b[i]。

【例 7.7】　在一个二维数组中存放了 10 个学生的学号及 C 语言程序设计的考试成绩，输出超过平均成绩的学生的学号和成绩。

(1) 算法分析。

本例采用一个 10 行 2 列的二维数组 sc 存放 10 个学生的学号及 C 语言程序设计的考试成绩，通过 average 函数求 10 个学生的平均成绩 av，返回给主调函数中的 ave 变量，最后在主函数中将所有学生的成绩分别与 ave 比较，如果超过平均值，则输出该学生的学号和成绩。

(2) 程序设计。

```c
#include <stdio.h>
void main()
{
    float average(float a[][2]);    //被调用 average 函数说明
    float sc[10][2],ave;
    int i;
    printf("请输入 10 个学生的学号及成绩:\n");
    for(i=0;i<10;i++)     //输入 10 学生的学号及成绩
        scanf("%d,%d",&sc[i][0],&sc[i][1]);
    printf("\n");
    ave=average(sc);        //调用 average 函数,实参为数组名 sc
    for(i=0;i<10;i++)     //输出超过平均值的学生
        if(sc[i][1]>ave)
            printf("超过平均成绩的学生:学号是%d,成绩是%d\n",sc[i][0],sc[i][1]);
}
float average(float a[][2])    //求平均值 average 函数
{
    int i;
    float av,sum;
    sum=0;
    for(i=0;i<10;i++)
        sum+=a[i][1];
    av=sum/10.0;
    return (av);
}
```

本程序首先定义了一个实型函数 average，有一个形参为 10 行 2 列的二维实型数组 a，在该函数中，把二维数组第二列各元素值相加并求出平均值，返回给主函数。主函数 main 中首先完成二维数组 sc 的数据输入,然后以 sc 作为实参调用 average 函数,函数返回值送 ave,最后将二维数组中超过 ave 值的学生信息输出(包括学号和成绩)。从运行情况可以看出,程序实现了所要求的功能。

(3) 在变量作函数参数时,所进行的值传送是单向的。即只能从实参传向形参,不能从形参传回实参。形参的初值和实参相同,而形参的值发生改变后,实参并不变化,两者的终值是不同的。而当用数组名作函数参数时,情况则不同。由于实际上形参和实参为同一数组,因此当形参数组发生变化时,实参数组也随之变化。当然这种情况不能理解为发生了“双向”的值传递。但从实际情况来看,调用函数之后实参数组的值将由于形参数组值的变化而变化。

2. 用数组名作为函数参数时的注意点

(1) 形参数组和实参数组的类型必须一致,否则将引起错误。

(2) 形参数组和实参数组的长度可以不相同,因为在函数调用时,只传送数组首元素的地址而不检查形参数组的长度。当形参数组的长度与实参数组不一致时,虽不至于出现语法错误(编译能通过),但程序执行结果将与实际不符,这是应予以注意的。

(3) 一维数组作为形参时可以不给出数组的长度。

例如:

float min(int b[ ])

(4) 多维数组也可以作为函数的参数。在函数定义时对形参数组可以指定每一维的长度,也可以省去第一维的长度。因此,以下写法都是合法的。

int max(int a[3][10])

或

int max(int a[ ][10])。

7.6　变量的作用域与存储类别

在讨论函数的形参变量时曾经提到,形参变量只在被调用期间才分配内存单元,调用结束立即释放。这一点表明形参变量只有在函数内才是有效的,离开该函数就不能再使用了。这种变量有效性的范围称为变量的作用域。不仅对于形参变量有作用域,C 语言中所有的变量都有自己的作用域。变量说明的方式不同,其作用域也不同。C 语言中的变量,按照作用域范围可分为两种,即局部变量和全局变量。

7.6.1　局部变量

1. 局部变量的概念

局部变量也称为内部变量。局部变量是在函数内作定义说明的,其作用域仅限于函数内,离开该函数后再使用这种变量是非法的。

例如:

```
int f1(int a)        //函数 f1
{
    int b,c;
    …
}
a,b,c 有效
```

```
int f2(int x)              //函数 f2
{
    int y,z;
    …
}
```
x,y,z 有效
```
void main()
{
    int m,n;
    …
}
```
　m,n 有效

　　在函数 f1 内定义了三个变量,a 为形参,b,c 为一般变量。在 f1 的范围内 a,b,c 有效,或者说 a,b,c 变量的作用域限于 f1 内。同理,x,y,z 的作用域限于 f2 内。m,n 的作用域限于 main 函数内。

2. 局部变量的作用域

　　(1) 主函数中定义的变量也只能在主函数中使用,不能在其他函数中使用。同时,主函数中也不能使用其他函数中定义的变量。因为主函数也是一个函数,它与其他函数是平行的关系。

　　(2) 形参变量是属于被调函数的局部变量,实参变量是属于主调函数的局部变量。

　　(3) 允许在不同的函数中使用相同的变量名,它们代表不同的对象,分配不同的单元,互不干扰,也不会发生混淆。如在前例中,形参和实参的变量名都为 n,是完全允许的。

　　(4) 在复合语句中也可定义变量,其作用域只在复合语句范围内。

　　例如:
```
void main()
{
    int s,a;
    …
    {
    int b;
    s=a+b;
    …            //b 作用域
    }
    …            //s,a 作用域
}
```
　　例如:
```
void main()
{
    int i=2,j=3,k;
    k=i+j;
```

```
    {
        int k＝8;        //这里的 k 只在复合语句中起作用
        printf("%d\n",k);
    }
    printf("%d\n",k);
}
```

本程序在 main 函数中定义了 i,j,k 三个变量,其中 k 未赋初值。而在复合语句内又定义了一个变量 k,并赋初值为 8。应该注意这两个 k 不是同一个变量。在复合语句外由 main 函数定义的 k 起作用,而在复合语句内则由在复合语句内定义的 k 起作用。因此程序第 4 行的 k 为 main 函数所定义,其值应为 5。第 7 行输出 k 值,该行在复合语句内,由复合语句内定义的 k 起作用,故第 7 行输出的是 8。而第 9 行已在复合语句之外,输出的 k 应为 main 函数所定义的 k,此 k 值由第 4 行已获得为 5,故输出为 5。

7.6.2　全局变量

全局变量也称为外部变量,它是在函数外部定义的变量。它不属于哪一个函数,它属于一个源程序文件,其作用域是整个源程序。在函数内使用全局变量,一般是在函数外进行说明。

例如:

```
int a,b;            //外部变量
void f1()           //函数 f1
{
    …
}
float x,y;          //外部变量
int fz()            //函数 fz
{
    …
}
void main()         //主函数
{
    …
}
```

从上例可以看出 a、b、x、y 都是在函数外部定义的外部变量,都是全局变量。但 x,y 定义在函数 f1 之后,而在 f1 内又无对 x,y 的说明,所以它们在 f1 内无效。a,b 定义在源程序最前面,因此在 f1,f2 及 main 内不加说明也可使用。

【**例 7.8**】　在数组中存放了 10 个学生的学号及成绩,利用函数的方法求最高分、最低分以及平均成绩。

```
#include <stdio.h>
float max=0,min=0;              //max、min 为全局变量
void main()
{   float average(float a[][2],int n); //被调用函数说明
```

```
        float ave,score[10][2];
        int i;
        for(i=0;i<10;i++)          //输入 10 学生的学号及成绩
            scanf("%f,%f",&score[i][0],&score[i][1]);
        ave=average(score,10);     //调用函数求平均成绩
        printf("max=%6.2f\nmin=%6.2f\naverage=%6.2f\n",max,min,ave);
    }
    float average(float a[][2],int n)   //定义函数,形参 a[][2]为二维数组
    {       int i;
            float aver,sum=0;
            max=min=a[0][1];
            for(i=0;i<n;i++)
            {
                if(a[i][1]>max) max=a[i][1];
                else if(a[i][1]<min) min=a[i][1];
                sum=sum+a[i][1];
            }
            aver=sum/n;
            return(aver);
    }
```

注意:外部变量与局部变量同名时的处理。
例如:

```
int a=3,b=5;       //a,b 为外部变量
int max(int a,int b)
{   int c;
    c=a>b? a:b;
    return(c);
}
void main()
{   int a=8;           //外部变量被"屏蔽"
    printf("%d\n",max(a,b));
}
```

如果同一个源文件中,外部变量与局部变量同名,则在局部变量的作用范围内,外部变量被"屏蔽",即它不起作用。

7.6.3　变量的存储类型

1. 静态存储方式与动态存储方式

从变量的作用域(即从空间)角度来看,可以分为全局变量和局部变量。从另一个角度,从变量值存在的作用时间(即生存期)角度来看,可以分为静态存储方式和动态存储方式。静态存储方式是指在程序运行期间分配固定的存储空间的方式。动态存储方式是在程序运行期间

根据需要进行动态地分配存储空间的方式。

用户存储空间一般可以分为三个部分：程序区、静态存储区和动态存储区。全局变量全部存放在静态存储区，在程序开始执行时给全局变量分配存储区，程序执行完毕就释放。在程序执行过程中它们占据固定的存储单元，而不动态地进行分配和释放。

动态存储区存放以下数据：函数形式参数、自动变量（未加 static 声明的局部变量）和函数调用时的现场保护和返回地址。对以上这些数据，在函数开始调用时分配动态存储空间，函数结束时释放这些空间。

在 C 语言中，每个变量和函数有两个属性：数据类型和数据的存储类别。

2. 自动局部变量

函数中的局部变量，如不专门声明为 static 存储类别，都是动态地分配存储空间的，数据存储在动态存储区中。函数中的形参和在函数中定义的变量（包括在复合语句中定义的变量）都属此类，在调用该函数时系统会给它们分配存储空间，在函数调用结束时就自动释放这些存储空间，这类局部变量称为自动局部变量或自动变量。自动变量用关键字 auto 作存储类别的声明。

例如：

```
int  f(int a)           //定义 f 函数,a 为参数
{  auto int b,c=3；     //定义 b,c 自动变量
   …
}
```

a 是形参，b，c 是自动变量，对 c 赋初值 3。执行完 f 函数后，自动释放 a，b，c 所占的存储单元。关键字 auto 可以省略，auto 不写则隐含定为"自动存储类别"，属于动态存储方式。

3. 静态局部变量

有时希望函数中的局部变量的值在函数调用结束后不消失而保留原值，这时就应该指定局部变量为"静态局部变量"，用关键字 static 进行声明。

例如，下列程序中的静态局部变量 c 的值。

```
f(int a)
{  auto int b=0；//b 为自动局部变量,每次初值都为 0
   static int c=3；
   //c 为静态局部变量,第一次初值为 3,以后每次都为上次的最后结果
   b=b+1；
   c=c+1；
   return(a+b+c)；
}
void main()
{  int a=2,i；
   for(i=0;i<3;i++)
      printf("%d",f(a))；
}
```

说明：

（1）静态局部变量属于静态存储类别，在静态存储区内分配存储单元。在程序整个运行

期间都不释放。而自动变量(即动态局部变量)属于动态存储类别,占动态存储空间,函数调用结束后即释放。

(2) 静态局部变量在编译时赋初值,即只赋初值一次;而对自动变量赋初值是在函数调用时进行,每调用一次函数重新给一次初值,相当于执行一次赋值语句。

(3) 如果在定义局部变量时不赋初值的话,则对静态局部变量来说,编译时自动赋初值 0(对数值型变量)或空字符(对字符变量)。而对自动变量来说,如果不赋初值则它的值是一个不确定的值。

【例 7.9】 打印 1 到 5 的阶乘值。

```c
#include <stdio.h>
int fac(int n)
{
    static int f=1; //f 为静态局部变量, 第一次初值为 1, 以后每次都为上次的乘积
    f=f*n;
    return(f);
}
void main()
{
    int i;
    for(i=1;i<=5;i++)
    printf("%d! =%d\n",i,fac(i));
}
```

4. 寄存器变量

为了提高效率,C 语言允许将局部变量的值放在 CPU 中的寄存器中,这种变量称为"寄存器变量",用关键字 register 作声明。

例 7.9 使用寄存器变量的程序为:

```c
#include <stdio.h>
int fac(int n)
{   register int i,f=1; //i 为寄存器变量, i 的值存放在 CPU 中的寄存器中
    for(i=1;i<=n;i++)
        f=f*i;
    return(f);
}
void main()
{   int i;
    for(i=0;i<=5;i++)
    printf("%d! =%d\n",i,fac(i));
}
```

说明:

(1) 只有局部自动变量和形式参数可以作为寄存器变量;

(2) 一个计算机系统中的寄存器数目有限,不能定义任意多个寄存器变量;

（3）局部静态变量不能定义为寄存器变量。

5. 用 extern 声明外部变量

外部变量（即全局变量）是在函数的外部定义的，它的作用域为从变量定义处开始，到本程序文件的末尾。如果外部变量不在文件的开头定义，其有效的作用范围只限于定义处到文件的末尾。如果在定义点之前的函数想引用该外部变量，则应该在引用之前用关键字 extern 对该变量作"外部变量声明"。表示该变量是一个已经定义的外部变量。有了此声明，就可以从"声明"处起，合法地使用该外部变量。用 extern 声明外部变量，扩展程序文件中的作用域。例如：

```
#include <stdio. h>
int max(int x,int y)
{  int z;
    z=x>y? x:y;
    return(z);
}
void main()
{  extern A,B;      //声明外部变量 A、B
    printf("%d\n",max(A,B));
}
int A=13,B=-8; //A、B 为外部变量
```

说明：在本程序文件的最后 1 行定义了外部变量 A，B，但由于外部变量定义的位置在函数 main 之后，因此本来在 main 函数中不能引用外部变量 A，B。现在我们在 main 函数中用 extern 对 A 和 B 进行"外部变量声明"，就可以从"声明"处起，合法地使用该外部变量 A 和 B。

7.7　函数与模块化程序设计及实例

7.7.1　函数与模块化程序设计

1. 问题分析

此类问题的解决总是先进行功能分解，然后再逐步求解，即先把一个较复杂的问题分解成多个较小的问题，再用多个自定义函数分别实现各个较小问题的功能，最后通过主函数分别调用各个自定义函数。函数设计的基本原则：① 函数的规模要小；② 函数的功能要单一，不要设计具有多功能的函数；③ 每个函数只有一个入口和一个出口，尽量不使用全局变量传递信息。

2. 算法分析

此类问题的算法不一定多复杂，但关键是恰当地设计自定义函数，特别注意的是：函数的嵌套调用和递归调用，还有变量的作用域。

3. 代码设计

（1）根据问题的需要设计自定义函数。

（2）输入原始数据，并通过主函数实现对各自定义函数的调用，采用适当的算法对数组进行计算或处理。

（3）输出计算或处理结果。

4. 运行调试

用初始数据的不同情况分别测试程序的运行结果。

7.7.2 应用实例

【**例 7.10**】 编写程序求组合数 $C_m^k = \dfrac{m!}{k!(m-k)!}$

（1）算法分析。

本例需要三次计算阶乘,故用一个函数来求阶乘。在主函数中输入 m、k 的值,3 次调用求阶乘函数求组合数,并输出结果。

（2）程序设计。

```
#include <stdio.h>
void main()
{
    long fact(int n);
    int m,k; double p;
    do              //循环用于控制输入的 m 大于或等于 k,且都大于 0
    {   printf("请输入 m,k(m>=k>0)");
        scanf("%d,%d",&m,&k);
    }while(m<k||m<0||k<0);
    p=fact(m)/(fact(k)*fact(m-k)); //分别调用函数求 m!、k!、(m-k)!
    printf("p=%.0f\n",p);
}
long fact(int n) //fact 函数定义,求 n!
{
    int i; long t=1;
    for(i=2;i<=n;i++)
        t=t*i;
    return (t);
}
```

【**例 7.11**】 编写程序采用二分法求方程 $f(x)=3x^3-2.3x^2+5.7x-8=0$ 在[0, 3]内的根,要求精确到 10^{-6}。

（1）算法分析。

前提条件:函数 $f(x)$ 在[a,b]内单调(递增或递减);且 $f(x)$ 在 a、b 两点的函数值 $f(a)$、$f(b)$异号。

① 求中点 $c=(a+b)/2$;

② 判断中点处的函数值是否为 0,如果为 0 则退出循环,否则继续;

③ 判断 $f(a)\times f(c)>0$,如果成立,说明根在后一半([c,b]);否则在前一半([a,c])。

（2）程序设计。

```
float f(float x)    //函数定义,求 f(x)的值
{
```

```
    return ((((3 * x－2.3) * x＋5.7) * x－8);
}
void main( )
{
    float a,b,c;
    do                  //循环用于控制输入的 a、b 的值使 f(a)和 f(b)异号
    {
        scanf("%f,%f",&a,&b);  //输入区间 a、b 的值
    } while(f(a) * f(b)＞＝0);
    while(1)
    {   c＝(a＋b)/2;              //求区间中点 c
        if(fabs(f(c))＜0.000001) break;  //c 点的函数值小于 10⁻⁶时,退出
        if(f(a) * f(c)＞0) a＝c;  //c 点的函数值与 f(a)同号时,取右一半区间
        else   b＝c;            //c 点的函数值与 f(a)异号时,取左一半区间
    }
    printf("root＝%f\n",c);
}
```

【例 7.12】　已知数组 a 中有 10 个数据,现要求从键盘上输入一个数 x,用折半查找法查找数组 a 中是否存在 x?

(1) 算法分析。

本例的前提条件是:数组 a 必须是有序数列(升序或降序),这里假设数组 a 为升序排列,数组 a 的下标最小值为 $b=0$,下标最大值为 $t=9$。

① 求中点 $m=(b+t)/2$;

② 判断 $a[m]$ 是否等于 x,如果 $=x$,则退出循环;否则继续;

③ 判断 $x>a[m]$? 如果成立,说明 x 可能在后一半($a[m+1]$,$a[t]$);否则可能在前一半($a[b]$,$a[m-1]$)。

可定义两个函数实现:一个是 sort( )函数,实现排序的功能;另一个是 search( )函数,用折半查找方法在数组中查找是否存在数 x,若存在 x 则返回 x 在数组中的位置;否则返回－1。

(2) 程序设计。

```
#invlude ＜stdio.h＞
void main()
{
    void sort(int a[],int n);              //被调用排序函数说明
    int search(int a[],int l,int h,int x);  //被调用查找函数说明
    int a[10],i,x,pos;
    printf("输入 10 个整数:\n");
    for(i=0;i<10;i++)
        scanf("%d",&a[i]);
    printf("\n");
    sort(a,10);                //调用排序函数进行排序
```

```
    for(i=0;i<10;i++)
        printf("%6d", a[i]);
    printf("请输入要查找的数:\n");
    scanf("%d",&x);
    pos=search(a,0,9,x);        //调用查找函数进行查找
    if(pos! =-1 )
        printf("a[%d]=%d\n",pos,x);
    else
        printf("%d 没有找到! \n",x);
}
void sort(int a[],int n)      //排序函数
{
    int i,j,k,t;
    for(i=0;i<n-1;i++)
    {
        k=i;
        for(j=i+1;j<n;j++)
            if(a[k]>a[j]) k=j;
        if(i! =k)
        {
            t=a[i];
            a[i]=a[k];
            a[k]=t;
        }
    }
}

int search(int a[],int b,int t,int x)      //查找函数
{
    int m;
    if(b>t) return -1;
    m=(b+t)/2;
    if(a[m]==x) return m;
    if(a[m]<x)
        return search(a,m+1,t,x);    //在右一半,递归查找
    else
        return search(a,b,m-1,x);    //在左一半,递归查找
}
```

【例7.13】 采用模块化程序设计的方法对一批学生的成绩进行处理。具体要求:① 输入10 个学生 5 门课程的考试成绩;② 计算每个学生的平均成绩;③ 计算每门课程的平均成绩;④ 找出平均成绩不及格的学生(输出序号及平均成绩);⑤ 计算均方差;⑥ 输出所有学生的成

绩信息。

(1) 算法分析。

本例采用模块化程序设计的方法进行设计。先进行功能分解,按要求采用 6 个函数分别实现每一个功能,然后在主函数中通过分别调用 6 个函数实现所有的要求:输入 10 个学生 5 门课程的考试成绩、计算每个学生的平均成绩、计算每门课程的平均成绩、找出平均成绩不及格的学生、计算均方差、输出所有学生的成绩信息。

(2) 程序设计。

```c
#include <stdio.h>
#define M 10
#define N 6
void main()        //主函数
{
    void sr(float a[M][N]);  //被调用函数 sr 声明
    void cj1(float a[M][N]); //被调用函数 cj1 声明
    void cj2(float a[M][N]); //被调用函数 cj2 声明
    void cz(float a[M][N]);  //被调用函数 cz 声明
    void fc(float a[M][N]);  //被调用函数 fc 声明
    void sc(float a[M][N]);  //被调用函数 sc 声明
    float cj[M][N];
    sr(cj);           //调用输入 10 个学生 5 门课程的成绩 sr 函数
    cj1(cj);          //调用求每个学生的平均成绩 cj1 函数
    cj2(cj);          //调用求每门课程的平均成绩 cj2 函数
    cz(cj);           //调用查找平均成绩不及格的学生 cz 函数
    fc(cj);           //调用求均方差 fc 函数
    sc(cj);           //调用输出所有学生的成绩信息 sc 函数
}
void sr(float a[M][N]) //输入 10 个学生 5 门课程的成绩 sr 函数
{
    int i,j;
    printf("请输入 10 个学生 5 门课程的成绩:\n");
    for(i=0;i<M;i++)       //输入 10 个学生 5 门课程的成绩
        for(j=0;j<N-1;j++)
            scanf("%d",&a[i][j]);
}
void cj1(float a[M][N]) //求每个学生的平均成绩 cj1 函数
{   int i,j;
    for(i=0;i<M;i++)
    {
        a[i][N-1]=0;
        for(j=0;j<N-1;j++)
```

```
            a[i][N-1]= a[i][N-1]+a[i][j];
          a[i][N-1]=a[i][N-1]/(N-1);
    }
  printf("\n");
}
void cj2(float a[M][N]) //求每门课程的平均成绩 cj2 函数
{   int i,j;
    float s2[M];
    for(j=0;j<N-1;j++)
    {
        s2[j]=0;
        for(i=0;i<M;i++)
            s2[j]=s2[j]+a[i][j];
        printf("%f   ",s2[j]/M);
    }
    printf("\n");
}
void cz(float a[M][N])  //查找平均成绩不及格的学生 cz 函数
{
    int i,j;
    for(i=0;i<M;i++)
        if(a[i][N-1]<60) printf("学生:%d 平均成绩 %f\n",i,a[i][N-1]);
}
void fc(float a[M][N])  //求均方差 fc 函数
{
    int i,j;
    int s1,s2;
    float s;
    s1=0;s2=0;
    for(i=0;i<M;i++)
        for(j=0;j<N;j++)
        {
            s1=s1+a[i][j] * a[i][j];
            s2=s2+a[i][j];
        };
    s=s1/N-(s2/N) * (s2/N);
    printf("%f",s);
}
void sc(float a[M][N])  //输出所有学生的成绩信息 sc 函数
{
```

```
    int i,j;
    for(i=0;i<M;i++)    //按 10 行 6 列的格式输出
    {
        for(j=0;j<N;j++)
            printf("%5d",a[i][j]);
        printf("\n");
    }
}
```

练习题 7

一、选择题

1. 以下对 C 语言函数的描述中,正确的是_____。
   A. C 程序由一个或一个以上的函数组成
   B. C 函数既可以嵌套定义又可以递归调用
   C. 函数必须有返回值,否则不能使用函数
   D. C 程序中调用关系的所有函数必须放在同一个程序文件中

2. 在 C 语言程序中_____。
   A. 函数的定义可以嵌套,但函数的调用不可以嵌套
   B. 函数的定义和调用均可以嵌套
   C. 函数的定义和调用均不可以嵌套
   D. 函数的定义不可以嵌套,但函数的调用可以嵌套

3. 以下叙述中不正确的是_____。
   A. 在 C 语言中,调用函数时,只能把实参的值传送给形参,形参的值不能传送给实参
   B. 在 C 的函数中,最好使用全局变量
   C. 在 C 语言中,形式参数只是局限于所在函数
   D. 在 C 语言中,函数名的存储类别为外部

4. C 语言中函数返回值的类型由_____决定。
   A. return 语句中的表达式类型　　　　B. 调用函数的主调函数类型
   C. 调用函数时的临时类型　　　　　　D. 定义函数时所指定的函数类型

5. C 语言规定,调用一个函数时,实参变量和形参变量之间的数据传递是_____。
   A. 地址传递　　　　　　　　　　　　B. 由实参传给形参,并由形参返回给实参
   C. 值传递　　　　　　　　　　　　　D. 由用户指定传递方式

6. 以下函数调用语句中,含有的实参个数是_____。
       fun(x+y,(e1,e2),fun(xy,d,(a,b)));
   A. 3　　　　　　　　B. 4　　　　　　　　C. 6　　　　　　　　D. 8

7. 以下程序输出的结果是_____。
   ```
   #include <stdio.h>
   int func(int a,int b)
   {   return(a+b); }
   ```

```
void main()
{   int x=2,y=5,z=8, r;
    r=func(func(x,y),z);
    printf("%d\n",r);
}
```

A. 12　　　　　　B. 13　　　　　　C. 14　　　　　　D. 15

8. 以下程序的输出结果是_____。

```
#include <stdio.h>
long fun(int n)
{   long s;
    if(n==1 || n==2) s=2;
    else s=n-fun(n-1);
    return s;
}
void main()
{   printf("%ld\n",fun(3));}
```

A. 1　　　　　　B. 2　　　　　　C. 3　　　　　　D. 4

9. 以下函数值的类型是_____。

```
fun(float x)
{   float y;
    y=3*x/4;
    return y;
}
```

A. int　　　　　　B. 不确定　　　　C. void　　　　　D. float

10. 以下程序的输出结果是_____。

```
#include <stdio.h>
int a, b;
void fun()
{   a=100; b=200; }
void main()
{
    int a=5,b=7;
    fun();
    printf("%d%d\n",a,b);
}
```

A. 100200　　　　B. 57　　　　　　C. 200100　　　　D. 75

11. 以下程序的输出结果是_____。

```
#include <stdio.h>
int f(int n)
{
```

```
        if(n==1) return 1;
        else   return f(n-1)+1;
    }
    void main()
    {
        int i,j=0;
        for(i=1;i<3;i++)
            j+=f(i);
        printf("%d\n",j);
    }
```
    A. 4　　　　　　　B. 3　　　　　　C. 2　　　　　　D. 1

12. 设有如下函数：
```
    ggg(float x)
    {   printf("\n%d",x*x); }
```
    则函数的类型_____。
    A. 与参数 x 的类型相同　　　　　B. 是 void
    C. 是 int　　　　　　　　　　　D. 无法确定

13. 下列程序执行后输出的结果是_____。
```
    #include <stdio.h>
    int d=1;
    fun(int p)
    {
        int d=5;
        d+=p++;
        printf("%d ",d);
    }
    void main()
    {
        int a=3;
        fun(a);
        d+=a++;
        printf("%d\n",d);
    }
```
    A. 8 4　　　　　　B. 9 6　　　　　　C. 9 4　　　　　　D. 8 5

14. 以下程序的输出结果是_____。
```
    #include <stdio.h>
    int abc(int u,int v);
    void main()
    {
        int a=24,b=16,c;
```

```
        c=abc(a,b);
        printf("%d\n",c);
    }
    int abc(int u,int v)
    {
        int w;
        while(v)
        {   w=u%v; u=v; v=w; }
        return u;
    }
```

A. 6   B. 7   C. 8   D. 9

15. 下面程序的输出是_____。

```
    #include <stdio. h>
    fun(int x)
    {
        static int a=3;
        a+=x;
        return(a);
    }
    void main()
    {
        int k=2,m=1,n;
        n=fun(k);
        n=fun(m);
        printf("%d", n);
    }
```

A. 3   B. 4   C. 6   D. 9

16. 以下程序的输出结果是_____。

```
    #include <stdio. h>
    int x=3;
    void main()
    {
        int i;
        for(i=1;i<x;i++) incre();
    }
    incre()
    {
        static int x=1;
        x*=x+1;
        printf("%d ",x);
    }
```

A. 3 3　　　　　B. 2 2　　　　　C. 2 6　　　　　D. 2 5

17. 以下程序的输出结果是_____。

```
#include <stdio.h>
int d=1;
fun(int p)
{
    static int d=5;
    d+=p;
    printf("%d ",d);
    return(d);
}
void main()
{
    int a=3;
    printf("%d\n",fun(a+fun(d)));
}
```

A. 6 9 9　　　　B. 6 6 9　　　　C. 6 15 15　　　　D. 6 6 15

18. 请选择下列程序的运行结果_____。

```
#include <stdio.h>
try()
{   static int x=3;
    x++;
    return(x);
}
void main()
{   int i,x;
    for(i=0;i<=2;i++)
        x=try();
    printf("%d\n",x);
}
```

A. 3　　　　　B. 4　　　　　C. 5　　　　　D. 6

19. 以下程序的输出结果是_____。

```
#include <stdio.h>
f(int b[],int m,int n)
{   int i,s=0;
    for(i=m;i<n;i=i+2) s=s+b[i];
    return s;
}
void main()
{   int x,a[]={1,2,3,4,5,6,7,8,9};
```

```
        x=f(a,3,7);
        printf("%d\n",x);
}
```

A. 10　　　　　　B. 18　　　　　　C. 8　　　　　　D. 15

20. 以下程序中函数 sort()的功能是对数组 a 中的数据进行由大到小的排序。

```
#include <stdio. h>
void sort(int a[],int n)
{   int i,j,t;
    for(i=0;i<n-1;i++)
        for(j=i+1;j<n;j++)
            if(a[i]<a[j]) { t=a[i]; a[i]=a[j]; a[j]=t; }
}
void main()
{   int aa[10]={1,2,3,4,5,6,7,8,9,10},i;
    sort(&aa[3],5);
    for(i=0;i<10;i++) printf("%d,",aa[i]);
    printf("\n");
}
```

程序运行后的输出结果是_____。

A. 1,2,3,4,5,6,7,8,9,10,　　　　　　B. 10,9,8,7,6,5,4,3,2,1,
C. 1,2,3,8,7,6,5,4,9,10,　　　　　　D. 1,2,10,9,8,7,6,5,4,3,

21. 以下程序中函数 reverse()的功能是将 a 所指数组中的内容进行逆置。

```
#include <stdio. h>
void reverse(int a[], int n)
{   int i,t;
    for(i=0;i<n/2;i++)
        { t=a[i]; a[i]=a[n-1-i]; a[n-1-i]=t; }
}
void main()
{   int b[10]={1,2,3,4,5,6,7,8,9,10};
    int i,s=0;
    reverse(b,8);
    for(i=6;i<10;i++) s+=b[i];
    printf("%d\n",s);
}
```

程序运行后的输出结果是_____。

A. 22　　　　　　B. 10　　　　　　C. 34　　　　　　D. 30

二、填空题

1. 下列程序的输出结果是_____。

```
#include <stdio.h>
int t(int x,int y,int cp,int dp)
{   cp=x*x+y*y;
    dp=x*x-y*y;
}
void main()
{
    int a=4,b=3,c=5,d=6;
    t(a,b,c,d);
    printf("%d %d\n",c,d);
}
```

2. 下面程序的运行结果是_____。
```
#include <stdio.h>
void main()
{   int x=10;
    func(x);
    printf("%d\n",x);
}
func(int x)
{   x=20;
}
```

3. 下面程序的运行结果是_____。
```
#include <stdio.h>
int a=5; int b=7;
void main()
{   int a=4,b=5,c;
    c=plus(a,b);
    printf("A+B=%d\n",c);
}
plus(int x,int y)
{   int z;
    z=x+y;
    return(z);
}
```

4. 以下程序的输出结果是_____。
```
#include <stdio.h>
fun()
{
    static int a=0;
    a+=2; printf("%d",a);
```

```
    }
    void main()
    {
        int c;
        for(c=1;c<4;c++)
            fun();
        printf("\n");
    }
```

三、程序设计题

1. 编写程序在主函数中键盘输入两个整数,通过调用两个函数分别求出两个整数的最大公约数和最小公倍数,并输出结果。

2. 编写程序在主函数输入一个整数,通过调用一个判素数的函数求素数,并输出是否是素数的信息。

3. 编写程序在主函数中输入一个给定的 3×3 的二维整型数组,通过调用一个函数将这个二维整型数组进行转置,最后输出转置后的二维数组。

4. 编写程序在主函数中输入两个字符串,通过调用一个函数将两个字符串进行连接,最后输出连接后的字符串。

5. 编写程序在主函数中输入一行字符串,通过调用一个函数求此字符串中最长的单词,最后输出结果。

6. 编写程序在主函数中输入 10 个字符,通过调用一个函数用"冒泡法"对输入的 10 个字符按由从小到大顺序排列,最后输出排序后的结果。

7. 编写程序在主函数中输入方程 $ax^3+bx^2+cx+d=0$ 的系数,通过调用一个函数用牛顿迭代法求方程在 1 附近的一个根,最后由主函数输出方程的根。

8. 编写程序用函数的方法验证哥德巴赫猜想。

9. 编写程序用函数递归的方法求 x^n。

10. 编写程序用函数递归的方法求 n 阶勒让德多项式的值,递归公式为:

$$p_n(x)=\begin{cases} 1 & n=0 \\ x & n=1 \\ ((2n-1)\cdot x-p_{n-1}(x)-(n-1)*p_{n-2}(x))/n & n\geqslant1 \end{cases}$$

第8章 编译预处理及程序调试

本章的主要内容:编译预处理命令的格式和使用,宏定义、文件包含和条件编译的概念及使用、程序调试的基本方法和技巧。通过本章内容的学习,应当解决的问题:如何使用宏定义? 文件包含和条件编译的用法,如何使用编译预处理命令提高程序执行效率? 如何快速调试程序?

【任务】 运用 C 语言的宏定义、文件包含、条件编译等功能提高编程和程序调试的效率,掌握三种编译预处理功能的使用和程序调试的基本方法及技巧。

8.1 编译预处理及程序调试的引入

8.1.1 问题和引例

通过前面知识的学习可以知道,利用 C 语言进行软件开发应遵从模块化设计思想。因此,绝大多数的 C 语言程序是由一个主函数和若干个库函数或自定义函数组成,从而实现功能的模块化。那么,C 语言如何实现这些库函数的调用呢?

通常一个程序编写完成后,总会存在一些错误,有些错误在编译过程中可能被编译器发现,从而产生编译错误提示,但更多的错误则不能被编译器所识别,当程序运行后发现结果与预期不一致时,就必须通过调试程序来查找错误。

【引例】 用函数的方法求两个整数和两个实数的最小数。

问题分析:引例要求构造函数求出两个整型数据的最小数和求出两个实型数据中的最小数。针对此类问题,必须构造两个不同数据类型的函数才能实现。

程序代码设计如下:

```
#include <stdio.h>
void main()
{
    int intmin(int x,int y);           //求整型数据最小数的函数声明
    float floatmin(float x,float y);   //求实型数据最小数的函数声明
    int a,b,mini;
    float c,d,minf;
    scanf("%d,%d",&a,&b);
    mini=intmin(a,b);                  //调用求整型数据最小数的函数
    scanf("%f,%f",&c,&d);
    minf=floatmin(c,d);                //调用求实型数据最小数的函数
    printf("minint=%d,minfloat=%f\n",mini,minf);
}
int intmin(int x,int y)                //求整型数据最小数的函数定义
{   return(x<y? x:y); }
```

```
float floatmin(float x,float y)      //求实型数据最小数的函数定义
{   return(x<y? x:y); }
```

从上面的程序代码可以看出,使用了两个求最小值的函数,这两个函数除了数据类型不同之外,其他代码是一样的,代码显得重复。能不能用一种机制来完成这样的任务呢?

如果采用♯define 预处理命令,则可以将要执行的函数功能用字符串代替,以实现不同类型数据计算最小值的问题,这样可以简化程序。

8.1.2　编译预处理与程序调试的概念

1. 编译预处理的概念

编译预处理是指 C 语言编译系统在对源程序进行正式编译之前,编译系统首先调用预处理程序对源程序中的预处理命令进行处理,然后将预处理的结果和源程序一起再进行正式的编译处理,最后得到目标代码。

C 语言与其他高级语言的一个重要区别是具有编译预处理的功能。凡是由 ♯ 开始的命令都是编译预处理命令,是在程序正式编译开始之前要做的工作。编译预处理命令不是 C 语言的语句,行尾不允许使用分号。

编译预处理是 C 语言编译程序的组成部分,它用来解释处理 C 语言源程序中的各种预处理指令。C 语言提供的编译预处理指令主要有宏定义、条件编译和文件包含 3 种。C 语言的编译处理增强了 C 语言的编程功能,改进了 C 语言程序设计环境,提高了编程效率。它的目的是把每一条语句用若干条机器指令来实现,生成目标程序。

2. 程序调试的概念

对于初学者来说,编写程序出错是普遍现象,即使是经验丰富的程序员也无法完全避免错误。一个 C 程序编写完成后,在编译、连接和运行过程中可能发生各种错误,因此,还应对程序进行调试和测试,尽可能发现错误并予以纠正。只有当程序正确无误地运行时,程序才编制完成。

查找并纠正程序错误的过程称为程序调试。程序调试是程序开发过程中的一个不可缺少的环节,需要通过实践积累提高。

8.2　宏定义

宏定义是指将一个标识符(又称宏名)定义为一个字符串(或称替换文本)。在编译预处理时,对程序中出现的所有"宏名",都用宏定义中的字符串去替换,这称为"宏替换"或"宏展开"。宏定义是由源程序中的宏定义命令完成的,宏替换是由预处理程序自动完成的。

在 C 语言中,"宏定义"分为无参宏定义和有参宏定义两种。

8.2.1　无参宏定义

1. 无参宏定义的一般形式

无参宏定义的宏名后不带参数,用一个宏名标识符代表一个字符串,相当于一个符号常量,其定义的一般形式:

♯define <宏名> [字符串]

说明:

(1) define:宏定义命令。

（2）该命令的功能是用一个称为宏名的标识符来表示一个字符串，其中的字符串可以是一个数值型数据、表达式或字符串。

（3）宏定义编译预处理命令必须以符号"♯"开始，宏定义命令、标识符、字符串之间至少需要一个空格。

例如：

♯define PI 3.14159

它的作用是在程序中指定用标识符 PI 来代替 3.14159 这个字符串，在编译预处理时，将程序中在该命令以后出现的 PI 都用 3.14159 代替。这种方法让用户以一个简单的名字代替一个长的字符串，因此这个标识符称为"宏名"。

2. 无参宏定义使用说明

（1）为了与一般变量和函数名相区别，宏名一般习惯用大写字母表示。但并非规定，也可以用小写字母表示。

（2）宏替换的过程实质上是原样替换的过程。宏定义可以减少程序中重复书写某些字符串的工作量。

（3）宏名和宏替换文本之间要用空格隔开。宏替换只是简单地代替，不作语法检查。

例如：

♯define PI 3.14159

即使把小数点后面的数字 1 写成小写字母 l，预处理也照样代入。只有在编译已被宏展开后的源程序时才报错。

（4）由于所有的编译预处理命令都在编译时处理完成，它不具有任何计算、操作等执行功能。

例如：

♯define X 3+4

程序中若有 y= X * X;语句，当宏展开时，原式变为："y=3+4 * 3+4;"，不能理解成"y=7 * 7;"

（5）如果宏名出现在字符串中，则不会进行宏展开。

例如：

♯define STR "Hello"

printf("STR")；

上述语句不会打印 Hello，而是打印 STR。

（6）在进行宏定义时，可以引用已定义的宏名，即可以层层替换。

例如：

♯define R 15.5

♯define PI 3.14159

♯define L 2 * PI * R

（7）♯define 命令出现在程序中函数的外面，宏名的有效范围为定义命令后到本源文件结束。

♯define 命令写在文件开头、函数之前，作为文件的一部分，在此文件范围内有效。可以用♯undef 命令终止宏定义的作用域。

例如：

```
#define M 100
void main()
{
}                              M 的作用域
#undef M
fun1()
```
…

由于#undef的作用,使M的使用范围在#undef处终止。在fun1()函数中,M不再代替100。这样可以灵活控制宏定义的作用范围。

【例8.1】 已知圆柱的底面半径r,输入高h,求圆柱的体积。

(1) 算法分析。

本例中圆柱的体积公式为$v=\pi r^2 h$,其中的圆周率π是一个常数,可以用宏定义实现。

(2) 程序设计。

```
#include <stdio.h>              //编译预处理命令,文件包含
#define PI 3.14159             //无参宏定义圆周率π
void main()
{
    float r,h,v;
    printf("请输入圆柱的底面半径 r 和圆柱的高 h:");
    scanf("%f,%f",&r,&h);
    v=PI*r*r*h;                //PI 代换为 3.14159
    printf("圆柱的体积 v=%f\n",v);
}
```

(3) 程序运行。

程序的运行结果如下:

① 第一次运行结果。

请输入圆柱的底面半径 r 和圆柱的高 h:5,6

圆柱的体积 v=471.238500

② 第二次运行结果。

请输入圆柱的底面半径 r 和圆柱的高 h:5,8

圆柱的体积 v=628.318000

8.2.2 有参宏定义

C语言允许宏带有参数,称为有参宏定义(也称带参数的宏)。宏定义中的参数称为形式参数,宏调用中的参数称为实际参数。在调用中,不仅要宏展开,还要用实参去替换形参,这一点与函数定义和函数调用类似。

1. 有参宏的定义与调用

(1) 有参宏定义。

有参宏定义的一般形式:

#define 宏名(参数表) 字符串

例如：

♯define MAX(x,y) x＞y? x:y　　　　　　　//有参宏定义

♯define MPLUS(x,y) ((x)＊(y))

(2) 有参宏调用。

有参宏调用的一般形式：

宏名(实参表)；

例如：

m＝MAX(3,5)；p＝MPLUS(3,5)；　　　　//宏调用

(3) 执行过程。

程序中如果有带实参的宏，则按♯define 命令行中指定的字符串从左到右进行置换。如果字符串中包含宏中的形参(如 x,y)，则将程序语句中相应的实参(可以是常量、变量或表达式)代替形参，而字符串中的其他字符则原样保留。

【例 8.2】　用编译预处理的方法求两个整数和两个实数的最小数。

(1) 算法分析。

引入编译预处理命令是为了简化 C 语言源程序的书写，便于大型软件开发项目的组织，提高 C 语言程序的可移植性和代码可重用性，方便程序调试等。

例如，可将本例中求两个不同类型数据的最小值的函数，以 ♯define 预处理命令开始，以字符串 MIN(x,y)代替语句 x＜y? x:y。具体定义为：♯define MIN(x,y) x＜y? x:y。这样，程序执行时，就不用担心不同类型数据要单独定义函数的问题，大大简化了程序。

(2) 程序设计。

```
♯include <stdio.h>              //编译预处理命令,标准输入/输出
♯define MIN(x,y) x<y? x:y       //带参数的宏定义,第 2 行
void main()
{
  int a,b,mini;
  float c,d,minf;
  printf("请输入两个整数:");
  scanf("%d%d",&a,&b);
  mini=MIN(a,b);               //带参数的宏调用
  printf("\n请输入两个实数:");
  scanf("%f%f",&c,&d);
  minf=MIN(c,d);               //带参数的宏调用
  printf("minint=%d,minfloat=%f\n",mini,minf);
}
```

(3) 程序运行。

运行结果：

输入：100　20　78.3　15.78

输出：minint＝20,minfloat＝15.780000

程序第 2 行：♯define MIN(x,y) x＜y? x:y 即为编译预处理指令。另外，如果在源程序中需调用一个库函数时，只需在调用位置之前用文件包含命令指定相应的头文件即可。

【例8.3】　分析下列程序,写出运行结果。

```
#include <stdio.h>                  //编译预处理命令,文件包含
#define MPLUS(x,y) ((x)*(y))        //编译预处理命令,有参宏定义
void main()
{
    float a,b;
    a=MPLUS(3,5);                   //引用带参数的宏,将x,y替换成实参3,5
    b=MPLUS(a+3,a)/6;  //将x,y替换成表达式(a+3)和变量a,注意括号的使用
    printf("a=%f,b=%f\n",a,b);
}
```

程序运行结果:

a=15.000000,b=45.000000

以上宏定义命令行中,MPLUS(x,y)称为"宏",其中MPLUS是一个用户标识符,称为宏名。程序在编译时,变量a的值替换为3*5,结果为15,而变量b的值由a的当前值15,变成表达式(15+3)和15后,替换成(15+3)*15/6,结果为45。

注意:有参宏定义后面替换字符串中的x,y中的括号,加上括号是为了在编译时得到预想的结果,因为宏替换只是简单的替换操作,如果不加括号容易出错。如:

```
#define MPLUS(x,y) (x*y)
```

调用a=MPLUS(2+3,5);时,替换为(2+3*5),求得a的值为17,而不是25。

2. 使用注意点

(1) 宏名和左括号"("必须紧挨着,它们之间不能留有空格,其后圆括号中由称为形参的标识符组成,并且可以有多个形参,各参数之间用逗号隔开,"替换文本"中通常应该包含有形参。

(2) 在使用带参数的宏时,要注意实参和形参应该一一对应。

(3) 和不带参数的宏定义相同,同一个宏名不能重复定义。在替换带参数的宏名时,圆括号必不可少。

3. 有参宏定义和函数的区别

带参数的宏和有参函数之间有一定类似之处,如在调用函数时要在函数名右面的圆括号中写明实参,并且要求实参与形参顺序、数目一致。但两者也有不同点,其区别如表8-1所示。

表8-1　函数与有参宏的区别

区　别	类　型	
	函数调用	有参宏
是否计算实参的值	先计算出实参表达式的值,然后代替形参	不计算实参表达式的值,直接用实参进行简单的字符串替换
何时进行处理是否分配内存单元	在程序运行时进行值的处理,分配临时的内存单元	编译时进行宏展开,不分配内存单元,不进行值的值传递,无返回值

区　　别	类　　型	
	函数调用	有参宏
类型要求	实参与形参要定义数据类型,且数据类型要一致	参数没有类型要求,只是一个符号表示,可以为任何类型
调用情况	函数调用时有一定的处理开销,函数调用后源程序长度不变	宏调用时没有处理开销,宏展开后源程序变长

【例 8.4】　分析下列程序,写出运行结果。

```
＃define MIN(x,y) (x)<(y)? (x):(y)
＃include <stdio. h>
void main()
{
    int i,j,k;
    i=10;j=15;
    k=10 * MIN(i,j);
    printf("%d\n",k);
}
```

程序运行结果:15

程序分析:程序中定义了一个名为 MIN 的带参数的"宏"。先进行文本替换如下:(i)<(j)? (i):(j);因此,语句 k=10 * MIN(i,j);就变成 k=10 * (i)<(j)? (i):(j);。由于 * 号的优先级高于<号,因此先进行 10 * (i)的运算。把 i 和 j 的值代入,有 k=10 * 10<15 ? 10:15;,因为表达式 100<15 不成立,此条件表达式的值为 15。

注意:可能有同学将表达式 (i)<(j)? (i):(j)替换成 10<15? 10:15,计算结果为 10,再与前面的 10 相乘,结果为 100,这是初学者容易出错的地方。

8.3　文件包含

所谓文件包含,是指在一个源程序中包含另一个源程序文件的全部内容,以此提高代码的复用性。被包含的文件的内容通常是一些公用的宏定义、函数原型的声明等。C 语言用＃include命令行来实现文件包含的功能。

8.3.1　文件包含的格式

文件包含的一般格式:

＃include "文件名" 或 ＃include <文件名>

说明:

(1) include:文件包含命令。

(2) 该命令的功能是把指定包含的文件插入该命令行位置来取代该命令行,从而把指定包含的文件和当前的源程序文件连成一个源文件。

(3) 文件包含编译预处理命令必须以符号"＃"开始。

(4) 文件名:多数是头文件,以. h 为扩展名。

　　C 语言一般有两类文件,一类是由系统提供的,存放于系统安装文件夹下的 include 子文件夹中;另一类是由用户编写的自定义函数。头文件中包含许多函数的定义和宏定义,开发系统将其提供的大量函数分门别类地存放于不同的头文件中。用户也可以将自己经常使用但系统未提供的函数编写好后,存放在自己定义的头文件中。

8.3.2　头文件的界定符及常用标准头文件

1. 头文件的界定符

　　文件包含中的头文件必须用〈〉(尖括号)或""(双引号)括起来。在预编译时,预编译程序将用指定文件中的内容来替换此命令行。但两者在预处理时有如下区别。

　　(1)〈〉(尖括号):用此符号包含的头文件是由系统提供的,存在于系统的 include 文件夹下,预处理时,编译系统直接到该文件夹中查找指定的头文件。

　　(2)""(双引号):用此符号包含的头文件是由用户自定义的,一般存在于用户源程序所在的文件夹中,也可以存放于系统的 include 文件夹中,预处理时,编译系统先到用户源程序所在的文件夹内查找指定的头文件,如果未找到,再转去 include 文件夹中查找。

　　(3)两种方式通用。但建议对系统提供的头文件使用〈〉,对自定义的文件使用""。

2. 常用标准头文件

　　头文件经常用于做一些统一的定义、声明或符号常量,以及后面会学到的结构体、链表等一些数据结构的定义。对于复杂问题常常有大量宏定义,并被多个程序使用,自定义头文件是一个很好的解决办法,避免了多处重复定义相关宏,并能做到定义的一致性。C 语言系统中大量的定义与声明是以头文件形式提供的,读者可以查看所使用的语言系统中的 include 文件夹下有关.h 文件的内容。表 8 - 2 列出了 ANSI 定义的一些常用标准头文件。

表 8 - 2　常用标准头文件

头文件名	作　　用
ctype. h	字符处理
math. h	与数学处理函数有关的声明和定义
stdio. h	输入/输出函数中使用的有关声明和定义
string. h	字符串函数的有关声明和定义
stddef. h	定义某些常用内容
stdlib. h	杂项声明
time. h	支持系统时间函数

8.3.3　几点说明

　　(1)♯include 命令行通常书写在所用文件的最开始部分,所以有时也把包含文件称做"头文件"。头文件名可以由用户指定,其后缀不一定用".h"。

　　(2)当包含文件被修改后,对包含该文件的源程序必须重新进行编译连接,这样才会使修改后的文件生效。

　　(3)文件包含允许嵌套,即在一个被包含文件中又可以包含另外的文件。

　　(4)一个♯include 命令只能包含一个头文件,若有多个文件要包含,则需要多个♯

include 命令,且必须一行一条,行尾不允许有分号。

8.4　条件编译

一般情况下,C 源程序中的所有命令行和语句都要进行编译。有时候希望当某个条件满足时编译一部分语句,不满足时编译另一部分语句,称为条件编译。

通过条件编译命令,可以使得同一源程序在不同条件下产生不同的目标代码文件,从而减少了目标程序的代码数量,减少了内存开销,并提高了程序的运行效率,更方便程序的移植。

8.4.1　条件编译的几种形式

条件编译命令有以下 3 种形式:

1.　#if…#else…#endif 形式

```
#if 常量表达式
    程序段 1
#else
    程序段 2
#endif
```

功能:当常量表达式值为真(非零)时就编译程序段 1,否则编译程序段 2。可以没有 #else 程序段 2,即:

```
#if 常量表达式
    程序段 1
#endif
```

2.　#ifdef…#else…#endif 形式

```
#ifdef 标识符
    程序段 1
#else
    程序段 2
#endif
```

功能:当指定的标识符已经被 #define 命令定义过,则在程序编译阶段只编译程序段 1,否则编译程序段 2,其中 #else 部分可以没有。可以参考 if 语句来理解。

3.　#ifndef…#else… #endif 形式

```
#ifndef 标识符
    程序段 1
#else
    程序段 2
#endif
```

功能:与前一种格式类似,只是将 #ifdef 改为 #ifndef,预处理时刚好相反,如果标识符未被定义过,则编译程序段 1,否则编译程序段 2。

形式上看以上 3 种条件编译命令与 C 语言 if-else 语句非常相似,其工作原理也比较相像,但它们有本质的区别。C 语句 if-else 的两个分支程序段都会被生成到目标代码中,由程序运行时根据条件决定执行哪一段;而条件编译 #if…#else…#endif 不仅形式不同,而且它在编译预处理的时候才起作用。一旦经过处理后,只有一段程序生成到目标程序中,另一段被舍弃。#if 的条件只能是宏名,不能是程序表达式。因为在编译预处理时是无法计算表达式的,必须在程序运行时才做计算。

采用条件编译的好处:一是目标代码精简,不包含无关的代码;二是系统代码保护性更好。条件编译主要用于设计通用程序、调试程序和包含文件。

8.4.2　条件编译举例

【例 8.5】　根据常量表达式的值,决定编译源程序的哪条输出语句,从而输出"How are you?",或者"You are welcome!"。

程序代码:

```
#include <stdio.h>
void main()
{
    #if 5*6-30
        printf("How are you? \n");
    #else
        printf("You are welcome! \n");
    #endif
}
```

程序运行结果:You are welcome!

因为 5*6-30 结果为 0,代表假,所以经过预处理后,编译程序将 #else 后的输出语句进行编译,而放弃了编译 #else 之前的输出语句。

8.5　程序调试

对于初学者来说,编写程序出错是普遍现象,即使是经验丰富的程序员也无法完全避免错误。一个 C 程序编写完成后,在编译、连接和运行过程中可能发生各种错误,因此,还应对程序进行调试和测试,尽可能发现错误并予以纠正。只有当程序正确无误地运行时,程序才编制完成。查找并纠正程序错误的过程称为调试,程序调试是程序开发过程中的一个不可缺少的环节,需要通过实践积累提高。

8.5.1　程序的错误类型

C 语言程序的错误类型主要有 5 种:编译错误、编译警告、连接错误、运行错误和逻辑错误。

1. 编译错误

编译错误(error)是在编译过程中发现的错误,通常属于语法错误。即编写程序时没有满足 C 语言的语法规则,这是 C 语言初学者出现最多的错误。

例如:

(1) 使用了未定义的标识符,如将 printf 错写为 pintf;

(2) 括号不配对,包括圆括号()、方括号[ ]、花括号{ };

(3) 语句后面缺少分号或在不该出现分号的地方加了分号;

（4）用中文的分号、逗号等代替英文的分号、逗号；

（5）使用了库函数，却未包含相应的头文件等。

2. 编译警告

编译警告（warning）是在编译过程中发现的、可能存在的潜在错误。

例如：

（1）定义了变量，但始终未使用；

（2）将一个双精度数赋值给一个单精度变量等。

这类错误一般能够通过编译，产生 .obj 目标文件，并可通过连接产生 .exe 可执行文件，但有可能影响运行的结果。因此，应该将程序中所有导致"错误（error）"和可能影响程序运行结果的"警告（warning）"的因素都消除，才能使程序投入运行。

3. 连接错误

连接错误发生在将用户程序的目标代码与用户程序引用的库函数的目标代码连接，生成可执行代码的过程中。

例如：

（1）将 Turbo C 库函数名写错，而找不到 main 函数或某库函数，如将 main 写成 mian；

（2）某函数做了原型声明，却未做定义或未包含相应的头文件；

（3）子函数在说明和定义时类型不一致等。

4. 逻辑错误

逻辑错误发生在程序运行阶段，程序无语法错误，也能正常运行，但程序运行结果不正确。

例如：求 $s=1+2+3+\cdots+100$，如果写出以下语句：

```
for(s=0,i=1;i<100;i++)
        s=s+i;
```

语法没有错误，但求出的结果是 $1+2+3+\cdots+99$ 之和，而不是 $1+2+3+\cdots+100$ 之和，原因是少执行了一次循环。这类错误可能是设计算法时的错误，也可能是算法正确而在编写程序时出现疏忽所致。

5. 运行错误

有时程序既无语法错误，又无逻辑错误，但程序不能正常运行或结果不对。

例如：

（1）当某个数被零除，如 b=0 时，执行了 a/b 运算；

（2）进行数值运算时，运算结果超出机器允许的范围。

8.5.2　编译与连接错误的查看与修改

1. 编译错误的查看与修改

编译的目的是将 C 源程序转换为机器指令代码。在编译过程中，如果遇到程序中有语法错误，则在集成开发环境底部的输出（Output）窗口中显示相应的错误信息，提示程序员修改程序。

通常，一个源程序从输入编辑到通过编译，往往要重复若干次"编译—修改—再编译"的过程。如果编译成功，则生成目标文件存放在磁盘上；如果在编译过程中发现了错误，则进入编辑查错状态。这时在屏幕下方的 Output 窗口中会显示错误的类型、错误发生的位置以及错误的原因。错误信息的格式为：

<源程序路径>(行)<错误代码>:<错误内容>

例如:

E:\lx8‐2.c(7) : error C2146: syntax error : missing ';' before identifier 'printf'

前面第一部分是文件的完整路径及文件名 E:\lx8‐2.c,括号里的 7 是指第 7 行,后面给出错误原因"在标识符 printf 前面丢失分号"。

注意:有时所给行号并不是真正的出错行,需要在出错行附近认真阅读源程序,才能最终确定出错行。对于编译错误和编译警告,每次只需修改第一个后即可重新编译,直到没有编译错误为止。因为通常后面出现的错误是由第一个错误引起的。

2. 连接错误的查看与修改

在连接阶段也可能出现一些错误提示,但由于连接的对象是目标程序,它并不指出错误发生的详细位置,不容易确定错误的准确位置。

在连接阶段出现的错误一般比较少,大多数是因为在程序中调用了某个函数,而连接程序找不到该函数的定义引起的,最有可能的是函数名字拼写错误。另外,当程序规模较大,需要分为若干个源程序文件分别编译然后连接,也可能出现全局变量重复声明或找不到的错误提示。

注意:在找到连接错误并改正后,一定要重新编译后才能再次连接。否则,虽然源程序已经修改,但进行连接的目标程序仍是以前有错误的目标程序,再次连接会提示同样的错误。

8.5.3　运行与逻辑错误的判断与调试

运行错误是在程序运行时发生的,编译和连接过程均正常,当运行时表现为突然终止程序运行、死循环、死机、自动重启或者输出信息混乱等。与编译错误相比,运行阶段的错误更难查找和判断,原因是很少或根本没有提示信息。

【例 8.6】 分析下列程序,根据不同数据检测有无错误。

```
#include <stdio.h>
void main()
{
    int a,b,c;
    scanf("%d,%d",&a,&b);
    c=a/b;
    printf("%d\n",c);
}
```

程序分析:

(1) 当输入的 b 为非零值时,运行无问题。当输入的 b 为零时,运行时出现"溢出(overflow)"的错误。

(2) 如果在程序执行时输入:

18.8,12.2

则输出 c 的值为 0(VC++6.0 下调试),显然是不对的。这是由于输入的类型与输入格式符%d 不匹配而引起的。

另外,在条件判断时,若将判断条件中的">="误输入为">",将相等判断"=="误输入为赋值号"="等,也会造成逻辑错误。

由于运行错误和逻辑错误无法用编程工具直接确定出错位置,因此,这类错误较难查找。因此,大家应养成认真分析结果的好习惯,只有程序和数据等都正确的情况下计算机才能得到正确结果。

8.5.4　程序调试的步骤

所谓程序调试是指对程序进行查找错误并改正的过程。调试程序一般有以下几个步骤。

1. 静态检查

在编写好程序并保存后,首先要进行人工检查,尽可能养成严谨的科学作风,对每一步进行把关,以避免由于疏忽而造成的错误。

为了更有效地进行人工检查,编写的程序应力求做到如下几点:

(1) 采用结构化程序方法编程,以增加可读性;

(2) 尽可能增加注释,以便于理解;

(3) 对复杂程序,尽可能用不同函数实现单独功能,在主函数中调用等。

2. 动态检查

静态检查无误后,再进行动态检查(程序调试)。由编译系统进行检查,发现错误的过程称为动态检查。在编译时可根据语法错误的提示信息进行修改并重新编译。

8.5.5　程序调试的基本手段

对于运行阶段的错误,有以下几种调试手段:标准数据校验、程序跟踪、边界检查和简化循环次数等。

1. 标准数据校验

程序在编译、连接通过后,进入运行调试阶段。运行调试的第一步就是用若干组已知结果的标准数据对程序进行检验。

标准数据的选择有以下原则:一是要有代表性,接近真实数据;二是简洁,便于对运行结果的正确性进行分析;三是考虑重要的临界数据。

2. 程序跟踪

对于复杂的大型程序,通过标准数据检验,一次完全通过的可能性较小。还需要通过认真细致的调试,检查可能出现的各类错误。

程序跟踪是最重要的调试手段。程序跟踪的基本原理是让程序一句一句执行,通过观察和分析程序执行过程中数据和程序执行流程的变化来查找错误。在 Viaual C++中,可直接利用集成开发环境中的单步执行(F10)、断点设置(F9)、变量内容显示等功能对程序进行跟踪;也可以在程序中的疑点位置直接设置断点、显示重要变量内容等来掌握程序运行情况。例如:

```
printf("break point 6:line 100……　count>10\n");
printf("count=%d,sum=%d\n",count,sum);
printf("Press Enter any key to continue……");
getchar();
```

其中,所选变量取决于实际程序;getchar()函数的作用是使程序执行到这一行时暂停,以看清调试代码段显示内容。如果此断点未发现错误,则可以按回车键让程序继续运行到下一个断点,否则,可用组合键 Ctrl+Break 中断程序,再用编辑器修改程序。

3. 边界检查

在设计检验数据时,应重点检验边界和特殊情况。例如对于程序中的 if-else-语句、switch 语句等组成的分支结构,应设计相应的检验数据,使每个分支都得到执行和检验。

4. 简化循环次数

调试时为加快调试速度,可对程序适当做些简化。如减少循环次数、缩小数组规模、屏蔽某些次要程序段等。

注意:虽然 VC++6.0 提供了非常高效的调试手段,但是调试最重要的还是要多加以思考,猜测程序可能出现错误的地方,然后运用调试器来证实。

8.6　综合实例

【例 8.7】　利用海伦公式求三角形面积,其中三条边长 a,b,c 从键盘上输入。

(1) 算法分析。

程序主要完成以下任务:输入三条边长 a,b,c;根据输入的 a,b,c 的值判断能否组成三角形,若能组成三角形,利用海伦公式 $\sqrt{p(p-a)(p-b)(p-c)}$ 求三角形面积,其中 $p=(a+b+c)/2.0$;判断能否组成三角形的条件是任意两边之和大于第三边。

(2) 程序代码。

```c
#include<stdio.h>
#include<math.h>
void main()
{
    float a,b,c,p,area,x;
    printf("请输入三个数:");
    scanf("%f%f%f",&a,&b,&c);
    if(a+b>c && b+c>a && a+c>b)
    {
        p=(a+b+c)/2.0;
        x=(p*(p-a)*(p-b)*(p-c));
        if(x<0)x=-x;
        area=sqrt(x);
        printf("area=%6.2f\n",area);
    }
    else
        printf("data error\n");
}
```

(3) 程序调试。

调试运行程序时,所取的测试数据为分支结构中不同条件的数据,以保证每个分支都有可能被执行。

第一次运行

请输入三个数:3 4 5

area=6.000000

第二次运行

请输入三个数:1 2 3

data error

【例 8.8】　输入一行字母,根据需要设置条件编译,使之能将字母全改为大写字母输出,或全改为小写字母输出。

(1) 算法分析。

此题考虑大写字母转化为小写字母时,只需将原字符的 ASCII 码值加 32;而小写字母转化为大写字母时,将原字符的 ASCII 码值减 32。由于两者不会同时进行,可以利用条件编译,实现只编译符合条件的部分代码为目标程序。

(2) 程序设计。

```
#include <stdio.h>                        //编译预处理命令,文件包含
#define LETTER 1                          //编译预处理命令,宏定义
void main()
{
    char str[20]="C program",ch;
    int i=0;
    while((ch=str[i])! ='\0')
    {
        i++;
        #if LETTER
            if(ch>='a' && ch<='z')         // 第 11 行
                ch=ch-32;                  // 第 12 行
        #else
            if(ch>='A' && ch<='Z')         // 第 14 行
                ch=ch+32;                  // 第 15 行
        #endif
            putchar(ch);
    }
    printf("\n");
}
```

(3) 程序运行。

程序运行结果:C PROGRAM

(4) 程序说明。

本例中 LETTER 的值被定义为 1,所以编译的时候,第 14 行和第 15 行不被编译,会把给定字符串"C program"转化成全大写字母形式,然后输出。如果一开始 LETTER 被定义为 0 值,11 行和 12 行就不会被编译,仅编译 14、15 行,则最后运行结果为:c program。

【例 8.9】　用单步执行程序的方法演示下列循环的执行过程。

(1) 给定如下源程序代码。

```
#include <stdio.h>
void main()
```

```
{
    int i,                                      // 循环控制变量
        start,                                  // 循环初值
        count;                                  // 记录循环执行次数
    scanf("%d",&start);                         // A
    for(count=0,i=start;i<100;i++)              // B
        count++;                                // C
    printf("记录循环执行次数:%d\n",count);      // D
}
```

（2）测试数据。

① 第一次运行结果：

输入:90

记录循环执行次数:10   //执行 10 次

② 第二次运行结果：

输入:99

记录循环执行次数:1   // 执行 1 次

③ 第三次运行结果：

输入:1000

记录循环执行次数:0   // 执行 0 次

（3）调试步骤。

① 消除源程序中的语法错误和警告；

② 生成调试版的可执行程序；

③ 反复按 F10 键以进行单步调试。

（4）调试说明。

按 F10 执行到 A 语句时,提示输入数据,此时若输入 90,反复按 F10,程序就在 B、C 语句中来回执行,共执行 10 次后,输出循环执行次数。

在单步调试中应注意:黄色箭头指向的待执行语句及集成开发环境下方出现的观察窗口和变量窗口。

【例 8.10】 用 F11 键单步调试带有函数的程序。程序的功能是从键盘输入两个实数,求出其中较大值并输出。

（1）给定如下源程序代码。

```
#include <stdio.h>
float max(float x,float y)
{
    return x>y? x:y;
}
void main()
{
    float a,b,m;
    printf("请输入两个数:");
```

```
        scanf("%f%f",&a,&b);
        m=max(a,b);                          // A
        printf("max is %f  in %f and %f \n",m,a,b);
}
```

(2) 调试过程。

① 首先编译源程序,消除源程序中的语法错误和警告;

② 在程序行 A 处设置断点,生成调试版可执行程序;

③ 按 F5 键,使程序执行到断点(其间应输入两个实数值,如 6 和 9。此时变量窗口中 m 和 n 的值分别为 6.00000 和 9.00000)。

④ 按 F11 进行单步调试,以跟踪进入 max() 函数的内部。此时,变量窗口显示 6.00000 和 9.00000,说明调用 max(a,b)时,系统已将实参 a,b 分别传递给形参 x,y。此后,每按一次 F11 键,都要仔细观察变量窗口内数据和执行流程的变化。

⑤ 当程序执行从 max() 函数返回 main() 函数的行 A 时,按 F5 结束程序。

练习题 8

一、选择题

1. 下面是对宏定义的描述,不正确的是_____。
    A. 宏不存在类型问题,宏名无类型,它的参数也无类型
    B. 宏替换不占用运行时间
    C. 宏替换时先求出实参表达式的值,然后代入形参运算求值
    D. 其实,宏替换只不过是字符替代而已

2. 以下说法中正确的是_____。
    A. #define 和 printf 都是 C 语句　　　B. #define 是 C 语句,而 printf 不是
    C. printf 是 C 语句,但 #define 不是　　D. #define 和 printf 都不是 C 语句

3. 以下程序的输出结果为_____。
```
#include <stdio. h>
#define SQR(x) x * x
void main()
{
    int a,k=2;
    a=++SQR(k+1);
    printf("%d\n",a);
}
```
    A. 6　　　　　　　　B. 7　　　　　　　　C. 8　　　　　　　　D. 9

4. 以下程序中,for 循环执行的次数是_____。
    A. 5　　　　　　　　B. 6　　　　　　　　C. 8　　　　　　　　D. 9
```
#include<stdio. h>
#define N 2
#define M N+1
```

```
#define NUM (M+1) * M/2
void main()
{
    int i;
    for(i=1;i<=NUM;i++)
        printf("%d\n",i);
}
```

5. 有如下程序：

```
#include <stdio. h>
#define N 2
#define M N+1
#define NUM 2 * M+1
void main()
{   int i;
    for(i=1;i<=NUM;i++)
        printf("%d\n",i);
}
```

该程序中的 for 循环执行的次数是_____。
A. 5　　　　　　　B. 6　　　　　　　C. 7　　　　　　　D. 8

二、填空题

1. C 提供的预处理功能主要有_____、_____、_____等三种。
2. C 规定预处理命令必须以_____开头；定义宏的关键字是_____。
3. 在预编译时将宏名替换成_____的过程称为宏展开。
4. 预处理命令不是 C 语句,不必在行末加_____。
5. 以头文件 stdio. h 为例,文件包含的两种格式为：_____,_____。
6. 下面程序的运行结果为_____。

```
#include <stdio. h>
#define SUB(X,Y) (X) * Y
void main()
{   int a=3,b=4;
    printf("%d\n",SUB(a++,b++));
}
```

7. 以下程序的输出结果是_____。

```
#include <stdio. h>
#define f(x) x * x
void main()
{
    int i;
    i=f(4+4)/f(2+2);
```

```
        printf("%d\n",i);
    }
```

8. 以下程序输出的结果是_____。

```
#include <stdio.h>
void main()
{   int a=10,b=20,c;
    c=a/b;
    #ifdef DEBUG
        printf("a=%d,b=%d,",a,b);
    #endif
    printf("c=%d\n",c);
}
```

三、程序设计题

1. 定义一个带参的宏,求两个整数的余数。通过宏调用,输出求得的结果。

2. 分别用函数和带参的宏,从 3 个数中找出最大者。

3. 输入一个整数 m,判断它能否被 3 整除。要求利用带参的宏实现。

第9章 指针及其应用

本章的主要内容:指针和指针变量的概念,指针变量的定义与使用,数组的指针和指向数组的指针变量。通过本章内容的学习,要求理解指针的概念,掌握指针变量的运用,掌握指针与数组、指针与函数、指针与字符串的关系与应用,利用指针实现数据排序、字符数据的输出等,运用指针解决具有较复杂数据结构的实际应用问题。

【任务】 运用 C 语言的指针及指针数组解决较复杂的数据结构,掌握指针及指针数组使用的基本方法及技巧。

9.1 指针的引入

9.1.1 问题与引例

在前面章节中介绍了如何使用数组存放多个相同类型的数据并进行运算,但数组的长度在定义时必须设置为确定值,且在程序执行过程中不能改变大小。例如,例 6.1 中数组 a 的长度是 10,程序中只能引用 10 个数组元素 a[0]～a[9]。如果事先无法确定需要处理的数据数量,又应该如何解决呢?

【引例】 编程实现输出 2 到 n 之间的所有素数。

问题分析:解决此类问题可采用声明一个数组并指定数组长度的方法,但数组的长度在运行时才能知道,通常采用的方法是声明一个较大的数组,使它可以存放可能出现的最多元素。这种方法尽管使用简单,但是由于程序中的 n 是人为控制的,如果程序中需要使用的元素数量超过了声明的长度,这种事先声明固定大小数组的方法就无法处理了。若要避免这种情况,就得把数组长度声明得更大,然而,如果程序需要的元素数量较少,巨型数组的绝大部分内存空间就被浪费了。为此,C 语言提供的动态内存分配功能(利用指针),可克服上述问题存在的弊端,满足实际应用的需要。

9.1.2 指针的基本概念

指针是 C 语言的重要特点之一。那么什么是指针呢? 指针是存放内存地址的一种变量类型,也就是说,指针这个变量是用来说明某个变量在内存中的位置,或者说,指针是指向另一个变量的变量,指针和地址紧密地联系在一起。

指针是 C 语言的重要特色,也是 C 语言的精华,是 C 语言区别于其他程序设计语言的最重要特征之一。正确灵活地运用指针可以有效地表示复杂的数据结构,方便地使用数组和字符串;可以在函数间进行数据传递;可以直接处理内存地址、动态分配内存;可以设计出结构紧凑、效率更高的应用程序,指针极大地丰富了 C 语言的功能。

前面用过的标准输入语句"scanf("%d",&score);"是大家非常熟悉的语句,其中的符号"&"就是取地址运算符。使用 scanf() 函数读取数据时,必须提供存储单元的地址,如果将"scanf("%d",&score);"语句错写为"scanf("%d",score);",该语句就不能正确地接收用户输入的数据。

下面程序中的错误是初学者经常容易犯的错误。

```
#include <stdio.h>
void main()
{
    int score;
    printf("\n 请输入一个成绩:");      //提示用户输入一个成绩
    scanf("%d",score);               //接收用户输入的分数,错误语句
    printf("score=%d\n",score);      //输出成绩 score
}
```

执行上面的程序,运行后出现如下错误提示后中断程序执行。

warning C4700: local variable 'score' used without having been initialized

提示说明本地变量 'score' 在使用前没有初始化,也就是说 'score' 并没有从键盘获取数据。这是因为 scanf("%d",score);语句中没有给出正确的地址,系统不知道应该把数据存放在何处,从而引起了执行错误。"scanf("%d",&score);"中的"&"就是指针运算符。

指针既是 C 语言的重点,也是 C 语言的难点,能否正确理解和灵活使用指针是掌握 C 语言的一个标志。在学习指针时,只要正确理解指针的本质,积极应用指针多编程,多上机调试,不怕出错,就能正确掌握、灵活运用指针。

9.2　指针与指针变量

指针是 C 语言中的一种特殊数据,用于指明变量、数据或函数在内存中存放位置。由于指针的内部实现机制是通过地址来完成的,因此,通俗地讲指针就是地址。一个变量在内存中的地址称为这个变量的指针。

9.2.1　地址与指针

1. 内存的地址

程序运行时,程序的所有代码和数据都要事先被调入内存,由操作系统为它们分配特定的内存空间。那么,什么是内存,程序和数据又是如何存放的呢?

内存是以字节为单位的一片连续存储空间,为了便于访问,给每个字节一个唯一的编号,第一个字节编号为 0,以后各单元按顺序连续编号,这些单元编号称为内存单元的"地址",它相当于每个变量的房间号。变量的数据就存放在地址所标识的内存单元中,变量中的数据其实就相当于仓库中各个房间存放的货物。如果内存中没有对字节编号,系统将无法对内存进行管理。

2. 变量的地址

一般微机使用的 C 语言系统为整型变量分配 2 个字节(C++中整型变量占用 4 个字节),为实型变量分配 4 个字节,为字符型变量分配 1 个字节,为双精度类型变量分配 8 个字节。当某一变量被定义后,其内存中的地址也就确定了。

那么,变量在内存中是如何存放的? 又是如何使用的呢? 下面以不同类型变量的定义、赋值以及在内存中的存放位置来进一步理解变量、地址和指针的含义。

【例 9.1】 不同类型的变量的存储形式。

（1）源程序。

```
#include <stdio.h>
void main()
{
        int i=5,j=10;                //定义两个整型变量i,j,并赋值为5和10
        float x=0.618,y=3.14159;
        //定义两个单精度变量x,y,并赋值为0.618和3.14159
        char c1='m', c2='N';         //定义两个字符变量c1,c2,并赋值为'm'和'N'
        int * p1,* p2;               //定义两个指向整型变量的指针变量p1,p2
        p1=&i;p2=&j;                 //将p1指向i,p2指向j
        printf("i=%d,j=%d\n",i,j);
        printf("x=%f,i=%d\n",x, * p1);
}
```

（2）程序分析。

在C语言程序中，声明一个变量，根据变量类型的不同，系统会为其分配一定字节数的存储空间，所分配存储空间的第一个字节（首地址）的地址，称为该变量的地址，而变量在存储空间中存放的数据，称为变量的值。

凡是程序中定义的变量，系统编译时都会给它们分配相应的存储空间，如图9-1所示。

地　　址	内存用户数据区	变　　量
	...	
2000	5	i
2002	10	j
2004	0.618	x
2008	3.14159	y
2012	m	c1
2013	N	c2
	...	
3000	2000	p1
3004	2002	p2
	...	

图 9-1　系统编译内存分配图

整型变量i占内存用户数据区2000和2001两个字节，j占2002和2003两个字节，其值为5和10；实型变量x占2004～2007四个字节，y占2008～2011四个字节，其值分别为0.618和3.14159；字符变量c1和c2各占一个字节，分别为2012和2013，其值为'm'和'N'。

存放在内存中的程序、数据和变量都有一个地址，用它们所占存储单元的第一字节的地址来表示。由图9-1可见，i、j、x、y、c1、c2的地址分别为2000、2002、2004、2008、2012、2013。指针变量p1、p2本身的地址为3000、3004，而p1和p2的存储单元里存放的是变量i和j的地址（2000和2002），指针变量占用4个字节的存储空间。程序中"* p1"表示指针p1所指向存储单元的值，因p1指向i，* p1表示变量i中存储的值为5。

（3）程序运行。

程序运行结果：

i＝5,j＝10

x＝0.618000,i＝5

注意：变量的地址和存储空间的大小与机器以及开发环境有关,这里所给的运行结果只为说明问题,做实验时的运行结果很可能不一样,本章中其他与地址相关例题也是如此。

3. 寻址方式

引入指针后,对变量的访问有直接寻址和间接寻址两种方式。

（1）直接寻址。

直接寻址是指直接利用变量名进行存取的方式。

例如：

scanf("%f",&x);

printf("x=%f\n",x);

程序在执行第一个语句"scanf("%f",&x);"时,若从键盘输入 0.618,则 0.618 将被送往起始地址为 2004 的 2004、2005、2006 和 2007 共 4 个字节的内存空间中。执行第二个语句"printf("x=%f\n",x);"时,系统根据变量名和地址的对应关系找到地址 2004,然后从 2004开始的 4 个字节中取出实数 0.618 并输出。

在程序中,对变量 x 进行存取操作,实际上也就是对某个变量的存储单元地址进行操作。这种直接按变量名进行的访问,称为"直接访问",也叫"直接寻址"。

（2）间接寻址。

间接寻址是将变量的地址存放在另一种类型的变量中,通过这种新的变量类型来得到变量的值。C 语言规定,可以在程序中定义整型变量、实型变量、字符变量等,也可以定义一种特殊的变量,专门用来存放变量地址,就是"指针变量"。

例 9.1 程序中声明指针变量 p1(int * p1;),用来存放整型变量 i 的地址 2000(p1=&i;),假设系统分配给变量 p1 的内存单元为 3000、3001、3002 和 3003。语句 printf("%d\n", * p1);,通过 p1 存取变量 i 的值,首先找到存放变量 p1 的地址 3000,从中取出变量 i 的地址2000,再到 2000、2001 内存单元中取出 i 的当前值 5,这种由指针变量 p1 得到变量 i 的值的过程,称为"间接访问",也叫"间接寻址"。

4. 指针与指针变量

由于通过地址能找到所需的变量单元,因此,可以说地址"指向"该变量单元。所谓"指向"就是通过地址来体现的。前面假设 p1 中的值是变量 i 的地址(2000),这样就在 p1 和变量 i 之间建立一种联系,即通过 p1 能知道 i 的地址,从而找变量 i 的内存单元。

在 C 语言中,将地址形象地称为"指针",意思是通过它,能找到以它为地址的内存单元。一个变量的地址称为变量的"指针"。例如地址 2000 就是变量 i 的指针。一个专门用来存放另一个变量地址的变量(即指针),则称它为"指针变量",如例 9.1 中的 p1。

指针与指针变量的区别类似于变量的值与变量的区别。指针就是地址,变量的指针就是变量的地址,指针变量则是存放地址的变量,指针变量习惯上简称为"指针"。

9.2.2 创建指针

如果在程序中声明一个变量,并使用地址作为该变量的值,那么这个变量就是指针变量。

定义指针变量的一般形式为：

    类型说明符　＊指针变量名；

其中，星号（＊）表示这是一个指针变量，变量名即为定义的指针变量名，类型说明符表示本指针变量所指向变量的有效数据类型，也称"基类型"，如 int、float、char 等。

对指针变量的类型说明包括两方面的内容：指针所指向变量的数据类型和指针变量名。指针变量名是指针变量的名称，必须是一个合法的标识符。

指针变量用于存放变量的地址，由于不同类型的变量在内存中占用不同大小的存储单元，所以只知道内存地址，还不能确定该地址上的对象。因此在定义指针变量时，还需要说明该指针变量所指向的内存空间上所存放数据的类型。

例如：

```
int  * pi;            //定义指针变量 pi,指向整型变量
float  * pf;          //定义指针变量 pf,指向实型变量
char  * pc;           //定义指针变量 pc,指向字符型变量
double  * pd1, * pd2; //定义两个指针变量 pd1,pd2,指向双精度实型变量
```

注意：定义指针变量要使用指针声明符"＊"；定义多个指针变量时，每一个指针变量前面都必须加上"＊"。

一个指针变量只能指向同类型的变量。如 pf 只能指向 float 型变量，不能指向字符变量或整型变量。

9.2.3　指针变量的赋值

指针变量定义后，变量值不确定，引用前必须先赋值，也称为指针变量的初始化。

1. 将变量的地址赋值给指针变量，使指针指向该变量

若有如下定义：

int a,b, * pa, * pb;

语句定义了整型变量 a、b 及整型指针变量 pa、pb。pa、pb 未进行初始化，因此两个指针没有指向任何变量。

    a＝3；b＝5；

    pa＝&a；pb＝&b；

上面语句的第 2 行将变量 a、b 的地址分别赋给指针变量 pa、pb，使 pa 指向变量 a，pb 指向变量 b。这样，变量 a 又可表示为 * pa，变量 b 又可表示为 * pb。

2. 指针变量间的赋值

pa 和 pb 都是整型指针变量，它们之间可以相互赋值。例如：

pa＝&a；

pb＝pa；

pa、pb 指向同一个变量 a，pa、pb 是等价的。

3. 空指针

局部指针变量若未初始化，则它的值是不确定的，即指向一个不确定的存储单元。如果这时引用指针变量，可能产生不可预料的后果（影响系统的正常运行）。为了避免出现这样的问题，除了上面介绍的给指针变量赋予确定的地址之外，还可以给指针变量赋空值，说明该指针不指向任何变量。

当指针的值为 NULL 时,称该指针为空指针。代表空指针的符号常量 NULL 在头文件 stdio. h 中定义,其值为 0,在使用时应加上包含命令。

例如:

```
#include <stdio. h>
int * p;
p=NULL; 或 p=0; 或 p='\0';
```

【例 9.2】 指针变量赋值。

(1) 源程序。

```
#include <stdio. h>    //头文件
void main()            //主函数
{
    int i=2,j;          //声明变量
    float * pf;         //定义基类型为 float 的指针变量 pf
    pf=&i;              //指针变量赋值
    j= * pf;
    printf("i=%d\tj=%d\n",i,j);    //输出
}
```

(2) 程序运行。

编译执行该程序,得到如下错误提示:

warning C4133: '=' : incompatible types - from 'int * ' to 'float * '

warning C4244: '=' : conversion from 'float ' to 'int ', possible loss of data

根据系统提示,将定义语句 float * pf;中的指针数据类型修改为 int 后,再次编译执行。程序中,使用间接寻址运算符 * 从指针变量 pf 所指的内存单元中取出值,然后赋值给变量 j,其意义相当于以下语句:j=i;

运行程序,得到如下结果:

i=2   j=2

(3) 程序分析。

在该程序中,首先定义 int 型变量 i 和 j,并给变量 i 赋初值 2。接着,定义一个类型为 float 的指针变量 pf。然后,将 int 型变量 i 的地址赋值给 float 型的指针变量 pf。

在初始化指针变量时,必须保证指针变量所指向变量的数据类型与定义指针时的基类型一致。例如,当把一个指针定义为 float 型时,编译器便认为该指针变量存放的地址都是指向 float 型变量。本例开始将 float 型指针指向一个整型变量,所以出现指针类型不一致错误。

9.2.4 指针变量的运算

指针就是地址,指针变量就是变量的地址。指针运算的实质就是地址运算,指针变量的运算主要有:赋值、取地址、取内容、加减一个整数等运算。当两个指针指向同一数组时可以进行关系运算。

1. 指针运算符

将指针变量赋值后,就可以使用指针变量参与操作了。指针变量进行的操作最常用的两个运算符是"&"和" * "。

（1）取内容运算符"＊"。

取内容运算符"＊"是单目运算符,其结合性为自右至左,用来表示指针变量所指的变量。在"＊"运算符之后跟的变量必须是指针变量。

注意:指针运算符"＊"和指针变量说明中的指针说明符"＊"所表达的意义是不一样的。在指针变量声明中,"＊"是类型说明符,表示其后的变量是指针类型,而表达式中出现的"＊",则是一个运算符,用来表示指针变量所指的变量当前值。

运算符"＊"不仅能从指定内存地址取得内容,也可以修改指定内存地址中的内容。

【例 9.3】 指针运算符的运用。

（1）源程序。

```
＃include <stdio.h>      //头文件
void main()             //主函数
{
    int i;              //声明普通变量
    int ＊pi;           //声明指针变量
    pi＝&i;             //指针变量赋值
    i＝10;              //普通变量i赋初值
    printf("i=%d\t＊pi=%d\n",i,＊pi);   //输出变量值及指针所指向变量的值
    ＊pi＝5;            //修改指针所指向存储单元里的值
    printf("i=%d\t＊pi=%d\n",i,＊pi);   //输出修改后的值
}
```

（2）程序运行。

编译执行这段程序,得到如下结果:

i＝10   ＊pi＝10

i＝5   ＊pi＝5

（3）程序分析。

在该程序中,首先将变量i地址赋值给指针变量pi。然后,将变量i的值设置为10,因为指针变量pi是指向变量i的,所以＊pi得到的值也将是10,程序输出结果验证这一结果。接着,程序中将常量5赋值给指针变量pi所指向的内存单元(即变量i),因此变量i的值也随之改变。

这样,＊pi和变量i都指向完全相同的内存空间,可以互相取代。指针变量pi、＊pi和变量i、&i之间的关系,如图9-2所示。

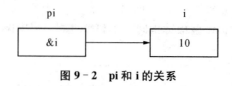

图 9-2   pi和i的关系

在图9-2中,变量i中保存的值为10,指针变量pi中保存的是变量i的地址(或者说指针变量pi指向变量i)。

实际上,可将＊pi看成是变量i的一个别名,即这两个名称都可访问同一内存单元。＊pi实质上是经过一次间接寻址才访问到变量i的内存单元的。其执行过程是,首先从指针变量pi中获取一个内存地址,再去访问该地址所对应的内存单元。

（2）取地址运算符"&"。

取地址运算符"&"是单目运算符,其结合性为自右至左,其功能是取变量的地址。

在程序中,变量的地址是由编译系统分配的,对用户完全透明,用户不知道变量的具体地址。为此,C 语言中提供了地址运算符"&",可以获取变量的首地址。

其一般形式:& 变量名

其中"&"为取地址运算符,变量名为预先声明的变量。例如,&a 表示变量 a 的首地址,&b 表示变量 b 的首地址。

初始化指针一般就是使用该运算符取得一个变量的地址,并将其赋值给指针变量即可。例如:

int i;

int * pi=&i;

以上两个语句中,先定义 int 型变量 i,再定义 int 型指针变量 pi,并将变量 i 的地址赋值到指针变量 pi 中。也可写为以下方式:

int i;

int * pi;

pi=&i;

以上三个语句中,首先定义两个变量,接着将普通变量 i 的地址保存到指针变量 pi 中。

注意:变量 i 的地址保存在指针变量 pi 中,最后一行中不可在 pi 前面加星号"*"。

不允许把一个常数赋给指针变量,下面的语句在有的编译器中可以编译,但将提示用户注意。在有的编译器中不能编译,而直接提示出错。例如:

int * p;

p=2000;

这里,指针变量 p 不能以常量赋值,但是给指针变量赋初始值为 0 或符号常量 NULL 是允许的,此时表示空指针,不指向任何变量。

【例 9.4】　输入两个数,按从大到小顺序输出,不允许交换输入两数的位置。

（1）算法分析。

要将数据按从大到小顺序输出,首先想到的就是把大的数交换到最前面。但是本例不允许交换两数的位置。这时,可使用指针变量完成该任务。

（2）程序设计。

```
#include <stdio. h>              //头文件
void main()
{
    int a,b;
    int * pmax,* pmin,* pt;       //定义指针变量
    printf("请输入两个整数:");
    scanf("%d%d",&a,&b);
    pmax=&a;                       //指针变量赋值
    pmin=&b;
    if (* pmax< * pmin)            //也可用 if(a<b)
    {
```

```
        pt=pmax;
        pmax=pmin;
        pmin=pt;
    }
    printf("输入的值:a=%d,b=%d\n",a,b);
    printf("较大值为:%d,较小值为:%d\n", * pmax, * pmin);
}
```

（3）程序运行。

运行程序,根据提示,请输入两个整数:5 8

输出两行结果为:

输入的值:a=5,b=8

较大值为:8，较小值为:5

（4）程序说明。

在该程序中,首先定义了 2 个整型变量和 3 个整型指针变量,指针变量是可以和其他普通变量在一起定义的。指针变量 pmax 用来保存大数的地址,pmin 用来保存较小数的地址,因为有可能 pmax 和 pmin 要进行数据交换,所以还定义了一个临时指针变量 pt。

用户在输入变量 a 和 b 的值后,分别将这两个变量的地址赋值给 pmax 和 pmin 指针变量,如图 9-3(a)所示。接着比较 * pmax 和 * pmin 的值,若 pmax 所指内存单元的值小于 pmin 所指内存单元的值,则交换两个指针变量的值,如图 9-3(b)所示。交换指针变量所指向变量后,结果如图 9-3(c)所示,使 pmax 始终指向较大值的内存单元。

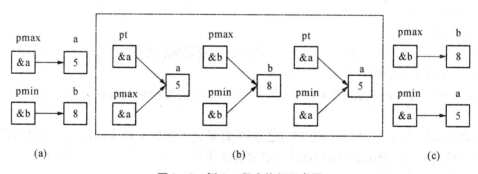

图 9-3   例 9.4 程序执行示意图

注意:在程序中执行交换的时候,是交换指针变量的值,即交换指针变量保存的内存地址值。如果编写以下语句,则是交换变量 a 和 b 的值。

t= * pmax;

* pmax= * pmin;

* pmin=t;

上面的代码没有使用 * pt,因为指针变量没有被初始化,若使用 * pt= * pmax ,将一个值赋给一个未知的存储单元,将给系统带来非常大的危险。

2. 指针变量的运算

（1）指针的赋值运算。

在引用指针变量前,给指针变量设置一个具体的指向,如上例程序中的 pmax=&a; pmin

=&b;。

（2）指针变量与整数的加减运算。

指针变量除了能进行赋值、间接访问（取值）运算外，还支持与整数类型的加减法操作。一个指针可以加上或减去一定范围内的一个整数，以此来改变指针的地址值。

① 指针＋1 运算。

该指针指向（物理上的）下一个存储单元的首地址。具体移动的字节数由该类数据类型（基类型）所占的字节数决定。当基类型为整型时，指针加 1，在 16 位系统上，向下移动 2 个字节，而在 32 位系统上，则向下移动 4 个字节；当基类型为实型时，指针加 1，移动 4 个字节；当基类型为字符型时，指针加 1，则移动 1 个字节。因此，p＝p＋n 后，p 将后移 n 个基类型元素的长度。

② 指针－1 运算。

与指针＋1 类似，是指向上一个存储单元的首地址。

例如：

int a[10], * p＝a;

p 是一个指向数组 a 的首元素的指针，而 p＋＝1 则表示指针 p 指向了数组元素 a[1]，即指向了数组的下一个元素，p＋＝1 表达式与 p＋＋表达式是等效的，都是用来将指针 p 所指向的数组元素向下移一个。同理，p＋＝2 则表示将 p 所指向的元素向下移动 2 个，即使 p 指向 a[2]元素。指针 P 还可以作如下运算：p＋＋,p－－,p＋＝i,p－＝i,p＋i,p－i 等等。

注意：指针加 1 即（p＋＋）不是简单地将 p 的值加上 1，而是将 p 的值加上 1 倍的它所指向的变量占用的内存字节数。指针加 i（即 p＋＝i）是将 P 的值加上 i 倍的它所指向变量占用的内存字节数。对于 int 型变量（16 位），它占用内存的字节数为 2，因此，p＋＝i;实际上是 p＋＝2 * i 个字节数，对于指针指向的变量为 float 型的，p＋＝i 实际上是 p＋＝4 * i 个字节数，等等。对于指针减去一个整数也是如此。

（3）关系运算。

具有相同基类型的两个指针变量可以进行关系运算。

例如，假设 p1 和 p2 两个指针都指向同一个数组的元素，则 p1 和 p2 可进行下列关系运算：＞、＞＝、＜、＜＝、＝＝、! ＝。

一般来说，指针变量的关系运算，只有在这两个指针变量指向同一个数组时才有实际意义。当测试某指针变量是否为空指针时，可以和 NULL 进行比较。

例如，假设有下列语句：

int arr1[10];

int * p, * q;

p＝&arr1[3];

q＝&arr1[5];

则：

p＝＝q	结果为"假"，当 p 和 q 指向相同元素时为"真"。
p＜q	结果为"真"，当 p 指向的元素在 q 指向的元素前面时为"真"。
p＞q	结果为"假"，当 p 指向的元素在 q 指向的元素后面时为"真"。
p! ＝q	结果为"真"，当 p 和 q 指向不同元素时为"真"。
p＝＝NULL	结果为"假"，当 p 的值等于 NULL 时为"真"。

(4) 指针变量的相减运算。

具有相同基类型的两个指针变量可以进行相减运算，表示两个指针变量所指向的变量之间间隔的基类型的元素个数。

这种操作，通常当这两个指针变量指向同一个数组时才有实际意义。

例如，假设有下列语句：

```
int arr1[10];
int * p, * q;
p=&arr1[5];
q=&arr1[2];
printf("%d\n",p-q);
```

若 p 的地址为 2006，q 的地址为 2000，则 p-q=3。其实 3 是(2006-2000)/2 得到的结果，表示 p 和 q 这两个指针所指对象(arr1[5] 和 arr1[2])之间指针基类型(此处为整型 2)的元素个数。

运行程序，显示结果：3

说明：这里的 2 是指基类型所占内存字节数。两个指针变量相减，系统会根据类型自动进行地址运算，而不是两个地址直接相减。

9.2.5　指针变量作为函数的参数

通过第 7 章函数的学习，大家知道 C 语言中的函数参数包括实参和形参，两者的类型要一致。函数参数可以是整型、字符型和浮点型，当然也可以是指针类型。如果将某个变量的地址作为函数的实参，相应的形参就是指针。

当调用函数中的实参是一般变量或常数时，实参与形参之间的数据传递是"单向值传递"的方式，调用函数不能改变实参变量的值。但在函数定义时若以指针作为形参，函数调用时，以变量的地址作为实参，实参与形参之间的数据传递是"双向地址传递"的方式。对形参的修改有可能影响实参，这样的机制被称为引用调用(call by reference)。

下面将通过修改例 9.4 来理解指针作为形参时，函数调用后实参的变化。

【例 9.5】　将例 9.4 改为用指针作为函数参数，输入两个数，按从大到小顺序输出。

(1) 算法分析。

将例 9.4 中的变量交换部分，编写成功能独立的函数，再由主程序调用。

(2) 程序设计。

```
#include <stdio.h>                      //头文件
void main()
{
    int a,b;
    int * p1, * p2;                     //定义指针变量
    void swap(int * pa,int * pb);       //函数声明
    printf("请输入两个整数:");
    scanf("%d%d",&a,&b);
    printf("输入的值:a=%d,b=%d\n",a,b);
    p1=&a;p2=&b;                        //指针变量赋初值
```

```
        if(a<b)                        //条件判断,也可用 if( * p1< * p2)
            swap(p1,p2);               //函数调用,也可用 swap(&a,&b)实现
        printf("较大值为:%d,较小值为:%d\n", * p1, * p2);
        //输出函数调用后指针 p1,p2 所指变量的值
        printf("a=%d,b=%d\n",a,b);      //函数调用后输出变量 a,b 的值
}
void swap(int  * pa,int  * pb)          //函数定义
{    int temp;
     temp= * pa;
     * pa= * pb;
     * pb=temp;
}
```

(3) 程序运行。

请输入两个整数:5 8

输入的值:a=5,b=8

较大值为:8, 较小值为:5

a=8,b=5

(4) 程序说明。

① 本程序由主函数直接调用 swap 函数,实参为 main 函数中的指针变量 p1 和 p2。它们指向变量 a 和 b,如图 9-4(a)所示。

② 被调用函数 swap 的两个形参 pa 和 pb 为与实参类型一致的指针变量。在调用该函数时,p1 和 p2 将其地址值传递给 pa 和 pb,这时 pa 指向变量 a,pb 指向变量 b,如图 9-4(b)所示。

③ swap 函数执行过程中,通过引用指针变量来交换 a 和 b 两个变量的值,如图 9-4(c)所示。

④ swap 函数结束后,返回到主函数,输出 a 为 8,b 为 5,如图 9-4(d)所示。

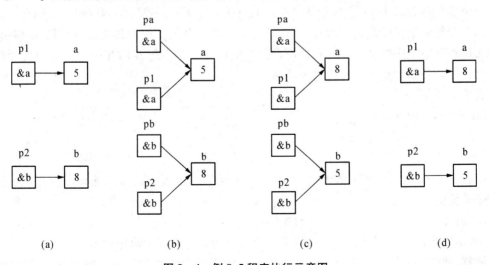

图 9-4　例 9.5 程序执行示意图

从上图可以看出,交换 a 和 b 两个数,并未改变原指针变量的值,只是在 swap 函数中,通过引用形参 pa、pb 使 a、b 的值互换,其实是通过形参指针变量 pa 和 pb 间接对主函数中的 a 和 b 操作。

思考:若函数写成下面的形式,该函数完成的功能是什么? 程序调用后,能否实现变量 a 和 b 的交换?

```
void swap(int * pa,int * pb)
{    int * pt;
     pt=pa;
     pa=pb;
     pb=pt;
}
```

swap()函数的功能是交换两个指针变量 p1、p2 本身的值。虽然 p1 和 p2 的指针值被交换了,但由于指针变量的值也遵循"单向传递"的原则,不会因为指针形参值的改变而影响到指针实参的值。主函数中变量 a 和 b 的值并未被交换。因此,仅交换函数中指针形参的值,并不能交换 a 和 b 的值,这也是初学者容易出错的地方。

使用指针变量作为函数参数,虽然函数调用时传递的仍然是变量本身的值,但其数据含义与普通数值数据不同,其传递的是地址信息。被调用函数可以在传过来的地址所对应的内存空间进行操作,因此被调函数和主调函数是对同一个变量进行处理。

9.3　指针与数组

在 C 语言中指针和数组有着密切的联系,指针可以指向数组和数组元素。引用数组元素可以用下标法,如 a[2],也可以用指针法,即通过指向数组元素的指针引用数组元素。使用指针法能提高目标程序的质量,其占用内存少,且运行速度快。

9.3.1　指针和一维数值数组

1. 定义指向一维数组的指针

一个数组包含若干个元素(变量),在定义时被分配了一段连续的内存单元。因此,可以用一个指针变量来指向数组的首地址,通过该首地址就可以依次找到其他数组元素,同样指针变量也可以指向数组中的某一个元素。所谓数组的指针是指数组在内存中的起始地址,数组元素的指针是指各个数组元素在内存中的地址。

有如下语句:

```
int c[10]={0};
int * p;
p=c;
```

C 语言规定,数组名代表数组的首地址,也就是第一个数组元素的地址。因此,下面两个语句是等价的。

```
p=c;                      //直接将数组名赋给指针 p
p=&c[0];                  //将数组第 1 个元素的地址赋给指针 p
```

注意:数组 c 不代表整个数组。上述"p=c;"的作用是把数组 c 的首地址赋值给指针变量 p,而不是把数组 c 中各元素的值赋给 p。

同样,也可以在定义指针变量的同时赋初值。

例如:

int ＊p＝&a[0]; 等价于:int ＊p; p＝&a[0];

或者:

int ＊p＝a;

思考:p、a、&a[0]之间有何异同点?

相同点:p、a、&a[0]均指向同一内存地址,且是数组 a 的首地址,也是第 1 个元素 a[0]的首地址。

不同点:p 是变量,而 a、&a[0]是常量,其值固定,是首元素的地址。

定义指向数组元素的指针变量的方法,与定义指向变量的指针变量相同。

例如:

int c[10], ＊p;

p＝&c[5];

指针变量 p 指向了数组 c 中下标为 5 的那个元素,即 p 用来保存 c[5]的地址。

【例 9.6】 利用指针对数组中的每一个元素进行输入/输出操作。

(1) 算法分析。

对数组元素的输入/输出可以采用下标法和指针法,这里分别用两种方法进行输出,以便比较。

(2) 程序设计。

```c
#include <stdio.h>
void main()
{
    int i,a[5]={5,10,15,20,25};      //声明数组并初始化
    int ＊p＝a;                       //定义指针并指向一维数组
    for(i=0;i<5;i++)                 //下标法循环输出数组元素
    {
        printf("a[%d]=%d\n",i,a[i]);
    }
    printf("\n");
    for(i=0;i<5;i++)                 //指针方式循环输出
    {
        printf("＊(p+%d)=%d\n",i,＊(p+i));
    }
}
```

(3) 程序运行。

编译执行该程序,得到如下结果:

a[0]=5

a[1]=10

a[2]=15

a[3]=20

a[4]＝25

＊(p＋0)＝5
＊(p＋1)＝10
＊(p＋2)＝15
＊(p＋3)＝20
＊(p＋4)＝25

（4）程序说明。

在该程序中,首先定义并初始化数组 a,然后将数组 a 的起始地址保存到指针变量 p 中。接着,使用 for 循环逐个输出数组中各元素的值。最后,使用 for 循环输出指针 p 及距离指针 p 的距离为 1～4 的各元素的值。

从执行结果可以看出,数组元素 a[0]和指针＊(p＋0)的值相同,a[1]和＊(p＋1)相同……这时指针和数组元素之间的关系,如图 9－5 所示。

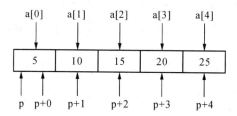

图 9－5   数组与指针示意图

指针 p、p＋0 和数组名 a 均指向同一内存单元,是数组的首地址。p＋1 表示将指针 p 增加一个元素(p＋sizeof(＊p)),使指针指向数组下一个元素 a[1],依此类推,可知道 p＋i 和 a[i]指向同一元素。

因此,引入指针变量后,就可以用两种方法访问数组元素。

第一种方法为下标法,即用 a[i]形式访问数组元素。

第二种方法为指针法,即采用＊(p＋i)形式,用间接访问的方法访问数组元素。

前面已经知道,数组名中保存着数组的首地址,也就是数组的指针。因此,也可以使用＊a 或＊(a＋0)获取数组第一个元素的值,＊(a＋1)获取第二个元素的值,以此类推。

2. 用指针访问数组元素

同样,当使用指针 p 指向数组的首地址后,也可使用 p[0]、p[1]、p[2]来访问数组元素。这样,指针 p 就像是数组 a 的一个别名。下面对例 9.6 进行修改,用指针访问数组元素。

【例 9.7】 用指针访问数组元素。

（1）算法分析。

首先定义数组 a,并将数组首地址赋值给指针 p。在程序中,将数组名作为指针使用,输出各元素的值,然后将指针作为数组名的方式使用,输出各元素的值。

（2）程序设计。

```
#include <stdio.h>              //头文件
void main()
{
    int i,a[5]={5,10,15,20,25};    //声明数组,并初始化
```

```
    int *p=a;                    //指针 p 指向数组 a
    for(i=0;i<5;i++)
    {
        printf(" * (a+%d)=%d\n",i, * (a+i));
    }
    printf("\n");
    for(i=0;i<5;i++)
    {
        printf("p[%d]=%d\n",i, * p++);
    }
}
```

（3）程序运行。

编译执行这段程序，得到如下运行结果：

* (a+0)=5
* (a+1)=10
* (a+2)=15
* (a+3)=20
* (a+4)=25

p[0]=5
p[1]=10
p[2]=15
p[3]=20
p[4]=25

　　从以上程序执行结果可看出，当指针指向数组后，对指针变量也可使用下标方式访问数组中的元素。如果只是使用指针替代数组名，显然没有多大意义，因为可以直接使用数组名加下标来访问。

　　使用指针操作数组的优点主要体现在对数组元素进行顺序操作时，可使用指针的自增自减运算，快速地对数组各元素进行操作。例如上例中程序改写为以下形式：printf(" * p++=%d\n", * p++);

　　在以上程序的 * p++ 表达式中，首先使用 * p 返回指针指向内存单元的值，供 printf() 函数输出，接着执行 p++，使指针向后移动。每执行一次循环体，指针便向后移动一个元素，至循环体执行结束后，指针将指向数组后面的一个内存单元。类似的方法，若将例 9.7 中第 8 行的代码改写为以下形式：

　　printf(" * (a+%d)=%d\n",i, * a++);

　　这时将会发现程序编译出错，表示不能将数组名改写为这种样式。

　　注意：指针和数组名还是有区别的。其实指针是指针变量，可通过运算改变变量保存的值；而数组名是一个指针常量，常量的值是不允许改变的。数组在编译程序时已经分配了固定的内存区域。因此，数组首地址是不允许改变的，数组名就必须被定义为一个指针常量。在操作数组名时，不能使用类似 a++ 或 a-- 这样的操作，但可以使用 a[i]、 * (a+i)等方式访问数组元素,数组名(指针)a 的值始终没有改变。

3. 用数组名作为函数参数

数组名可以用作函数的形参和实参。当数组名作为参数被传递时,若形参数组中各元素发生了变化,则原实参数组各元素的值也随之变化。因为数组名作为实参时,在调用函数时是把数组的首地址传送给形参,因此实参数组与形参数组共占一段内存单元,采用"地址传递"方式,属于双向传递。而以数组元素作为实参时,与使用变量作为实参一样,采用"值传递"方式,属于单向传递,即使形参数组元素值发生了变化,原实参的数组元素值也不会受影响。

用变量名作为函数参数和用数组名作为函数参数比较,见表 9-1。

表 9-1 变量名参数与数组名参数的比较

实参类型	要求形参的类型	传递的信息	实参的值
变量名	变量名	变量的值	不改变
数组名	数组名或指针变量	数组的起始地址	改变

【例 9.8】 用自定义函数中形参为指针的方式,求一维数组的平均值。

(1)算法分析。

首先定义数组 a,并将数组首地址赋值给指针 p。在程序中,通过函数调用,实现求一维数组平均值。函数定义时,定义第一个形参为指针,第二个形参为数组元素的个数,可使函数更具有通用性。函数调用时,实参为指向数组 a 的指针 p,形参为指针 p1,形实结合后,对 p1 的操作就是对 p 的操作,也就是说 p 和 p1 指向同一存储单元。

(2)程序设计。

```c
#include <stdio.h>
void main()
{
    int i;
    float a[10],ave, * p;
    float pj(float * p1,int n);
    p=a;                              //定义指针并指向一维数组
    for(i=0;i<10;i++)
    {
        scanf("%f",&a[i]);           //下标法循环输入数组元素
    }
    ave=pj(p,10);
    printf("%7.2f\n",ave);
}
float pj(float * p1,int n)
{
    int i;
    float ave,s=0;
    for(i=0;i<n;i++)                 //指针方式循环输出
    {
```

```
        s=s+ * p1;
        p1++;
    }
    ave=s/n;
    return ave;
}
```

（3）程序运行。

程序运行结果：

输入：1 2 3 4 5 6 7 8 9 10

输出：5.50

（4）程序说明。

指针 p 为实参，而指针 p1 为形参，利用指针 p1 的地址求出的平均值即数组 a 的平均值。通常在处理指向数组的指针作为函数的参数时，调用时并不知道数组的长度，因此，应将数组的长度也作为参数传递过去。如：float pj(float * p1,int n)；此时，pj 函数就可以实现"求任意长度数组的平均值"。

9.3.2 指针和二维数值数组

数组不仅包含一维数组，还包含多维数组。多维数组可以看成是若干个一维数组的组合。指针变量既可以指向一维数组，也可以指向二维数组，甚至多维数组。

1. 二维数组的地址

一维数组在内存中的起始地址是数组的指针，数组名是一维数组起始元素的常指针，数组元素在内存中顺序存放。二维数组的表示方法与一维数组类似，同样，也可以利用指针法来表示二维数组。

可以将二维数组理解为一个一维数组，其数组元素又是一个一维数组。例如：

有下列二维数组定义：

int a[3][4]={{1,2,3,4},{5,6,7,8},{9,10,11,12}}；

则数组名为 a，它有 3 行 4 列共 12 个元素。

0 行：a[0][0]　a[0][1]　a[0][2]　a[0][3]

1 行：a[1][0]　a[1][1]　a[1][2]　a[1][3]

2 行：a[2][0]　a[2][1]　a[2][2]　a[2][3]

经初始化后，如图 9-6 所示。

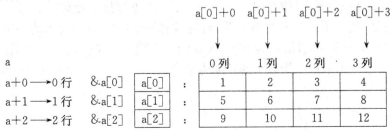

图 9-6　二维数组的逻辑结构

a 是该二维数组的数组名，包含 3 个元素：a[0]、a[1] 和 a[2]。每个元素 a[i] 又是一个包含 4 个元素的一维数组,如 a[0][0]、a[0][1]、a[0][2]和 a[0][3]可以看成是一维数组 a[0]的 4 个元素。

&a[i]和 a+i 表示第 i 行的首地址,指向行。该行的其他元素地址也可以用 a[i]加序号来表示,如:a[i]+1,a[i]+2,a[i]+3。

a[i]、*(a+i)和 &a[i][0]等价,表示第 i 行第 0 列元素的地址,指向列。

a[i]从形式上看是数组 a 中第 i 个元素。如果 a 是二维数组名,则 a[i]代表一维数组名,a[i]本身并不占实际的内存单元,它也不存放数组中各个元素的值,它只是一个地址。a、a+i、a[i]、*(a+i)+j,a[i]+j 都是地址,而 *(a[i]+j)、(*(a+i)+j)是数组元素的值。具体举例见表 9 - 2。

表 9 - 2 数组元素表举列

表示形式	含　义	举　例
a	二维数组名,数组首地址,0 行首地址	地址 2020
a[0], *(a+0), *a	第 0 行第 0 列元素地址	地址 2020
a+1, &a[1]	第 1 行首地址	地址 2028
a[1], *(a+1)	第 1 行第 0 列元素地址	地址 2028
a[1]+2, *(a+1)+2, &a[1][2]	第 1 行第 2 列元素地址	地址 2032
*(a[2]+2), *(*(a+2)+2),a[2][2]	第 2 行第 2 列元素值	该元素的值

2. 指向二维数组的指针变量

(1) 指向数组元素的指针变量。

例如:

int a[3][4];

int *p;

p=&a[0][0];　　　//p 表示 a[0][0]数组元素的地址,指向数组元素,等价于 p=a[0]

用二重循环表示时,可用 *(p+4*i+j)表示 a[i][j],指针 p 每增加 1,表示指向二维数组内存中的下一个元素。

也可用单重循环计算数组元素的和,如:

for(i=0;i<12;i++)

　　　s=s+*(p+i);

(2) 指向由 m 个元素组成的一维数组的指针变量。

上面的指针变量 p 的定义方式为:int *p;表示 p 是指向整型数据的,p+1 所指向的元素是所指向的列元素的下一个元素(按在内存中存储的下一个整型数组元素)。

如果换一种方法,使 p 不是指向整型变量,而是指向一个包含 m 个元素的一维数组。这时,如果让 p 先指向第一行 a[0],语句为 p=&a[0],p+1 就不再是指向下一个数组元素,而是指向下一行 a[1],p 的增值以一维数组的长度为单位。

例如:

int a[3][4];

int (*p)[4];

p=&a[0];　　　// 等价于 p=a;

p 表示指向一个具有 4 个整型数值的一维数组,此处的 4 与二维数组第二维下标值相同。

p+1 移动一次,跳过 4 个元素。

　　根据地址概念,可用以下六种形式表示 a[i][j]这个数组元素:

　　* (* (p+i)+j)　　　　* (p[i]+j)　　　　　　　p[i][j]

　　* (* (a+i)+j)　　　　* (a[i]+j)　　　　　　　a[i][j]

　　说明:

　　① 当" * "或"[ ]"有 2 个时,表示数组元素 * (* (p+i)+j);

　　② 只有 1 个" * "或"[ ]"时,表示地址,如 a[1],p[1], * (p+1);

　　① 没有" * "或"[ ]"时,表示地址的地址,如 p,a。

【例 9.9】　输出二维数组 a 中各个数组元素的值。

方法一:用下标法输出二维数组。

程序代码:

```
#include <stdio.h>
void main()
{
    int i,j;
    int a[3][4]={{1,2,3,4},{5,6,7,8},{9,10,11,12}};
    for(i=0;i<3;i++)
    {
        for(j=0;j<4;j++)
            printf("%4d",a[i][j]);  //下标法
        printf("\n");
    }
}
```

方法二:用指向数组元素的指针来实现。

程序代码:

```
#include <stdio.h>
void main()
{
    int i,j, * p;
    int a[3][4]={{1,2,3,4},{5,6,7,8},{9,10,11,12}};
    p=&a[0][0];                     //指向二维数组的第一个元素
    for(i=0;i<3;i++)
    {
        for(j=0;j<4;j++,p++)        //p++指向二维数组中下一个数组元素
            printf("%4d", * p);
        printf("\n");
    }
}
```

方法三:用指向行的指针变量(* p)[4]来实现。

程序代码:

```
#include <stdio.h>
void main()
{
    int i,j;
    int a[3][4]={{1,2,3,4},{5,6,7,8},{9,10,11,12}};
    int (*p)[4];        //定义指向由 4 个元素组成的一维数组的指针 p
    p=a[0];             //指向特殊的一维数组第一个元素(二维数组的第一行)
    for(i=0;i<3;i++)
    {
        for(j=0;j<4;j++)
            printf("%4d",*(*(p+i)+j)); //p+i 表示指向 i 行
        printf("\n");
    }
}
```

程序运行结果：

```
1     2     3     4
5     6     7     8
9     10    11    12
```

三种方法比较：

第一种方法是下标法,比较直观,能直接知道是第几行第几列元素。C 编译系统是将每一个数组元素 a[i][j]转化成 *(*(a+i)+j)处理的,即先计算元素地址,执行效率较低。

第二种是将指针指向第一个数组元素,指针每移动一次,按数组元素在内存的存放顺序依次处理,一次跳过一个数组元素。

第三种方法是采用指向二维数组行的指针变量方法,指针每移动一次,跳过该行 M 列元素。后两种方法用指针变量直接指向数组元素,而不必每次重新计算地址,提高了执行效率。

9.3.3 指针和字符数组

C 语言中没有专门存放字符串的变量,字符串是存放在字符数组中,且以 '\0' 作为字符串结束标志,数组名表示该字符串在内存中的首地址。当定义一个指针变量指向字符数组后,就可以通过指针访问数组中的每一个数组元素。因此,访问字符串有数组法和指针法两种方式。

1. 用字符数组存放一个字符串

例如：

```
char str[]="I am a student.";
printf("%s\n", str);
```

2. 用字符指针指向一个字符串

(1) 直接用字符指针指向字符串中的字符。

例如：

```
char *str="I am a student.";  //定义 str 为指针变量,并指向字符串的首地址。
printf("%s\n", str);
```

在这里没有使用字符数组,而是定义了一个字符指针变量 str,指向该字符串的首地址。

（2）字符指针指向已定义的字符数组。

例如：

char ＊p；

char str[20]＝{"I am a student. "}；

p＝str；

printf("%s\n",p)；

也可以直接赋值。例如：

char str[20]＝{"I am a student. "}, ＊p＝str；

　　C 语言对字符串常量是按字符数组进行处理的,在内存中开辟了一个字符数组来存放字符串常量。程序中,在定义字符指针变量 str 时,把字符串的首地址赋给 str。str 只能指向一个字符变量或其他字符类型数据,不能同时指向多个字符数组,更不能理解为把字符串中的全部字符存放到 str 中(指针变量只能存放地址)。在输出时,利用字符型指针 str 或 p 的移动来控制输出,直到遇到字符串结束标志 '\0' 为止。

　　注意:通过字符数组名或字符指针变量可以一次性输出的只有字符数组(即字符串),而对一个数值型的数组,是不能企图用数组名输出它的全部元素的,只能借助于循环逐个输出数组元素。

　　3. 指向字符串的指针变量操作

　　当定义一个字符指针变量指向字符串后,通过该指针变量对字符串进行的操作有两种方式。

　　（1）对字符串中的字符进行操作。

　　对字符串中的字符进行操作,与前面介绍过的通过指针变量引用普通数组元素的方法类似,用"＊指针变量名"实现引用,并通过指针变量的运算实现移动,指向不同的字符进行处理。唯一不同的是,判断一个字符串的结束需要通过判断"是否遇到字符串的结束标志 '\0'"来实现,因为字符数组存放的字符串长度通常小于数组的长度。

　　（2）对字符串进行整串操作。

　　用指向字符串或字符数组的指针名作为字符串或字符数组的代表,表示其存储区域的起始位置,可实现对字符串的整体操作。在输入/输出时,用控制符"%s"来控制。

例如：

char ＊p；

scanf("%s",p)；

或

char ＊p;p＝"C language"；

printf("%s",p)；

　　这里,p 与"%s"对应,代表整个字符串,系统自动从字符串的第一个字符开始,逐个输出每一个字符,直到遇到字符串结束标志 '\0' 为止。

　　注意:输出时,p 前面一定不能有"＊"。

　　scanf("%s",p);功能与字符串函数 gets()类似,进行字符串整体输入。

　　printf("%s",p);功能与字符串函数 puts()类似,进行字符串整体输出。

例如：

char ＊p；

```
gets(p);
```
或
```
char * p;p="C language";
```
```
puts(p);
```
与前例等价。

【例 9.10】 通过循环语句控制,逐个输出字符串中的字符。

(1) 算法分析。

首先定义字符指针 p,并赋以字符串常量"Computer",此时字符指针存放字符串常量首元素的地址。输出时,通过循环依次输出字符指针当前所指字符,并移动指针到下一个字符,直到遇到字符串结束标志 '\0'。

(2) 程序设计。
```
#include <stdio. h>
void main()
{
    char * p;
    p="Computer";
    while( * p! ='\0')          //判断是否为字符串结束标志 '\0'
    {
        printf("%c", * p);       //输出字符指针当前所指向存储单元中的字符
        p++;                     //移动字符指针到下一个元素位置
    }
}
```

(3) 程序运行。

程序运行结果:

Computer

(4) 程序说明。

printf 函数中的格式控制符用"%c"对应,表示每循环一次,指针变量 p 加 1,指向下一个字符,当指针变量指向字符串结束字符 '\0' 时,结束循环并结束整个程序。也可以用格式控制符"%s"来实现对字符串的整体输出,如将上面的循环部分改为 printf("%s",p);程序运行结果同上。

4. 指向字符串的指针作函数参数

字符指针作为函数的参数,与指向普通一维数组的指针基本相同。唯一不同的是:指向普通一维数组的指针作为参数时,通常还要加一个数组长度的参数;而字符指针作为函数参数时不用加字符长度。因为在子函数中,判断普通一维数组的结束,只能通过数组长度来判断,而判断一个字符串的结束,则需要通过判断"是否遇到字符串结束标志 '\0'"即可,因此不用考虑字符串长度。

将一个字符串从一个函数传递到另一个函数,可以用地址传递的办法,即用字符数组名作为参数或用指向字符串的指针变量作为参数,进行传递。

字符串指针变量作为函数实参时,形参可以是字符指针变量或字符数组名。当字符数组名作为函数实参时,形参可以是字符数组名,同样也可以是字符指针变量。

【例 9.11】 把一个字符串的内容复制到另一个字符串中,并且不能使用 strcpy()函数。

(1) 算法分析。

由于不能使用字符串复制函数 strcpy,只能采用依次读取每个字符并复制的方式实现字符复制。

首先定义字符指针 * pa、* pb 和字符数组 b。在程序中,通过函数调用,实现对字符串的复制。函数定义时,两个形参均为指针,通过循环判断第一个形参指针是否指向字符串结束标志实现字符复制。函数调用时,第一个实参为字符指针 pa,第二个实参为指向字符数组 b 的指针 pb,形实结合后,对形参 p1 的操作就是对实参 pa 的操作,对形参 p2 的操作就是对实参 pb 的操作,也就是说 pb 和 p2 指向同一存储单元。

(2) 程序设计。

```c
#include <stdio.h>
void main()
{
    char * pa="welcome",b[100], * pb;
    void copystring(char * p1,char * p2);    //函数声明
    pb=b;                                     //字符指针变量 pb 指向字符数组 b
    copystring(pa,pb);                        //函数调用,实参为字符指针
    printf("源字符串为:%s\n",pa);
    printf("赋值字符串为:%s\n",pb);
}
void copystring(char * p1,char * p2)
{
    while( * p1! ='\0')                       //字符串长度由字符串结束标志 '\0' 决定
    {
         * p2= * p1;
        p1++;
        p2++;
    }
     * p2= * p1;
}
```

(3) 程序运行。

程序运行结果为:

源字符串为:welcome

赋值字符串为:welcome

(4) 程序说明。

本例中程序完成了两项工作,一是把 p1 指向的源字符串复制到 p2 所指向的目标字符串中;二是判断所复制的字符是否为 '\0',若是,则表明源字符串结束,不再循环,否则,p1 和 p2 都加 1,指向下一个字符。copystring()函数中第二个语句 * p2= * p1;表示将 p1 的 '\0' 字符也赋值给 p2,否则,输出时 p2 字符串中没有结束标志 '\0',会导致后面一部分字符出现乱码。

5. 字符指针变量和字符数组的区别

虽然字符数组和字符指针变量都能实现对字符的存储和运算,但它们两者之间有如下区别:

(1) 存入内容不同。

字符串指针变量本身是一个变量,用于存放字符串的首地址,而字符串本身是存放在以该首地址为首的一块连续的内存空间中,并以 '\0' 作为字符串结束标志。

字符数组是由若干个数组元素组成,可用来存放整个字符串。

(2) 赋值方式不同。

字符数组可以在定义时对其整体赋初值(即初始化),但在赋值语句中不能完成整体赋值。例如:

```
char str[20]={"I am happy. "};        //正确赋值
char str[20];
str="I am happy. ";                    //错误赋值
```

其中,str 为数组名,是数组首元素的地址,为常数,不能直接赋值,只能对字符数组的各个元素逐个赋值,如 str[5]= 'h'。

而字符指针变量既可以在定义时赋初值,也可以出现在赋值语句中,相对来说要比字符数组使用更灵活。

```
char  * ps="I am happy. ";
```

或

```
char  * ps;
ps="I am happy. ";
```

(3) 存放地址方式不同。

如果定义了一个字符数组,在编译时,系统会为它分配一段连续的内存单元,它的地址是确定的。

而当定义了一个字符指针变量后,就要给该指针变量分配内存单元,以存放一个字符串的地址值,也就是说,该指针变量可以指向一个字符型数据。但如果未对它赋以一个地址值,则它并未具体指向一个确定的字符数据。如:

```
char s[10];
scanf("%s", s);
```

是可以的。但用下面的方法是极其危险的:

```
char * s;
scanf("%s",s);
```

因为编译时虽然给指针变量 s 分配了内存单元,s 的地址(即 &s)已经指定了,但 s 的值并未指定。在 s 单元中是一个不可预料的值,在执行 scanf() 函数时要求将一个字符串输入到 s 所指向的一段内存单元中,即以 s 的值(地址)开始的一段内存单元。而 s 的值却是不可预料的,它可能指向内存中空白的存储区(未用的用户存储区),这样固然可以,但它也有可能指向内存中已存放指令或数据的有用内存段。这就会破坏程序,甚至破坏系统,造成严重的后果。可以这样修改:

```
char * p, s[10];        //定义字符指针和字符数组
p=s;                    //字符指针 p 指向字符数组 s
```

```
scanf("%s", p);          //将从键盘输入的字符串存到以 p 为首地址的存储空间
```

先使 p 有确定值,也就是使 p 指向一个数组的首地址,然后输入一个字符串,把它存放在以该地址开始的若干单元中。

(4)修改方式不同。

在程序中指针变量的值可以改变,而数组名是不能修改的。例如:

```
char * s="china";
s=s+2;                   //修改字符指针,向下移动两个元素
printf("%s",s);
```

指针变量 s 的值可以改变,当要输出字符串时,从 s 当前所指向的单元开始输出各个字符(本题中从字符 i 开始输出),直到遇到 '\0' 为止。而数组名虽然代表了地址,但它的值是一个固定的值,是不能改变的。下面用法是错误的:

```
char str[]={"china"};
str=str+2;               //str 为常量,不能修改
```

9.3.4　指向指针的指针

所有变量都有地址,指针变量也不例外。如果一个指针变量存放的又是另一个指针变量的地址,则称这个指针变量为指向指针的指针变量,简称为"指向指针的指针",也称为"二级指针"。

二级指针变量的主要用途之一是作为函数参数,用来访问另一个作用域的指针变量。

定义指向指针数据的指针变量的一般形式:

类型说明符　**指针变量名;

在指针变量名前使用了两个"*"号。右边的"*"表示该变量是指针类型的变量,左边的"*"号表示该变量所指的对象是指针变量。这里的指针变量名为二级指针变量,将指向一个一级指针变量。"类型说明符"为一级指针变量所指向的变量的数据类型。

一个指针变量可以保存整型变量、实型变量、字符型常量的地址(也称为指向这些变量),也可以指向指针类型变量。二级指针变量也用来保存一个变量的地址,一般是使用取地址运算符,将一级指针变量的地址保存到该变量中。

例如:

```
int i=10;
int * p1=&i;
int ** pp2=&p1;
```

第二行语句定义一级指针变量 p1,指向变量 i。第三行语句定义二级指针变量 pp2,指向变量 p1。三者之间关系如图 9-7 所示。

在表达式中,*p1 表示取出指针变量 p1 所指向的存储单元的内容,即得到变量 i 的值。按这种规则,对于二级指针变量,使用 *pp2 得到的是一级指针变量 p1 的地址,对该地址再次使用运算符 *(即 * * pp2)可得到一级指针变量 p1 所指向变量的值。

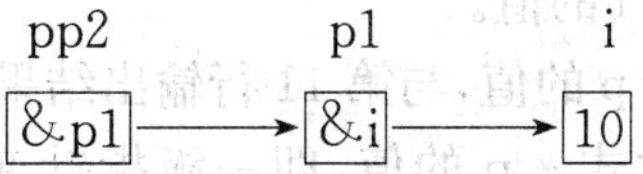

图 9-7　**p1、pp2 与 i 之间的关系**

【例 9.12】　指向指针的指针。

（1）程序代码。

```
#include <stdio.h>            //头文件
void main()
{
    int i=10;
    int * p=&i;                   //一级指针变量p声明并初始化
    int * * pp=&p;                //二级指针变量pp声明并初始化
    printf("二级指针变量pp指向地址:%d\n",pp); //输出
    printf("变量p的地址:%d\n",&p);
    printf("一级指针变量p指向地址:%d\n",p);
    printf("变量i的地址:%d\n",&i);
    printf("i=%d\n",i);
    printf("p=%d\n",p);
    printf(" * p=%d\n", * p);
    printf("pp=%d\n",pp);
    printf(" * pp=%d\n", * pp);
    printf(" * * pp=%d\n", * * pp);
}
```

（2）程序运行。

编译执行以上程序,得到如下结果:

二级指针变量pp指向地址:1638208

变量p的地址:1638208

一级指针变量p指向地址:1638212

变量i的地址:1638212

i=10

p=1638212

* p=10

pp=1638208

* pp=1638212

* * pp=10

（3）输出语句的功能说明。

第1个printf语句输出变量pp的值,即其指向的一级指针变量p的地址。

第2个printf语句使用取地址运算符&,也可得到一级指针变量p的地址。

第3个printf语句输出变量p的值,即其指向的变量i的地址。

第4个printf语句使用取地址运算符也可得到变量i的地址。

第5个printf语句输出变量i的值。

第6个printf语句输出变量p的值,与第11行输出结果相同。

第7个printf语句输出表达式 * p的值,即一级指针变量指向变量的值,也就是变量i的值。

第8个printf语句输出变量pp的值,与第7行输出结果相同。

第 9 个 printf 语句输出表达式 * pp 的值,取二级指针变量指向的一级指针变量的值,也就是一级指针变量 p 的值——变量 i 的内存地址。

第 10 个 printf 语句输出表达式 * * pp 的值,由于运算符 * 是右结合,该表达式可理解为 * (* pp)。* pp 从第 9 个输出可知道是一级指针变量 p 的值,因此 * * pp 可看成 * p,即和第 5 个的输出相同,输出变量 i 的值。

从以上程序中知道,对于二级指针变量,使用一个 * 运算符得到的是一个内存地址(表示一级指针变量的值),使用两个 * 运算符,可得到所指变量的值。

9.3.5　指针数组和数组指针

数组指针是一个指针,其指向的数据类型由一个数组构成(将数组作为一个数据类型看待);而指针数组的本质是一个数组,数组中的每一个元素用来保存一个指针变量。

1. 指针数组的概念

指针数组是指针变量的集合。数组中的每一个元素都是指针,且具有相同的存储类别,并指向相同的数据类型。指针数组通常用来处理字符串数组,提高字符串处理的灵活性或数据结构中的十字链表等,本节主要介绍使用指针数组处理多个字符串的问题。

指针数组定义的一般形式:

类型说明符　* 数组名[数组长度]

其中,类型说明符为指针所指向变量的类型。

例如:

char * p[5]={ "C language","Pascal","Fortran","Java","C # "};

由于运算符"[]"比运算符" * "优先级高,因此 p 先与[5]结合,形成 p[5]形式,表示是一个具有 5 个元素的数组。然后再与 p 前面的" * "结合," * "表示此数组是指针类型,所以 * p[5]表示 p 是一个指针数组,它有 5 个数组元素,每个元素值都是一个指针,指向 char 型变量。

比较下列两个程序段。

程序段 1:

```
# include <stdio. h>
void main()
{
    int i;
    char language[5][8]={ "C","Pascal","Fortran","Java","C # "};
    for(i=0;i<8;i++)
        printf("%c",language[1][i]);
    printf("\n");
}
```

程序段 2:

```
# include <stdio. h>
void main()
{
    int i;
```

```
    char language[5][8]={ "C","Pascal","Fortran","Java","C#"};
    printf("%s\n",language[1]);
}
```

这两个程序段都是输出字符串"Pascal",显然,程序段 2 更简洁。

另外,数组在定义时就确定了大小,每行元素的个数是固定的,当字符串长度不等时,就会造成空间的浪费。

例如:

char s[5][8]={ "C","Pascal","Fortran","Java","C#"};

这个语句中,第二维的长度由最长字符串决定,造成空间浪费。

数组 s 的存储情况如图 9-8(a)所示,用指针数组 p 指向多个字符串,如图 9-8(b)所示。试比较图 9-8(a)与图 9-8(b)的存储效率。

二维数组和指针数组初始化时对内存的使用情况是不同的。用二维数组时,每行的长度是相同的,需要按最大长度定义列数,这样可能会浪费内存。用指针数组时,没有定义行的长度,只是分别在内存中存储不同长度的字符串,然后用指针数组的元素分别指向它们,不浪费内存单元。使用字符串指针数组可以方便处理字符串,节省存储空间。

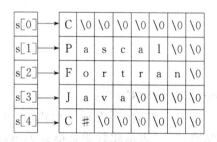 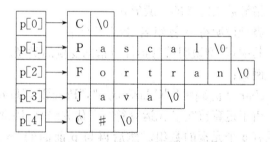

(a) 用二维数组 s 存储多个字符串   (b) 用指针数组 p 指向多个字符串

图 9-8   二维数组和指针数组存放多个字符串所占存储空间比较

2. 数组指针

二维数组指针变量是单个的变量,其定义的一般形式如下:

类型说明符 (* 指针变量名)[数组长度]

其中,"(* 指针变量名)"两边的括号不可少。

例如:

int a[3][4];

int (* p)[4];

p=a[0];

表示一个指向二维数组的指针变量。该二维数组的列数为 4。具体功能参见本章 9.3.2 小节。

而指针数组表示的是多个指针的集合,其定义形式中" * 数组名"两边不能有括号。

下面的语句:

int * p[4];

表示 p 是一个指针数组,有 4 个下标变量 p[0]、p[1]、p[2]、p[3],均为指针变量。

通常可用一个指针数组来指向一个二维数组。指针数组中的每个元素被赋予二维数组每一行的首地址,因此也可理解为指向一个一维数组。例如,下面的程序用一个指针数组指向二维数组每一行的首地址。

【例 9.13】 用指针数组输出二维数组 a 中各个数组元素的值。

程序代码：

```
#include <stdio.h>
void main()
{
    int i,j;
    int a[3][4]={{1,2,3,4},{5,6,7,8},{9,10,11,12}};
    int * p[3];          //p 为具有 3 个指向整型元素的指针数组
    p[0]=a[0];           //第一个指针数组元素 p[0]指向二维数组第一行
    p[1]=a[1];           //第二个指针数组元素 p[1]指向二维数组第二行
    p[2]=a[2];           //第三个指针数组元素 p[2]指向二维数组第三行
    for(i=0;i<3;i++)
    {
        for(j=0;j<4;j++)
            printf("%4d", *( *(p+i)+j));
        printf("\n");
    }
}
```

运行结果与前面例子一样。

注意：指针数组与二维数组指针的区别。

9.3.6 主函数 main() 的形参

指针数组的一个重要应用是作为 main() 函数的形参。到目前为止，所编写的 main() 函数都不带参数，事实上 main() 函数是可以带参数的。如果 main() 函数带参数，而它又不能被其他函数调用，那么参数由谁提供呢？ 显然不可能从程序中得到，只有系统调用 main() 函数时，才能提供实参，而实参是由命令行提供的。在操作命令状态下，实参是和执行文件的命令一起给出的。例如在 DOS,UNIX 或 Linux 等系统的操作命令状态下，在命令行中包括了命令名和需要传给 main 函数的参数。

通常，DOS 提示符下命令行的一般形式为：

可执行文件名 参数 1 参数 2 … 参数 n

说明：命令名和各个参数之间用空格分隔。

带参数的 main() 函数格式如下：

int main(int argc,char * argv[])

其中，argc 为命令行中参数的个数(包括可执行文件名)，元素个数随命令行参数而定。argv 为一个字符指针数组，每个指针数组元素都指向命令行中的一个参数(字符串)。

通常 main 函数和其他函数组成一个文件模块，有一个文件名。对这个文件进行编译和连接，得到可执行文件(后缀为.exe)。用户执行这个可执行文件，操作系统就调用 main 函数，然后由 main 函数调用其他函数，从而完成程序的功能。

例如，如果有一个带参数的 main() 函数，它所在文件名为 exam，将该文件通过编译、连接

之后生成 exam. exe,然后在该文件所在的路径下输入以下命令:

    exam computer language

    此时,argc 的值为 3,argv 的元素个数为 3,argv 的内存分配情况如图 9 - 9 所示。

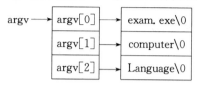

图 9 - 9   argv 的内存分配情况

【例 9.14】   输出除可执行文件名以外的命令行参数。

```
#include <stdio. h>
void main(int argc,char * argv[])
{
    int i;
    for(i=1;i<argc;i++)
        printf("%s",argv[i]);
    printf("");
}
```

若程序生成 exam. exe 文件后,设命令行为:

exam computer language

则输出:

computer language

若命令行输入:

exam you are welcome.

则输出为:

you are welcome.

9.3.7   指向函数的指针变量

    指向函数的指针变量简称函数指针。如同整型指针指向整型变量,字符型指针指向字符型变量一样,函数指针是指向一个函数的指针变量。C 程序在编译时,每一个函数都有一个入口地址(程序代码的起始地址,即第一个指令的地址),该入口地址就是函数指针。有了指向函数的指针后,可通过指针调用函数,与指针引用普通变量一样。

    函数指针有两个用途:调用函数和作为函数的参数。

    定义指向函数的指针变量的一般形式为:

    类型标识符 (* 指针变量名)();

    其中,类型标识符为函数返回值的类型。

    例如:

    int (* p)( );

    表示 p 被定义为指向返回值为整型的函数的指针变量,专门用来存放函数的入口地址。

    说明:由于"()"的优先级高于" * ",所以指针变量名外的括号必不可少,表示变量名先与" * "结合成为指针变量,然后再与后面的括号"()"结合,表示该指针指向函数。

【例 9. 15】　用指向函数的指针变量,求三个整数的最大值。

(1) 算法分析。

定义一个函数指针变量 int (* p)(int,int),可以将具有相同返回值类型及相同形参类型及个数的不同函数,调用后,由函数指针变量将函数值的入口地址带回。如求两个整数的最大值和最小值的不同函数均可由函数指针调用后返回,更具有通用性。

(2) 程序设计。

```c
#include <stdio.h>
int max(int x,int y);        //函数声明
void main()
{
    int a,b,c,m;
    int ( * p)(int,int);     //指向函数的指针变量声明
    p=max;         //指针变量赋初值,表示将函数 max 的入口地址赋值给指针变量 p
    scanf("%d%d%d",&a,&b,&c);
    m=( * p)(a,b);            //调用 max 函数,等价于 m=max(a,b)
    m=( * p)(m,c);
    printf("a=%d,b=%d,c=%d,max=%d\n",a,b,c,m);
}
int max(int x,int y)
{
    return (x>y)? x:y;
}
```

(3) 程序运行。

程序运行时输入:3 5 8

则输出:a=3,b=5,c=8,max=8

(4) 程序说明。

用函数名 max 给指针变量赋值时,max 后面不带括号,也不带参数,与数组名一样,函数名 max 代表函数在内存的首地址。指针 p 经过赋值后,就指向函数 max()的第一条指令,接着就可以用 p 来调用该函数了。

p 和 max 的相同点是它们都指向同一个位置,函数入口地址;不同点是 p 是一个指针变量,它可以指向任何函数。在程序中把哪个函数的地址赋给它,它就指向哪个函数,也就是说它可以指向不同的函数,而 max 是常量,它的值不能改变。

注意:函数指针类型要和函数类型一致。

9.3.8　指针与动态内存分配函数

1. 动态内存分配的概念

第 6 章我们学习了数组的定义与应用,知道数组长度必须事先制订,且只能是常整数,不能是变量。数组一旦定义,长度不能改变,数组所占存储空间在函数执行期间不能释放,直到该函数执行后由系统释放。这种由编译器事先确定的数组必须大开小用,指针必须指向一个已经存在的变量或对象,导致存储空间的浪费,而动态内存分配很好地解决了这个问题。

　　通常在定义变量或数组时,编译器在编译时都可以根据该变量和数组的类型及大小知道所需内存空间的大小,系统在适当的时候为它们分配确定的存储空间。这种内存分配称为静态存储分配;有些操作对象只在程序运行时才能确定,这样编译时就无法为它们预定存储空间,只能在程序运行时,系统根据运行时的要求进行内存分配,这种方法称为动态存储分配。

2. 动态内存分配的优点

　　使用动态内存分配至少有三个优点。一是可以更有效地使用内存,例如,考虑到程序的通用性,可能需要建立一个 1000 个字符串,每个字符串要容纳 30 个字符,总共需要 30000 字节的存储空间。如果程序某次运行时,只使用了 30 个字符串,那么,就有 29100 字节的存储空间被占而不用,显然,浪费是很可观的。使用动态分配,就可以减少这种浪费;二是同一段内存可作为不同的用途,因为动态内存在使用时申请,用完就释放,这样,这一段内存就可以被再申请;三是允许建立链表等动态数据结构。

3. 使用动态内存分配的步骤

　　使用动态内存分配,必须遵循以下几个步骤:

　　(1)要确切地规定需要多少内存空间,以避免存储空间的浪费,也可为其他数据留有空间。

　　(2)利用 C 编译系统提供的动态分配函数来分配所需要的存储空间。

　　(3)使指针指向获得的内存空间,以便在该空间内实施运算或操作。

　　(4)当用完之后,一定要释放这一空间。如果不释放获得的存储空间,则可能把堆上的内存花光。

　　只有正确使用内存动态分配,才能提高存储效率。

4. 动态内存分配函数

　　使用内存动态分配,通常要用到四个函数:calloc()和 malloc()用于动态申请内存空间;realloc()用于重新改变已分配的动态内存的大小;free()用于释放不再使用的动态内存。ANSI 建议将这四个函数都定义在标题文件 stdlib. h 中。因此,如果在 Turbo C 环境下使用动态内存,一定要包含 stdlib. h 文件。

　　(1) malloc 函数。

　　函数原型:void * malloc(unsigned int size)

　　函数功能:动态分配 size 个字节的连续空间

　　例如:

int * p＝(int *) malloc(80);

malloc 函数的功能是请求系统分配 80 个字节的内存空间,如果请求分配成功,则返回第一个字节的地址,如果分配不成功,则返回 NULL

　　思考:double * p＝(double *)malloc(40) 是什么意思?

　　(2) calloc 函数。

　　函数原型:void * calloc(unsigned n,unsigned size);

　　函数功能:在内存的动态存储区中分配 n 个长度为 size 的连续空间,这个空间一般比较大,足以保存一个数组。

　　用 calloc 函数可以为一维数组开辟动态存储空间,n 为数组元素个数,每个元素长度为size。这就是动态数组。函数返回指向所分配域的起始位置的指针;如果分配不成功,返回NULL。例如:

p＝calloc(50,4);开辟 50×4 个字节的临时分配区域,并把起始地址赋给指针变量 p。

为了给指定类型的数据进行动态分配,一般常用 sizeof 来确定该类型数据所占字节数。例如,下面的调用:

float ＊p;

p＝(float ＊)calloc(500,sizeof(float));

if (p＝＝NULL)

exit(1);

如果成功,可得到供 500 个实型数据分配的动态内存的起始地址,并把这个起始地址赋给指针变量 p,利用该指针就能对该区域里的数据进行操作或运算。

(3) 动态重分配函数 realloc()。

函数原型:void ＊ realloc(void ＊ p,unsigned int size);

函数功能:用 realloc 函数将 p 所指向的动态空间的大小改变为 size。p 的值不变。如果重分配不成功,返回 NULL。

如果已经通过 malloc 函数或 calloc 函数获得了动态空间,想改变其大小,可以用 realloc 函数重新分配。例如:

realloc(p,50);　　//将 p 所指向的已分配的动态空间改为 50 字节

其中,p 是指向动态内存起始地址的指针,其功能是对 p 所指向的已动态分配的内存区重新进行分配,新分配的大小为 size 字节。调用该函数的结果是返回新分配内存区的起始地址。允许新内存区大于或小于老内存区。例如:

char ＊p;

if ((p＝(char ＊)malloc(17))＝＝NULL))

exit(1);

strcpy(p,"this is 16 chars");

p＝(char ＊)realloc(p,18);

if (p＝＝NULL)

exit(1);

strcat(p, ".");

先用 malloc()申请 17 字节的内存存放 16 个字符的字符串,又用 realloc 重新申请 18 字节的内存(即在原申请的内存基础上增加了 1 字节),以便在字符串的末尾增加一个".字符。

在 realloc(p,size)中,若 p＝＝NULL,它就相当于 malloc(size)的功能;若 size＝0,则相当于下面要介绍的 free()的功能。

(4) 释放动态内存函数 free()。

函数原型:void free(void ＊ ptr)

函数功能:释放指针变量 p 所指向的已分配的动态空间,p 应是最近一次调用 calloc 或 malloc 函数时得到的函数返回值。该函数没有返回值,故定义为 void 型。

例如在 realloc()程序的末尾增加两条语句:

puts(p);

free(p);

表示将得到的字符串打印出来以后,就将申请的动态内存释放。

【例 9.16】　用指针和动态内存分配函数实现求 100 到 300 之间的素数。

(1) 算法设计。

求某一范围的素数是大家很熟悉的算法,前面用循环、数组和函数均有介绍。循环方法是用二重循环将满足条件的数输出;数组方法是事先定义足够大的数组长度,以存放满足条件的数;函数方法是将求素数的过程以自定义函数的形式实现,更具有通用性。为更好地利用存储空间,通过指针和动态内存分配函数根据程序执行的需要,获取存储空间存放符合条件的数,提高了存储效率。

(2) 程序设计。

```c
#include <stdio.h>
#include <math.h>          //数学函数应包含的头文件
#include <stdlib.h>        //动态内存分配函数应包含的头文件
void main()
{
    int m,k=0;
    int *p1;
    int prime(int n);                  //素数判断函数声明
    for(m=101;m<=300;m=m+2)    //对 100 到 300 以内所有奇数进行处理
    {
        if(prime(m)==1)
        {
            p1=(int *)malloc(sizeof(int));//有素数,就动态申请存储空间
            *p1=m;                      //存放素数
            printf("%5d", *p1);         //打印素数,每个数占 5 列
            k=k+1;                      //素数个数加 1
            if(k%5==0) printf("\n");    //每输出 5 个数就换行
            free(p1);
        }
    }
    printf("\n100 到 300 以内的素数个数共有%d 个\n",k);//统计素数个数
}
int prime(int n)                     //素数判断的函数定义
{
    int i,k,f=1;                       //置素数的标志为真
    k=(int)sqrt(n);                    //将 m 的平方根取整存入 k 中
    for(i=2;i<=k;i++)
        if(n%i==0)
        {f=0;break;}
    return f;
}
```

(3) 程序运行。

程序运行结果:

```
101   103   107   109   113
127   131   137   139   149
151   157   163   167   173
179   181   191   193   197
199   211   223   227   229
233   239   241   251   257
263   269   271   277   281
283   293
```

100 到 300 以内的素数个数共有 37 个

（4）程序说明。

本程序通过函数调用实现素数判断，p1 是指向动态内存起始地址的整型指针，malloc 函数的功能是请求系统分配 sizeof(int)个字节的内存空间，由于此函数返回值为 void，因此，在指针赋值之前用(int ＊)进行强制类型转换；再对指针所指向存储单元赋与素数的值，并输出。循环结束后用 free 函数释放 p1 指向的内存空间。整个程序包含了申请内存空间、使用内存空间和释放内存空间三个步骤，实现存储空间的动态分配。

指针是 C 语言中最重要的特色。在程序设计中灵活使用指针可以优化程序设计，因此，熟练掌握本章内容是学习 C 语言的基础，下面是一些指针的应用实例。

9.4　指针应用及实例

9.4.1　指针应用小结

1. 有关指针定义

本章主要介绍了指针变量的概念及指向不同类型的指针，下面将常用的与指针有关的数据定义形式进行归纳，见表 9 - 3。

表 9 - 3　有关指针的定义形式

定义形式	含　　义
int ＊ p	定义一个指向整型变量的指针 p
int（＊p）（）	定义一个指向函数的指针变量 p，该函数的返回值为整型
int ＊ p()	定义一个指针函数 p，其返回值是一个指针，该指针指向一个整型数据
int ＊ p[n]	定义一个指针数组 p，它由 n 个指向整型数据的指针元素组成
int（＊p）[n]	定义一个指针变量 p，它指向含有 n 个元素的一维数组，该数组中的元素为整型数据
int ＊＊ p	p 是一个指针变量，它指向一个整型数据的指针变量，即 p 是一个指向指针的指针

2. 指针使用注意点

（1）若定义了一个指针变量，该指针没有具体指向时，不可引用该指针。

（2）不同类型的指针变量不可互相赋值。

（3）不应该把一个整数赋给一个指针变量，同样，也不能把指针变量 p 的值（地址）赋给一个整型变量 i。

例如：

```
int  * p,i;
p＝1000;          //试图将一个整型值赋值给指针变量,是错误的赋值
i＝p;             //试图将一个地址赋值给整型变量,也是错误的赋值
```

（4）对于两个指向同一数组元素的指针变量 p1 和 p2,p1－p2(两指针值之差)表示两个指针之间的元素个数;p1<p2(两指针值比较)说明 p2 所指元素的地址大于 p1 所指元素的地址,但是两个指针变量相加无实际意义。

9.4.2　指针应用实例

【例 9.17】　二战时期,某谍报组织为防止情报在传递中被泄露,遂制定如下情报规则,所有偶数位上的字符才是组成情报的有效字符,如情报上的内容:

atmhyev　tpblwacnl　koqfe　razs3smavshsfiunxaotpizo9nd　　lixsw　ohiejlgdf　cansy
psxcvheendku7lwezdc

实际情报为:

the plan of assassination is held as scheduled(该刺杀计划如期进行)。

请编写程序,实现提取情报的过程。

（1）算法分析。

首先使用字符数组存放字符串,设计一个指针变量 p,使其初始时指向字符串的第二个字符,通过指针变量 p 遍历偶数位上的元素,使用循环与间接访问方式输出对应的数据元素。

（2）程序设计。

```
#include <stdio. h>
void main()
{
    char str[]＝"atmhyev tpblwacnl koqfe razs3smavshsfiunxaotpizo9nd lixsw ohiejlgdf
cansy psxcvheendku7lwezdc";
    char * p;                        //定义一个指针变量
    printf("情报为:");
    for(p=str+1; * p! ='\0';p=p+2)   //移动指针变量直到字符串结尾
    //指针变量初始指向第二个字符 p＝str+1,以后每次向下移动两个字符 p＝p+2
    printf("%c", * p);               //利用间接访问方式逐个输出偶数位的数组元素的值
    printf("\n");
}
```

（3）程序运行。

程序运行结果:

情报为: the plan of assassination is held as scheduled

【例 9.18】　将例 9.9 改写二维数组指针方式。

程序代码如下:

```
#include <stdio. h>   //头文件
void main()
{
    int a[3][3]＝{{1,2,3},{4,5,6},{7,8,9}};        //声明并初始化
```

```
    int (*p)[3];          //指针变量 p 指向具有三个整数的一维数组的指针
    int i;
    p=a;                  //二维数组的首地址赋值给指针变量 p
    for(i=0;i<3;i++)     //循环输出
    {
        printf("%d %d %d\n",*(p[i]+0),*(p[i]+1),*(p[i]+2));
    }
}
```

以上程序与例 9.9 比较发现代码很相似。不同的地方是在 main() 函数开始处,定义的是一个二维数组指针(该语句只是定义了一个变量,而不是具有 3 个元素的数组)。然后通过 p=a 语句,将二维数组的首地址赋值给指针变量 p,p 增加 1,跳过三个数组元素,指向下一行。

【例 9.19】 输入一行字符,统计单词的个数(包括单词间有多个空格的情况)。

(1)算法分析。

本题有多种解法,本例采用指针移动的方法来实现。

从字符串的开始检查字符串中的每个字符,如果是空格则将指针指向下一个字符,跳过这个空格,继续上面的过程;如果不是空格,则探索下一个空格的位置(当前位置到下一个空格之间是一个单词),将指针移到下一个空格处,同时单词数增加 1,继续检查后面的字符。

(2)程序设计。

```
#include <stdio.h>
void main()
{
    char *p,str1[100];
    int i,count=0;
    p=str1;
    printf("\n 请输入一行字符:\n");
    gets(str1);
    while(*p!='\0')
    {
        if(*p==' ')
            p++;
        else
        {
            count++;
            i=0;
            while(*(p+i)!=' ' && *(p+i)!='\0')
                i++;
            p+=i;
        }
    }
    printf("一行字符中有%d 个单词\n",count);
```

　　}

（3）程序运行。

程序运行结果：

请输入一行字符：You are a student.

一行字符中有 4 个单词

【例 9.20】　设计程序用指针方法输入 3 个整数，按从大到小顺序输出。

（1）算法分析。

将 3 个整数排序，可以用前面的冒泡法或插入法排序，也可以用两两比较的方式。本例利用功能独立的两个函数分别完成两数交换和 3 个数的排序。

（2）程序设计。

```c
#include <stdio.h>
void main()
{    void exchange(int * q1, int * q2, int * q3);   // 函数声明
     int a,b,c, * p1, * p2, * p3;                     //指针变量定义
     printf("please enter three numbers:");
     scanf("%d,%d,%d",&a,&b,&c);
     p1=&a;p2=&b;p3=&c;                               //指针变量赋初值
     exchange(p1,p2,p3);                              //函数调用,指针变量为实参
     printf("The order is:%d,%d,%d\n",a,b,c);
}
void exchange(int * q1, int * q2, int * q3)   // 定义将 3 个变量的值交换的函数
{void swap(int * pt1, int * pt2);             // 函数声明
  if( * q1< * q2) swap(q1,q2);                 // 如果 a<b,交换 a 和 b 的值
  if( * q1< * q3) swap(q1,q3);                 // 如果 a<c,交换 a 和 c 的值
  if( * q2< * q3) swap(q2,q3);                 // 如果 b<c,交换 b 和 c 的值
}
void swap(int * pt1, int * pt2)               // 定义交换 2 个变量的值的函数
 {int temp;                                   // 注意此处 temp 为普通变量
   temp= * pt1;                                // 交换 * pt1 和 * pt2 变量的值
   * pt1= * pt2;
   * pt2=temp;
}
```

（3）程序运行。

程序运行结果：

please enter three numbers:34,57,48

The order is: 57,48,34

【例 9.21】　建立动态数组，输入 5 个学生的成绩，另外用一个函数检查其中有无低于 60 分的，输出不合格的成绩。

（1）算法分析。

用 malloc 函数开辟一个动态自由区域，用来存放 5 个学生的成绩，得到这个动态域第一

个字节的地址,它的基类型是 void 型。用一个基类型为 int 的指针变量 p 来指向动态数组的各元素,并输出它们的值。但必须先把 malloc 函数返回的 void 指针强制转换为整型指针,然后赋给 p1。

(2) 程序设计。

```c
#include <stdio.h>
#include <stdlib.h>
void main()
{ void check(int *);                      //函数声明
    int *p1,i;                            //指针变量定义
    p1=(int *)malloc(5*sizeof(int));      //动态分配内存
    for(i=0;i<5;i++)
        scanf("%d",p1+i);                 //向动态数组输入数据
    check(p1);                            //函数调用
}
void check(int *p)                        //函数定义
{ int i;
    printf("They are fail:");
    for(i=0;i<5;i++)
        if (p[i]<60)
            printf("%d ",p[i]);
    printf("\n");
}
```

(3) 程序运行。

程序运行后输入:69 98 58 85 53

输出:They are fail:58 53

练习题 9

一、选择题

1. 以下选项中,对基类型相同的指针变量不能进行运算的运算符是_____。

　　A. ＋　　　　　　　B. －　　　　　　　C. －－　　　　　　　D. ＋＋

2. 与 int *p[4];定义等价的是_____。

　　A. int p[4];　　　B. int *p;　　　C. int *(p[4]);　　D. int (*p)[4];

3. 若有定义:int a[3][4];_____不能表示数组元素 a[1][1]。

　　A. *(a[1]+1)　　B. *(&a[1][1])　　C. (*(a+1)[1])　　D. *(a+5)

4. 若有如下定义:

　　char s[100]= "string";

　　则下述函数调用中,_____是错误的。

　　A. strlen(strcpy(s,"Hello"))　　　　　B. strcat(s,strcpy(s1,"s"));

　　C. puts(puts("Fom"))　　　　　　　　D. ! strcmp(" ",s)

5. 若有定义：int x，＊pb；则以下正确的赋值表达式是＿＿＿＿。

  A. pb＝&x   B. pb＝x   C. ＊pb＝&x D. ＊pb＝＊x

6. 执行语句 int i＝10，＊p＝&i；后，下面描述错误的是＿＿＿＿。

  A. p 的值为 10   B. p 指向整型变量 i

  C. ＊p 表示变量 i 的值   D. p 的值是变量 i 的地址

7. 执行语句 int a＝5，b＝10，c；

  int ＊p1＝&a，＊p2＝&b；后，下面不正确的赋值语句是＿＿＿＿。

  A. ＊p2＝b；   B. p1＝a；

  C. p2＝p1；   D. c＝＊p1＊（＊p2）；

8. 若有语句 int ＊point，a＝4；point＝&a；下面均代表地址的一组选项是＿＿＿＿。

  A. a，point，＊&a   B. &＊a，&a，＊point

  C. ＊&point，＊point，&a   D. &a，&＊point，point

9. 若有说明 int ＊p，m＝5，n；以下正确的程序段的是＿＿＿＿。

  A. p＝&n；   B. p＝&n；

   scanf("%d"，&p)；   scanf("%d"，＊p)；

  C. scanf("%d"，&n)；   D. p＝&n；

   ＊p＝n；   ＊p＝m；

10. 以下程序的输出结果是＿＿＿＿。

  A. 5，2，3   B. －5，－12，－7

  C. －5，－12，－17   D. 5，－2，－7

```
#include <stdio.h>
void sub (int x,int y,int * z)
{ * z=y-x; }
void main()
{
    int a,b,c;
    sub(10,5,&a);
    sub(7,a,&b);
    sub(a,b,&c);
    printf("%d,%d,%d\n",a,b,c);
}
```

二、填空题

1. 下列程序的输出结果是＿＿＿＿。

```
int ast(int x,int y,int * cp,int * dp)
{ * cp=x+y;
    * dp=x-y;
}
void main()
{ int a,b,c,d;
```

```
a=4;b=3;
ast(a,b,&c,&d);
printf("%d %d\n",c,d);
}
```

2. 一个专门用来存放另一个变量地址的变量称为_____。

3. 下列程序执行后的输出结果是_____。

```
void func(int * a,int b[])
{ b[0]= * a+6; }
void main()
{   int a,b[5];
    a=0; b[0]=3;
    func(&a,b);
    printf("%d\n",b[0]);
}
```

4. 有以下程序

```
void f(int y,int * x)
{ y=y+ * x;    * x= * x+y; }
void main()
{   int x=2,y=4;
    f(y,&x);
    printf("x=%d,y=%d\n",x,y);
}
```

执行后输出的结果是_____。

三、程序设计题(要求用指针方法完成)

1. 输入 10 个整数,按由小到大顺序排序。

2. 编写一个函数,将一个 4×4 的矩阵转置。

3. 输入一行英文字符,找出其中大写字母、小写字母、空格、数字及其他字符各有多少个?

4. 从键盘上输入 n 个整数存放到一维数组中,用函数实现将 n 个整数按输入时的顺序逆序排列,函数中对数据的处理要用指针方法实现。

5. 用指向指针的指针的方法对 5 个字符串排序并输出。

6. 从键盘上输入 10 个整数存放到一维数组中,将其中最小的数与第一个数对换,最大的数与最后一个数对换。要求进行数据交换的处理过程编写成一个函数,函数中对数据的处理要用指针方法实现。

7. 从键盘上输入 10 个数到一维数组中,然后找出数组中的最大值和该值所在的元素下标。要求调用子函数 search(int * pa,int n,int * pmax,int * pflag)完成,数组名作为实参,指针作为形参,最大值和下标在形参中以指针的形式返回。

8. 利用指向行的指针变量求 5×3 数组各行元素之和。

9. 编写一个函数,函数的功能是移动字符串中的内容。移动的规则如下:把第 1 到第 m 个字符,平移到字符串的最后;再把第 $m+1$ 到最后的字符移动到字符串的前部。例如,字符串中原来的内容为：ABCDEFGHIJK，m 的值为 3，则移动后，字符串中的内容应该是 DEFGHIJKABC。在主函数中输入一个长度不大于 20 的字符串和平移的值 m，调用函数完成字符串的平移。要求用指针方法处理字符串。

10. 定义一个动态数组，长度为变量 n，用随机数给数组各元素赋值，然后对数组中各元素按从小到大顺序排序，定义 swap 函数交换数据单元，要求参数使用指针传递。

第 10 章　自定义数据类型

> 本章的主要内容:结构体、共用体、枚举类型的概念、定义和使用,结构体数组,结构体指针与链表,自定义数据类型程序设计及应用实例。通过本章内容的学习,应当解决的问题:为什么要使用自定义数据类型? 结构体类型、结构体数组、结构体指针的使用,链表的结构特点和操作处理,运用结构体程序设计解决具有大量记录的实际应用问题。

10.1　自定义数据类型的引入

【任务】　运用 C 语言中的自定义数据类型解决具有大量记录的处理问题,如学生信息处理、员工信息处理、库存信息处理等,重点掌握结构体的使用方法与技巧。

10.1.1　问题与引例

C 语言提供了一些由系统已经定义好的基本数据类型,用户可以使用这些基本数据类型解决一般的问题,而在实际问题中,一组数据往往具有不同的数据类型,显然这一组数据不能用第 6 章介绍的普通数组来存放和处理。因为普通数组中各元素的类型和长度都必须一致,不能存储不同类型、不同长度的数据。

【引例】　建立一个学生登记表,并对学生的记录按指定的要求进行相应的处理。设在学生登记表中包括:学号(整型或字符型)、姓名(字符型)、年龄(整型)、性别(字符型)、成绩(整型或实型)。要求:① 建立学生登记表;② 根据学号对学生记录进行查找;③ 学生的成绩进行排序;④ 输出排序的结果。

问题分析:本例建立的学生登记表是一个经常使用的二维表,这个表格由若干行若干列构成,每一行是由不同数据类型的数据组成,显然每一行的数据不能用数组进行存储和处理,因此,需要用户定义一种新的数据类型来进行处理。

10.1.2　结构体的基本概念

为了解决上述问题,C 语言中可以采用自定义数据类型——"结构(structure)"或称为"结构体",它相当于其他高级语言中的记录。结构体是由若干"成员"组成的,每一个成员可以是一个基本数据类型或者又是一个自定义数据类型。

10.2　结构体类型

结构体既然是一种"构造"而成的自定义数据类型,那么在使用之前必须先定义它,也就是先构造它,如同在调用函数之前要先定义函数一样。

10.2.1　结构体类型及其变量的引用

1. 结构体类型的定义

定义一个结构体的一般形式为:

struct 结构体名

〔 成员表列 〕；

成员表列由若干个成员组成，每个成员都是该结构体的一个组成部分。对每个成员也必须作类型说明，其形式为：

类型说明符　成员名；

成员名的命名应符合标识符的规定。例如：

```
struct student      //定义结构体 student 类型，含有 4 个成员
{
    int num;
    char name[20];
    char sex;
    float score;
};
```

在这个结构体定义中，结构体名为 student，该结构体由 4 个成员组成。第一个成员为 num，整型变量；第二个成员为 name，字符型数组；第三个成员为 sex，字符型变量；第四个成员为 score，实型变量。

注意：花括号后面的分号是不可少的。

结构体定义之后，即可进行变量定义，凡说明为结构体 student 的变量都由上述 4 个成员组成。由此可见，结构体是一种复杂的数据类型，是数目固定、类型不同的若干个有序变量或数组的集合。

2. 结构体类型变量的定义

定义结构体变量有以下三种方法，以上面定义的结构体 student 为例来加以说明。

（1）先定义结构体，再定义结构体变量。

例如：

```
struct student
{
    int num;
    char name[20];
    char sex;
    float score;
};
struct student boy1,boy2;
```

本例中定义了两个变量 boy1 和 boy2 为 student 结构体类型。

（2）在定义结构体类型的同时定义结构体变量。

这种形式定义的一般形式为：

```
struct 结构体名
{
    成员表列
}变量名表列;
```

例如：

```
struct student
{
    int num;
    char name[20];
    char sex;
    float score;
}boy1,boy2;
```

（3）直接定义结构体变量。

这种形式定义的一般形式为：

```
struct
{
    成员表列
}变量名表列;
```

例如：

```
struct
{
    int num;
    char name[20];
    char sex;
    float score;
}boy1,boy2;
```

第三种方法与第二种方法的区别在于第三种方法中省去了结构体名，而直接给出结构体变量。三种方法中定义的结构体变量 boy1、boy2 都具有图 10－1 所示的结构。

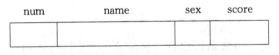

图 10－1　boy1 和 boy2 变量的结构

定义了 boy1、boy2 变量为 student 类型后，即可向这两个变量中的各个成员赋值。在上述 student 结构体定义中，所有的成员都是基本数据类型或数组类型。

结构体的成员也可以又是一个结构体，即构成了嵌套的结构体。例如，图 10－2 给出了另一个结构体。

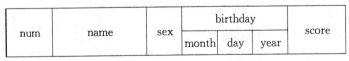

图 10－2　嵌套的结构体

按图 10－2 可给出以下结构体定义：

```
struct date
{
    int month;
    int day;
```

```
        int year;
    };
    struct student
    {
        int num;
        char name[20];
        char sex;
        struct date birthday;
        float score;
    }boy1,boy2;
```

首先定义一个结构体 date,由 month、day、year 三个成员组成。在定义结构体变量 boy1和 boy2 时,其中的成员 birthday 被定义为 date 结构体类型。

注意:结构体的成员名可以与程序中其他变量同名,互不干扰。

3. 结构体类型变量的引用

在程序中使用结构体变量时,一般不把它作为一个整体来使用。在 ANSI C 中除了允许具有相同类型的结构变量相互赋值以外,一般对结构体变量的使用,包括赋值、输入、输出、运算等都是通过结构体变量的成员来实现的。

结构体变量成员引用的一般形式:

结构体变量名. 成员名

例如:

```
boy1. num            //第一个学生的学号
boy2. sex            //第二个学生的性别
```

如果结构体变量成员本身又是一个结构体,则必须逐级找到最低级的成员才能使用。

例如:

```
boy1. birthday. month
```

即第一个学生出生的月份成员可以在程序中单独使用,与普通变量完全相同。

4. 结构体类型变量的赋值

结构体变量的赋值就是给各个成员赋值,可用输入语句或赋值语句来完成。

例如,给结构体变量赋值并输出其值。

```
#include <stdio. h>
void main()
{
    struct student           //定义结构体
    {
        int num;
        char * name;
        char sex;
        float score;
    } boy1,boy2;
    boy1. num=102;                   //结构体成员赋值
```

```
        boy1. name="Zhang ping";
        printf("输入性别和成绩:\n");
        scanf("%c %f",&boy1. sex,&boy1. score);   //结构体成员输入
        boy2=boy1;                      //结构体变量整体赋值
        printf("Number=%d\nName=%s\n",boy2. num,boy2. name);
        //结构体成员输出
        printf("Sex=%c\nScore=%f\n",boy2. sex,boy2. score);   //结构体成员输出
}
```

本程序中用赋值语句分别给 num 和 name 两个成员赋值,name 是一个字符指针变量。用 scanf 函数动态地输入 sex 和 score 成员值,然后把 boy1 的所有成员的值整体赋予 boy2,最后分别输出 boy2 的各个成员值。本例表示了结构体变量的赋值、输入和输出的方法。

和其他类型变量一样,对结构体变量可以在定义时进行初始化赋值。

例如,定义结构体变量并初始化。

```
struct student           //定义结构
{
        int num;
        char * name;
        char sex;
        float score;
}boy2,boy1={102,"Zhang ping",'M',78.5};   //结构体变量 boy1 初始化赋值
```

10.2.2　结构体数组

1. 结构体数组的定义

数组的元素也可以是结构体类型的,因此可以构成结构体数组。结构体数组的每一个元素都是具有相同结构体类型的下标结构体变量。在实际应用中,经常用结构体数组来表示具有相同数据结构的一个群体。如一个班级的学生档案、一个车间的职工信息等。

结构体数组的定义方法和结构体变量相似,只需定义它为数组类型即可。

定义结构体数组的一般形式:

struct 结构体名

{　成员表列

}数组名[常量表达式];

例如:

```
struct student
{
        int num;
        char * name;
        char sex;
        float score;
}boy[5];
```

定义了一个结构体数组 boy,共有 5 个元素,boy[0]～boy[4]。每个数组元素都具有

struct student 的结构体形式,对结构体数组可以进行初始化赋值。

2. 结构体数组的初始化

结构体数组的初始化就是在定义结构体数组时,在结构体数组的后面加上初值表列。一般形式如下:

struct 结构体名

{　成员表列

}数组名[常量表达式]={初值表列};

例如:

struct student

{

　　　int num;

　　　char ＊name;

　　　char sex;

　　　float score;

}boy[5]={ {101,"Li ping",'M',45},

　　　　　　{102,"Zhang ping",'M',62.5},

　　　　　　{103,"He fang",'F',92.5},

　　　　　　{104,"Cheng ling",'F',87},

　　　　　　{105,"Wang ming",'M',58}

　　　　　　};

当对全部元素作初始化赋值时,也可不给出数组的长度。

【例 10.1】 计算学生的平均成绩和不及格的人数。

(1) 算法分析。

本例先定义一个结构体数组 boy,并初始化;然后将结构体数组中每一个元素的 score 成员的值求和,若小于 60,则计数;最后求出平均成绩。

(2) 程序设计。

```c
#include <stdio.h>
struct student
{
    int num;
    char *name;
    char sex;
    float score;
}boy[5]={ {101,"Li ping",'M',45},    //结构体数组初始化
        {102,"Zhang ping",'M',62.5},
        {103,"He fang",'F',92.5},
        {104,"Cheng ling",'F',87},
        {105,"Wang ming",'M',58} };
void main()
{
```

```
    int i,c=0;
    float ave,s=0;
    for(i=0;i<5;i++)
    {
        s+=boy[i]. score;        //结构体数组元素的 score 成员求和
        if(boy[i]. score<60) c+=1;    //score 成员小于 60 时,计数
    }
    ave=s/5;
    printf("average=%f\ncount=%d\n",ave,c);
}
```

本例程序中定义了一个外部结构体数组 boy,共 5 个元素,并作了初始化赋值。在 main 函数中用 for 语句逐个累加各元素的 score 成员值并存于 s 之中,如果 score 的值小于 60(不及格),则计数器 c 加 1,循环完毕后计算平均成绩,并输出平均分及不及格人数。

10.2.3　结构体指针

1. 指向结构体变量的指针

当用一个指针变量来指向一个结构体变量时,这个指针变量就称之为结构体指针变量。结构体指针变量中的值是所指向的结构体变量的首地址,通过结构体指针变量即可访问该结构体变量,这与数组指针情况是相同的。

定义结构体指针变量的一般形式:

struct 结构体名 *结构体指针变量名

例如,在前面的例子中定义了 student 这个结构体,如果要定义一个指向该结构体的指针变量 p,可写为:

struct student *p;

当然也可在定义 student 结构体时,同时定义结构体指针变量 p,与前面讨论的各类指针变量相同,结构体指针变量也必须要先定义后才能使用。

结构体指针变量赋值是把结构体变量的首地址赋给该指针变量,不能把结构体名赋给该指针变量。例如,如果 boy 是被说明为 student 类型的结构体变量,则 p=&boy 是正确的,而 p=&student 是错误的。

注意:结构体名和结构体变量是两个不同的概念,不能混淆。结构体名只能表示一个结构形式,编译系统并不对它分配内存空间。只有当某变量被定义为这种类型的结构体时,才对该变量分配存储空间。因此上面 &student 这种写法是错误的,不可能去取一个结构体名的首地址。

有了结构体指针变量,就能更方便地访问结构体变量的各个成员。访问结构体变量成员的一般形式:

(*结构体指针变量). 成员名

或为:

结构体指针变量->成员名

例如:

(*p). num   或者:

p—>num

注意:(＊p)两侧的括号不可少。因为成员符"."的优先级高于"＊"。如去掉括号写作
＊p. num 则等效于＊(p. num),这样,意义就完全不对了。

下面通过例子来说明结构体指针变量的使用方法。

【例 10. 2】 阅读分析使用结构体指针变量的程序。

```
#include <stdio. h>
struct student
{
    int num;
    char ＊name;
    char sex;
    float score;
} boy1＝{102,"Zhang ping",'M',78. 5}, ＊p;
void main()
{
    p＝&boy1;
    printf("Number＝%d\nName＝%s\n",boy1. num,boy1. name);
    printf("Sex＝%c\nScore＝%f\n\n",boy1. sex,boy1. score);
    printf("Number＝%d\nName＝%s\n",(＊p). num,(＊p). name);
    printf("Sex＝%c\nScore＝%f\n\n",(＊p). sex,(＊p). score);
    printf("Number＝%d\nName＝%s\n",p—>num,p—>name);
    printf("Sex＝%c\nScore＝%f\n\n",p—>sex,p—>score);
}
```

本例程序定义了一个 student 类型结构体变量 boy1 并作了初始化赋值,还定义了一个指
向 student 类型的结构体指针变量 p。在 main 函数中,p 被赋予 boy1 的地址,因此 p 指向
boy1。然后在 printf 语句内用三种形式输出 boy1 的各个成员值。从运行结果可以看出:

结构体变量. 成员名

(＊结构体指针变量). 成员名

结构体指针变量—>成员名

这三种用于表示结构成员的形式是完全等效的。

2. 指向结构体数组的指针

指针变量可以指向一个结构体数组,这时结构体指针变量的值是整个结构体数组首元素
的首地址。结构体指针变量也可以指向结构体数组中的一个元素,这时结构体指针变量的值
是该结构体数组元素的首地址。

设 ps 为指向结构体数组的指针变量,则 ps 也指向该结构体数组的第 0 号元素,ps＋1 指
向 1 号元素,ps＋i 则指向 i 号元素,这与普通数组的情况是一致的。

【例 10. 3】 用指针变量输出结构体数组。

```
#include <stdio. h>
struct student
{
```

```
    int num;
    char  * name;
    char sex;
    float score;
}boy[5]={ {101,"Zhou ping",'M',45},
        {102,"Zhang ping",'M',62.5},
        {103,"Liou fang",'F',92.5},
        {104,"Cheng ling",'F',87},
        {105,"Wang ming",'M',58} };
void main()
{
    struct student  * ps;       //ps 为指向结构体 student 类型的指针
    printf("No\tName\t\t\tSex\tScore\t\n");
    for(ps=boy;ps<boy+5;ps++)//ps 指向 boy 数组的第一个元素,然后进行循环
    printf("%d\t%s\t\t%c\t%f\t\n",ps->num,ps->name,ps->sex,ps->
    score);
}
```

在程序中,定义了 student 结构体类型的外部数组 boy 并作了初始化赋值。在 main 函数内定义 ps 为指向 student 类型的指针。在循环语句 for 的表达式 1 中,ps 被赋予 boy 的首地址,然后循环 5 次,输出 boy 数组中各成员的值。

注意:一个结构体指针变量虽然可以用来访问结构体变量或结构体数组元素的成员,但不能使它直接指向一个成员,也就是说不允许取一个成员的地址来赋给结构体指针变量。因此,下面的赋值是错误的。

```
ps=&boy[1].sex;
```

而只能是:

```
ps=boy;             //赋予数组首地址
```

或者是:

```
ps=&boy[0];         //赋予 0 号元素首地址
```

在 ANSI C 标准中允许用结构体变量作函数参数进行整体传送,但是这种传送要将全部成员逐个传送,特别是成员为数组时将会使传送的时间和空间开销很大,严重地降低了程序的效率。因此最好的办法就是使用指针,即用指针变量作函数参数进行传送。这时由实参传向形参的只是地址,从而减少了时间和空间的开销。

【例 10.4】　用结构体指针变量作为函数的参数求一组学生的平均成绩和不及格人数。

(1) 算法分析。

本例先定义一个结构体数组 boy,并初始化;然后再定义一个指向结构体数组的指针,使用指针将结构体数组中每一个元素的 score 成员的值求和,若小于 60,则计数;最后求出平均成绩。

(2) 程序设计。

```
#include <stdio.h>
struct student
```

```
{
    int num;
    char * name;
    char sex;
    float score;
}boy[5]={ {101,"Li ping",'M',45},
          {102,"Zhang ping",'M',62.5},
          {103,"He fang",'F',92.5},
          {104,"Cheng ling",'F',87},
          {105,"Wang ming",'M',58} };
void main()
{
    struct student * ps;
    void average(struct student * ps);
    ps=boy;
    average(ps);
}
void average(struct student * ps)
{
    int c=0,i;
    float ave,s=0;
    for(i=0;i<5;i++,ps++)
      {
        s+=ps->score;
        if(ps->score<60) c+=1;
      }
    printf("s=%f\n",s);
    ave=s/5;
    printf("average=%f\ncount=%d\n",ave,c);
}
```

　　本程序中定义了函数 average,其形参为结构体指针变量 ps。boy 被定义为外部结构体数组,因此在整个源程序中有效。在 main 函数中定义了结构体指针变量 ps,并把 boy 的首地址赋给它,使 ps 指向 boy 数组,然后以 ps 作实参调用函数 average。在函数 average 中完成计算平均成绩和统计不及格人数的工作并输出结果。

　　由于本程序全部采用指针变量作运算和处理,故速度更快,程序效率更高。

10.2.4　链表

1. 链表的概念

　　数组在存储器中占用一段连续的存储空间,若要在数组中插入新的元素或要在数组中删除一个元素,则是比较困难的,因为无论是插入元素还是删除元素都要移动一批数组元素,数据移动的量是比较大的。使用链表可以方便实现元素的插入或删除,链表是一种常见的重要数据结构,它是动态地进行存储单元分配的一种结构。链表是由若干个结点链接而成的,每个结点是一个结构体。在结点结构中第一个结点称为头结点,它存放有第一个结点的首地址,它没有数据,只是一个指针变量。以后的每个结点都分为两个域:一个是数据域,用来存放各种实际的数据;另一个域用来存放下一结点的首地址,这个用于存放地址的成员,通常把它称为指针域。

在第一个结点的指针域内存入第二个结点的首地址,在第二个结点的指针域内又存放第三个结点的首地址,如此串连下去直到最后一个结点。最后一个结点因无后继结点连接,其指针域可赋为 0。这样一种连接方式,在数据结构中称为"链表"。

如图 10-3 所示是一种简单的链表结构。

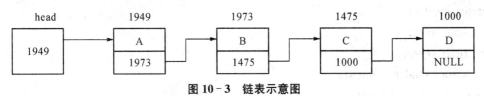

图 10-3　链表示意图

由图 10-3 示意图可以看出链表中的各元素在内存中不一定是连续存放的。因此,要找链表中某一元素,必须先找到上一个元素,根据该元素提供的下一元素的地址才能找到下一个元素。所以,如果没有头指针(head),则整个链表都无法访问。另外一点,这种链表的数据结构,必须利用指针变量才能实现,即一个节点中应包含一个指针变量,用它存放下一节点的地址。

例如,一个存放学生学号和成绩的链表如图 10-4 所示:

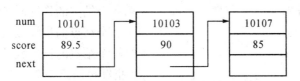

图 10-4　存放学生学号和成绩的链表示意图

结点应定义为以下结构:

```
struct student
{   int num;
    float score;
    struct student * next;
}
```

结构体 student 的前两个成员组成数据域,第三个成员 next 构成指针域,它是一个指向 student 结构体类型的指针变量。

链表的基本操作主要有:建立链表、结点的查找与输出、结点的插入、结点的删除等。

2. 建立与输出静态单向链表

建立简单静态链表的主要步骤:

(1) 定义一个结构体类型,其成员由具体问题决定。

(2) 将第一个结点的起始地址赋给头指针,第二个结点的起始地址赋给第一个结点的指针域,第三个结点的起始地址赋给第二个结点的指针域⋯⋯

（3）将最后一个结点的指针域赋予 NULL。

【例 10.5】 建立一个由三个学生数据结点组成的静态链表（每个结点含有两个数据和一个指针）。

（1）算法分析。

本例先定义三个结构体变量（即三个结点）n1、n2 和 n3；然后分别给这三个结构体变量的 num 和 score 成员赋值；最后将头指针指向 n1，n1 的 next 指向 n2，n2 的 next 指向 n3，n3 的 next 赋值为空。

（2）程序设计。

```c
#include <stdio.h>
#define NULL 0
struct student
{   long num;
    float score;
    struct student * next;
};
void main()
{   struct student n1,n2,n3, * head, * p;   //定义三个结点和指针
    n1.num=10101; n1.score=89.5;        //结点的数据域赋值，下同
    n2.num=10103; n2.score=90;
    n3.num=10107; n3.score=85;
    head=&n1;                          //头指针指向第一个结点
    n1.next=&n2;                        //第一个结点的指针域指向第二个结点
    n2.next=&n3;                        //第二个结点的指针域指向第三个结点
    n3.next=NULL;                       //第三个结点的指针域赋值为空
    p=head;                            //p 指针指向第一个结点
    do
    {
        printf("%ld %5.1f\n",p->num,p->score); //输出 p 指针所指结点的数据
        p=p->next;                     //p 指针指向下一个结点
    }while(p! =NULL);                   //p 指针不为空时循环
}
```

开始时使 head 指向 n1 结点，n1.next 指向 n2 结点，n2.next 指向 n3 结点，这就构成链表关系。"n3.next=NULL"的作用是使 n3.next 不指向任何有用的存储单元。在输出链表时要借助 p，先使 p 指向 n1 结点，然后输出 n1 结点中的数据，"p=p->next"是为输出下一个结点作准备。p->next 的值是 n2 结点的地址，因此执行"p=p->next"后 p 就指向 n2 结点，所以在下一次循环时输出的是 n2 结点中的数据。

在此例中，连接到一起的每个结点（结构体变量 n1、n2、n3）都是通过定义，由系统在内存中开辟了固定的存储单元（不一定连续）。在程序执行的过程中，不可能人为地再产生新的存储单元，也不可能人为地使已开辟的存储单元消失。从这一角度出发，可称这种链表为"静态链表"。在实际应用中，使用更广泛的是一种"动态链表"。

3. 建立与输出动态单向链表

建立动态链表是指在程序执行过程中从无到有地建立起一个链表,即一个一个地开辟结点和输入各结点数据,并建立起前后相连的关系。

(1) 处理动态链表所需要的库函数。

① malloc()函数:原型为 void ＊ malloc(unsigned int size);其作用是在内存的动态存储区中分配一个长度为 size 的连续空间,此函数的返回值是一个指向分配域起始地址的指针(类型为 void)。如果此函数未能成功地执行(如内存空间不足),则返回空指针(NULL)。

② calloc()函数:原型为 void ＊ calloc(unsigned n,unsigned size);其作用是在内存的动态存储区中分配 n 个长度为 size 的连续空间,函数返回一个指向分配域起始地址的指针;如果分配不成功,返回 NULL。用 calloc 函数可以为一维数组开辟动态存储空间,n 为数组元素个数,每个元素长度为 size。

③ free()函数:原型为 void free(void ＊ p);其作用是释放由 p 指向的内存区,使这部分内存区能被其他变量使用,p 是最近一次调用 calloc 或 malloc 函数时返回的值。free 函数无返回值。

(2) 建立动态单向链表的步骤。

① 读取数据。

② 生成新结点。

③ 将数据存入结点的成员变量中。

④ 将新结点插入到链表中,重复上述操作直至输入结束。

(3) 输出动态单向链表。

输出单向链表各结点数据域中内容的算法比较简单,只需利用一个工作指针 p 从头到尾依次指向链表中的每个结点,当指针指向某个结点时,就输出该结点数据域中的内容,直到遇到链表结束标志为止。如果是空链表,就只输出提示信息并返回调用函数。

建立与输出动态单向链表的举例(见例 10.10)。

4. 在链表中插入结点

对链表的插入是指将一个结点插入到一个已有的链表中。在单向链表中插入结点,首先要确定插入的位置。插入结点在指针 p 所指的结点之前称为"前插",插入结点在指针所指的结点之后称为"后插"。"前插"操作中各指针的指向如图 10-5 所示。

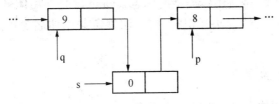

图 10-5　"前插"结点示意图

当进行前插操作时,需要 3 个工作指针:s 指向新开辟的结点,用 p 指向插入的位置,q 指向要插入的前趋结点。

为了能做到正确插入,必须解决两个问题:① 怎样找到插入的位置;② 怎样实现插入。

5. 删除链表中的结点

从一个动态链表中删去一个结点,并不是真正从内存中把它抹掉,而是把它从链表中分离开来,只要撤销原来的链接关系即可。

为了删除单向链表中的某个结点,首先要找到待删除的结点的前趋结点(即当前要删除结点的前面一个结点),然后将此前趋结点的指针域去指向待删除结点的后继结点(即当前要删除结点的下一个结点),最后释放被删除结点所占的存储空间即可。

10.3 共用体类型

共用体是用同一段存储空间存放不同类型的变量。例如,可以把一个整型变量、一个字符型变量、一个实型变量放在同一个地址开始的内存单元中,以上3个变量在内存中所占的字节数不同,但都从同一个起始地址开始存放,也就是使用覆盖技术,几个变量相互覆盖。共用体的类型及其变量的定义和与结构体类型及其变量定义的方式基本相同,不同的是,结构体中变量中的成员各自占有自己的存储空间,而共用体的变量中的所有成员占有同一段存储空间。

10.3.1 共用体类型的定义

共用体类型定义的一般形式:

union 共用体名

{

    类型名 1   共用体成员名 1;

    类型名 2   共用体成员名 2;

    ...

    类型名 n   共用体成员名 n;

};

例如:

union example

{

    int a;

    float b;

    char c;

};

其中,union 是关键字,是共用体类型的标志,example 是共用体名。"共用体名"和"共用体成员名"都是由用户定义的合法标识符,按语法规定共用体名是可选项,在说明中可以不出现。

10.3.2 共用体变量的定义

和结构体相似,共用体变量定义的一般形式:

union 共用体名

{

    成员表列

}变量表列;

例如:

union un

```
{
    int i;
    float x;
}s1,s2, * p;
```

说明：

(1) 共用体变量在定义的同时只能用第一个成员的类型的值进行初始化。

(2) 共用体与结构体的定义形式相似，但它们的含义是不同的。结构体变量所占内存长度是各成员占的内存长度之和，每个成员分别占有其自己的内存单元，而共用体变量所占的内存长度等于变量中所占字节最长的成员的长度。例如，上面的共用体占 4 字节(因为一个实型变量占 4 字节)。

10.3.3　共用体变量中成员的引用

1. 共用体变量中成员的引用方式

共用体变量中每个成员的引用方式与结构体完全相同，可以使用下列 3 种形式之一：

(1) 共用体变量名. 成员名。

(2) 指针变量名－＞成员名。

(3) (* 指针变量名). 成员名。

共用体中的成员变量同样可参与其所属类型允许的任何操作，但在访问共用体成员时应注意：共用体变量中起作用的是最近一次存入的成员变量的值，原有成员变量的值将被覆盖。

另外，ANSI C 标准允许在两个类型相同的共用体变量之间进行赋值操作。同结构体变量一样，共用体类型的变量可以作为实参进行传递，也可以传递共用体变量的地址。

2. 共用体类型数据的特点

在使用共用体数据类型时要注意以下一些特点：

(1) 同一个内存段可以用来存放几种不同类型的成员，但在每一瞬时只能存放其中一种，而不是同时存放几种。

(2) 共用体变量中起作用的成员是最后一次存放的成员，在存入一个新的成员后原有的成员就失去作用。

(3) 共用体变量的地址和它的各成员的地址都是同一地址。

(4) 不能对共用体变量名赋值，也不能企图引用变量名来得到一个值，也不能在定义共用体变量时对它初始化。

(5) 不能把共用体变量作为函数参数，也不能使函数带回共用体变量，但可以使用指向共用体变量的指针。

(6) 共用体类型可以出现在结构体类型定义中，也可以定义共用体数组。反之，结构体也可以出现在共用体类型定义中，数组也可以作为共用体的成员。

【例 10.6】　阅读分析下列程序的运行结果。

```
#include <stdio. h>
union data
{
    short d[2];
    char ch[4];
```

```
    };
    void main( )
    {
        int i;
        union data da;
        for(i=0;i<4;i++)
            da. ch[i]=i;
        for(i=0;i<2;i++)
            printf("%8d",da. d[i]);
        printf("\n");
    }
```

本例程序中第一个循环 for(i=0;i<4;i++) da. ch[i]=i;将共用体成员数组 ch 的 4 个元素 ch[0]~ch[3]分别赋值 0、1、2、3,程序第二个循环 for(i=0;i<2;i++) printf("%8d",da. d[i]);输出共用体成员数组 d,由于共用体成员数组 d 与 ch 使用的是同一段存储空间,所以输出的就是 ch 数组的内容。

注意:d 数组的输出格式,每个元素占两个字节,且数据元素的低位字节在前面一个单元,高位字节在后面一个单元。

因此,输出结果是:256　　　　770

对应的二进制形式是:00000010 00000000　　　00000011 00000010

【例 10.7】 有若干个人员的信息,其中有教师和学生。教师的信息包括:工号、姓名、性别、职业、部门。学生的信息包括:学号、姓名、性别、职业、班级。要求采用一个表格来处理。

(1) 算法分析。

本例中教师和学生信息的前 4 项是相同的,只有第 5 项不同。现要求采用一个表格处理,故可以定义一个结构体,前 4 个成员表示教师和学生信息的前 4 项,第 5 项用共用体处理。

(2) 程序设计。

```
#include <stdio. h>
#include <string. h>
#define N 2
struct                      //定义无名结构体类型
{   char hm[10];            //结构体成员(号码)
    char xm[10];            //结构体成员(姓名)
    char xb[3];             //结构体成员(性别)
    char zy[5];             //结构体成员(职业)
    union                   //定义无名共用体类型
    {   char bm[12];        //共用体成员(部门)
        char bj[15];        //共用体成员(班级)
    }gy;                    //结构体成员是共用体变量
}per[N];                    //定义无名结构体数组
void main()
{
```

```
    int i;
    for(i=0;i<N;i++)
    {
        printf("请输入教师或学生的信息:\n");          //输入前 4 项信息
        scanf("%s%s%s%s",per[i]. hm,per[i]. xm,per[i]. xb,per[i]. zy);
        if(strcmp(per[i]. zy,"教师")==0)       //如果是教师,输入部门
            scanf("%s",per[i]. gy. bm);            //输入第 5 项信息:部门
        else if(strcmp(per[i]. zy,"学生")==0)//如果是学生,输入班级
            scanf("%s",per[i]. gy. bj);            //输入第 5 项信息:班级
        else
            printf("输入错误:\n");                 //zy 不为教师或学生,出错
    }
    printf("\n");
    printf("号码        姓名        性别    职业        部门/班级\n");
    for(i=0;i<N;i++)
    {
        if(strcmp(per[i]. zy,"教师")==0)       //如果是教师,则输出如下
            printf("%-10s%-10s%-5s%-8s%-10s\n",per[i]. hm,per[i]. xm,
                per[i]. xb,per[i]. zy,per[i]. gy. bm);
        else                                  //如果是学生,则输出如下
            printf("%-10s%-10s%-5s%-8s%-10s\n",per[i]. hm,per[i]. xm,
                per[i]. xb,per[i]. zy,per[i]. gy. bj);
    }
}
```

运行结果(以 N 为 2 运行程序):
请输入教师或学生的信息:
1011 张红明 男 教师 信息学院
请输入教师或学生的信息:
2113 李敏捷 女 学生 B 机械 101

号码	姓名	性别	职业	部门/班级
1011	张红明	男	教师	信息学院
2113	李敏捷	女	学生	B 机械 101

10.4　枚举类型

在实际问题中,有些变量的取值被限定在一个有限的范围内。例如,一个星期只有七天,一年只有十二个月等等。如果把这些量说明为整型、字符型或其他类型显然是不妥当的。为此,C 语言提供了一种称为"枚举"的类型。在"枚举"类型的定义中列举出所有可能的取值,被说明为该"枚举"类型的变量取值不能超过定义的范围。应当说明的是,枚举类型是一种基本数据类型,而不是一种构造类型,因为它不能再分解为任何基本类型。

10.4.1　枚举类型及其变量的定义

1. 枚举类型定义的一般形式

enum 枚举名{ 枚举值表 };

在枚举值表中应列出所有可能的值,这些值也称为枚举元素。

例如:

enum weekday{ sun,mon,tue,wed,thu,fri,sat };

该枚举名为 weekday,枚举元素共有 7 个,即一周中的七天。凡被说明为 weekday 类型变量的取值只能是七天中的某一天。

2. 枚举类型变量的定义

如同结构体和共用体一样,枚举类型的变量也可用三种不同的方式进行定义。

定义枚举类型变量的一般形式:

enum 枚举名

{ 枚举值表 }枚举类型变量表列;

说明:

(1) enum 是关键字,标识枚举类型。

(2) 在定义时,花括号中的枚举元素是用户自己指定的标识符。例如:

enum　color{red,yellow,blue,white,black}c1,c2;

(3) 枚举元素的值是一些整数。一般从第一个名字开始,各名字分别代表 0、1、2、3、4,但不能 enum color{0,1,2,3,4};

(4) 可以在定义时对枚举元素初始化。

enum color{ red=3,yellow,blue, white=8,black };

设将变量 a,b,c 定义为上述的 weekday 枚举类型,则可采用:

方式一:

enum weekday{ sun,mon,tue,wed,thu,fri,sat };

enum weekday a,b,c;

方式二:

enum weekday{ sun,mon,tue,wed,thu,fri,sat }a,b,c;

方式三:

enum { sun,mon,tue,wed,thu,fri,sat }a,b,c;

定义枚举变量后就可以进行赋值,例如:

enum　color{red,yellow,blue,white,black};　　　　//定义枚举类型

enum　color c1,c2;　　　　　　　　　　　　　　//定义枚举变量

合法:c1=red;c2=blue;

非法:c1=green;c2=orange;

10.4.2　枚举类型变量的使用

1. 枚举类型的使用规定

(1) 枚举值是常量,不是变量。不能在程序中用赋值语句再对它赋值。

例如,对枚举 weekday 的元素再作以下赋值:

sun＝5；

mon＝2；

sun＝mon；

都是错误的。

（2）枚举元素本身由系统定义了一个表示序号的数值，从 0 开始顺序定义为 0,1,2,…。如在 weekday 中，sun 值为 0,mon 值为 1,…,sat 值为 6。

例如：

```
void main()
{
    enum weekday
    {  sun,mon,tue,wed,thu,fri,sat } a,b,c;
        a=sun；
        b=mon；
        c=tue；
        printf("%d,%d,%d",a,b,c);
}
```

2. 枚举类型的使用说明

（1）只能把枚举值赋给枚举类型的变量，不能把元素的数值直接赋予枚举变量。

例如：

a＝sum；b＝mon；是正确的。而 a＝0；b＝1；是错误的。

如果一定要把数值赋予枚举变量，则必须用强制类型转换。

例如：

a＝(enum weekday)2；其意义是将顺序号为 2 的枚举元素赋予枚举变量 a，相当于：

a＝tue；

（2）枚举元素不是字符常量也不是字符串常量，使用时不要加单、双引号。

【例 10.8】　设口袋中有红、黄、蓝、白、黑 5 种颜色的球若干个，每次从口袋中取出 3 个球，求得到 3 种不同颜色的球可能的取法，输出每种排列的情况。

（1）算法分析。

每次从口袋中取出的球只能是给定 5 种颜色之一，且要判断各球的颜色是否相同，可以采用枚举类型进行处理。如果某次取出的 3 个球的颜色分别为 i、j、k，由于要求 3 个球的颜色不同，即 i≠j、i≠k、j≠k。可以采用穷举法，将每种情况都判断一下，看哪一组符合条件，就输出 i、j、k。

（2）程序设计。

```
#include <stdio. h>
void main()
{
    enum color{red,yellow,blue,white,black}；     //定义枚举类型
    enum color i,j,k,p;                           //定义枚举类型变量
    int n=0,m;
    for(i=red;i<=black;i++)
```

```
    for(j=red;j<=black;j++)
        if(i! =j)
        {   for(k=red;k<=black;k++)
                if((k! =i) && (k! =j))
            {
            n++;
            printf("%-4d",n);
            for(m=1;m<=3;m++)
            {
                switch(m)
                {
                    case 1: p=i;break;
                    case 2: p=j;break;
                    case 3: p=k;break;
                    default: break;
                }
                switch(p)
                {
                    case red:printf("%-10s","red");break;
                    case yellow:printf("%-10s","yellow");break;
                    case blue:printf("%-10s","blue");break;
                    case white:printf("%-10s","white");break;
                    case black:printf("%-10s","black");break;
                    default: break;
                }
            }
                if(n%2==0) printf("\n");
            }
        }
    printf("总的排列次数:%5d\n",n);
}
```

（3）程序运行。

运行结果如下：

1	red	yellow	blue	2	red	yellow	white
3	red	yellow	black	4	red	blue	yellow
5	red	blue	white	6	red	blue	black
7	red	white	yellow	8	red	white	blue
9	red	white	black	10	red	black	yellow
11	red	black	blue	12	red	black	white

13	yellow	red	blue	14	yellow	red	white
15	yellow	red	black	16	yellow	blue	red
17	yellow	blue	white	18	yellow	blue	black
19	yellow	white	red	20	yellow	white	blue
21	yellow	white	black	22	yellow	black	red
23	yellow	black	blue	24	yellow	black	white
25	blue	red	yellow	26	blue	red	white
27	blue	red	black	28	blue	yellow	red
29	blue	yellow	white	30	blue	yellow	black
31	blue	white	red	32	blue	white	yellow
33	blue	white	black	34	blue	black	red
35	blue	black	yellow	36	blue	black	white
37	white	red	yellow	38	white	red	blue
39	white	red	black	40	white	yellow	red
41	white	yellow	blue	42	white	yellow	black
43	white	blue	red	44	white	blue	yellow
45	white	blue	black	46	white	black	red
47	white	black	yellow	48	white	black	blue
49	black	red	yellow	50	black	red	blue
51	black	red	white	52	black	yellow	red
53	black	yellow	blue	54	black	yellow	white
55	black	blue	red	56	black	blue	yellow
57	black	blue	white	58	black	white	red
59	black	white	yellow	60	black	white	blue

总的排列次数： 60

10.5 类型定义符

C 语言不仅提供了丰富的数据类型,而且还允许由用户自己定义类型说明符,也就是说允许由用户为数据类型取"别名"。类型定义符 typedef 即可用来完成此功能。

10.5.1 类型定义符的形式

1. 类型定义符的一般形式

typedef 原类型名 新类型名

其中原类型名中含有定义部分,新类型名一般用大写表示,以便于区别。

有时也可用宏定义来代替 typedef 的功能,但是宏定义是由预处理完成的,而 typedef 则是在编译时完成的,后者更为灵活方便。

10.5.2 typedef 定义类型

1. typedef 定义类型的方法

（1）先按定义变量的方法写出定义体（例如：int i）。

（2）将变量名换成新类型名（例如：将 i 换成 COUNT）。

（3）在最前面加 typedef。

例如：

typedef int COUNT

（4）然后可以用新类型名去定义变量。

2. typedef 定义类型的说明

（1）用 typedef 可以声明各种类型名，但不能用来定义变量。

（2）用 typedef 只是对已经存在的类型增加一个类型名，而没有创造新的类型。

（3）当不同源文件中用到同一类型数据时，常用 typedef 声明一些数据类型，把它们单独放在一个文件中，然后在需要用到它们的文件中用♯include 命令把它们包含进来。

（4）typedef 与♯define 的相同与异同。例如：typedef int COUNT；♯define COUNT int 的作用都是用 COUNT 代表 int。但事实上，它们二者是不同的。♯define 是在预编译时处理的，它只能作简单的字符串替换，而 typedef 是在编译时处理的。实际上它并不是作简单的字符串替换，而是采用如同定义变量的方法那样来声明一个类型。

例如，有整型量 a,b，其说明如下：

int a,b;

其中 int 是整型变量的类型说明符。int 的完整写法为 integer，为了增加程序的可读性，可把整型说明符用 typedef 定义为：

typedef int INTEGER

这以后就可用 INTEGER 来代替 int 作整型变量的类型说明了。

例如：

INTEGER a,b;

它等效于：

int a,b;

用 typedef 定义数组、指针、结构等类型将带来很大的方便，不仅使程序书写简单而且使意义更为明确，因而增强了可读性。

例如：

typedef char NAME[20];   //表示 NAME 是字符数组类型，数组长度为 20。

可用 NAME 说明变量，如：

NAME a1,a2,s1,s2;

完全等效于：

char a1[20],a2[20],s1[20],s2[20]

又如：

typedef struct student

｛   char name[20];

    int age;

```
    char sex;
} STU;
```
定义 STU 表示 student 的结构类型,然后可用 STU 来说明结构变量:
```
STU body1,body2;
```

10.6　自定义数据类型程序设计及实例

【例 10.9】　设每位职工含 5 项信息:工号、姓名、工资、津贴和应发金额。要求:① 输入 5 位职工的前 4 项信息,并求出应发金额。② 将每位职工的信息按下列表格的形式显示在屏幕上。

表 8-1　职工信息

工号	姓名	工资	津贴	应发金额
0101	周黎明	3500	1100	
0102	张红军	2200	900	
0103	赵敏锐	3150	1000	
0104	李小平	3680	1200	
0105	路路佳	4160	1200	

(1) 算法分析。

本例采用结构体数组存放职工的信息。用循环输入每位职工的信息,同时在循环体求出应发金额,再用循环输出结构体数组中的数据。

(2) 程序设计。

```c
#include <stdio.h>
#define N 5
void main()
{   struct zgxx
    {   char gh[10];
        char xm[9];
        float gz;
        float jt;
        float yf;
    }zg[N];
    int i;
    for(i=0;i<N;i++)
    {   printf("请输入第%d 个职工信息:",i+1);
        scanf("%s%s%f%f",zg[i].gh,zg[i].xm,&zg[i].gz,&zg[i].jt);
        zg[i].yf=zg[i].gz+zg[i].jt;
    }
    printf("————————————————————————————\n");
    printf("| 工号 | 姓名 | 工资 | 津贴 |应发金额|\n");
```

```
for(i=0;i<N;i++)
{    printf("|%8s|%8s|%8.2f|%8.2f|%8.2f|\n",zg[i].gh,zg[i].xm,
     zg[i].gz,zg[i].jt,zg[i].yf);
     printf("----------------------------\n");
}
}
```

【例 10.10】 设学生登记表中的信息包括:学号、姓名、性别、年龄、成绩,要求:① 建立学生登记表;② 根据学号对学生记录进行查找;③ 学生的成绩进行排序;④ 输出排序的结果。

(1) 算法分析。

本例采用结构体数组存放学生的信息。用循环输入每位学生的信息,用二分法实现根据学号进行查找,用改进的选择法进行降序排列,最后再用循环输出结构体数组中的数据。

(2) 程序设计。

```
#include <stdio.h>
#include <string.h>
#define N 100
void main()
{    struct xsxx
     {    char xh[10];
          char xm[9];
          char xb[3];
          int nl;
          float cj;
     }xs[N],temp;
     int i,j,b,t,m,p;
     char x[10];
     for(i=0;i<N;i++)
     {    printf("请输入第%d个学生信息:",i+1);
          scanf("%s%s%s%d%f",xs[i].xh,xs[i].xm,xs[i].xb,&xs[i].nl,&xs[i].cj);
     }
     printf("请输入要查找的学生的学号:");
     scanf("%s",x);
     b=0;t=N;
     while(b<=t)
     {    m=(b+t)/2;
          if(strcmp(x,xs[m].xh)==0) break;
          if(strcmp(x,xs[m].xh)>0)
               b=m+1;
          else
               t=m-1;
     }
```

```
if(b<=t)
    printf("要查找的学生学号:%s,姓名:%s\n",xs[m]. xh,xs[m]. xm);
else
    printf("要查找的学生不存在! \n");
for(i=0;i<N-1;i++)
{   p=i;
    for(j=0;j<N;j++)
        if(xs[j]. cj>xs[p]. cj) p=j;
    if(p! =i)
    {   temp=xs[i]; xs[i]=xs[p]; xs[p]=temp; }
}
printf("   学号      姓名      性别      年龄      成绩\n");
for(i=0;i<N;i++)
    printf("%9s%8s%2s%4d%8. 2f\n",xs[i]. xh,xs[i]. xm,xs[i]. xb,
        xs[i]. nl,xs[i]. cj);
}
```

【例 10.11】　建立一个三个结点的动态单向链表,存放学生的数据(设学生的数据包含学号和成绩两项)。

(1)算法分析。

先开辟一个新的结点,使指针 p1 指向该结点,并输入该结点的数据(学号和成绩)。本例约定学号不会为零,如果输入的学号为 0,则表示建立链表的过程完成,该结点不应连接到链表中。

① 如果输入的 p1->num 不等于 0,则输入的是第一个结点数据(n=1),令 head=p1,即把 p1 的值赋给 head,也就是使 head 也指向新开辟的结点,p1 所指向的新开辟的结点就成为链表中第一个结点。如图 10-6 所示。

② 再开辟另一个结点并使 p1 指向它,接着输入该结点的数据,并将第一个结点的指针域指向第二个结点,指针 p2 也指向它。如图 10-7 所示。

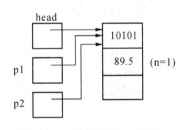

图 10-6　链表的第一个结点

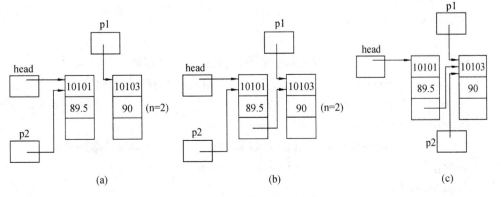

(a)　　　　　　　　　　　(b)　　　　　　　　　　　(c)

图 10-7　链表的第二个结点

③ 再开辟一个结点并使 p1 指向它,并输入该结点的数据,并将第二个结点的指针域指向第三个结点,指针 p2 也指向它。如图 10－8 所示。

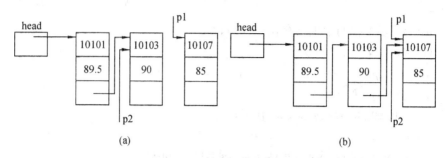

图 10－8　链表的第三个结点

④ 再开辟一个新结点,并使 p1 指向它,输入该结点的数据。由于 p1－＞num 的值为 0,不再执行循环,此新结点不应被连接到链表中。如图 10－9 所示。

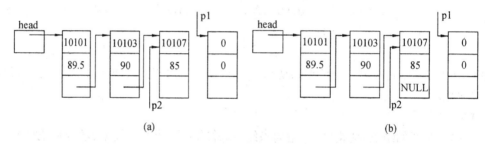

图 10－9　链表的结点插入后

(2) 函数设计。

```
#include <stdio.h>
#include <malloc.h>       //包含内存动态分配空间的库函数
#define NULL 0            //NULL 代表 0,用它表示空地址
#define LEN sizeof(struct student)   //LEN 代表结构体 student 的长度
struct student            //定义结构体 student 类型
{   long num;
    float score;
    struct student * next;
};
int n;                    //n 为全局变量,本文件模块中各函数均可使用它
struct student * creat()  //定义函数返回一个指向链表表头的指针
{   struct student * head; * p1, * p2;
    n=0;
    p1=p2=(struct student * ) malloc(LEN);       //开辟第一个新结点
    scanf("%ld,%f",&p1->num,&p1->score);
    head=NULL;
    while(p1->num! =0)
```

```
    {   n＝n＋1;
        if(n＝＝1)head＝p1;
        else p2－>next＝p1;
        p2＝p1;
        p1＝(struct student * )malloc(LEN);          //开辟一个新的结点
        scanf("%ld,%f",&p1－>num,&p1－>score);//输入结点数据
    };
    p2－>next＝NULL;
    return(head);     //返回链表的头指针
}
```

【例 10.12】　用一个函数将例 10.11 中建立的动态单向链表中存放学生的数据显示在屏幕上。

（1）算法分析。

本例先定义一个指向结构体 student 的指针 p,并使得它指向链表的第一个结点,然后通过一个循环输出链表中结点的数据域,直到 p 为空时结束。

（2）程序设计。

```
#include <stdio. h>
#include <malloc. h>          //包含内存动态分配空间的库函数
struct student                //定义结构体 student 类型
{   long num;
    float score;
    struct student * next;
};
int n;
void print(struct student * head)
{
    struct student * p;          //定义指向结构体 student 类型的指针变量
    printf("\nNow,These %d records are:\n",n);
    p＝head;                      //p 指向头结点
    if(head! ＝NULL)
      do
      {
          printf("%ld %5. 1f\n",p－>num,p－>score);//输出结点中的数据
          p＝p－>next;          //指针 p 指向下一个结点
      }while(p! ＝NULL);
}
```

【例 10.13】　用一个函数在例 10.11 建立的链表中插入一个结点。

（1）算法分析。

① 先用指针变量 p0 指向待插入的结点,p1 指向第一个结点。

② 将 p0－>num 与 p1－>num 相比较,如果 p0－>num>p1－>num ,则待插入的结

点不应插在 p1 所指的结点之前,此时将 p1 后移,并使 p2 指向刚才 p1 所指的结点。

   ③ 再将 p1—>num 与 p0—>num 比较,如果仍然是 p0—>num 大,则应使 p1 继续后移,直到 p0—>num<=p1—>num 为止。

   这时将 p0 所指的结点插到 p1 所指结点之前。但是如果 p1 所指的已是表尾结点,则 p1 就不应后移了。如果 p0—>num 比所有结点的 num 都大,则应将 p0 所指的结点插到链表末尾。

   如果插入的位置既不在第一个结点之前,又不在表尾结点之后,则将 p0 的值赋给 p2—>next,使 p2—>next 指向待插入的结点,然后将 p1 的值赋给 p0—>next,使得 p0—>next 指向 p1 指向的变量。插入结点过程如图 10-10(a)、(b)、(c)所示。

   如果插入的结点在第一个结点之前,则插入结点过程如图 10-10(d)所示;

   如果插入的结点在最后一个结点之后,则插入结点过程如图 10-10(e)所示。

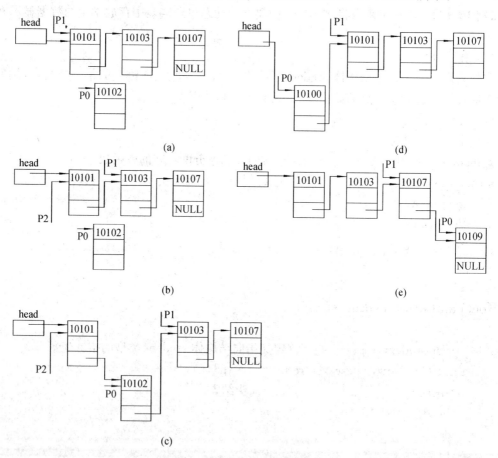

图 10-10 插入结点示意图

(2) 函数设计。

```
struct student * insert(struct student * head,struct student * stud)
{
    struct student * p0, * p1, * p2;//定义指针变量 p0、p1、p2
    p1=head;                        //p1 指向第一个结点
    p0=stud;                        //p0 指向要插入的结点
    if(head==NULL)                  //头指针为空,插入的结点为链表的第一个结点
```

```
    {   head=p0;
        p0->next=NULL;
    }
    else                        //查找插入结点的位置
    {   while((p0->num>p1->num) && (p1->next! =NULL))
        {   p2=p1;
            p1=p1->next;//指针 p1 后移
        }
        if(p0->num<=p1->num)
            {   if(head==p1) head=p0;//在第一个结点之前插入
                else p2->next=p0;        //在链表中插入结点
                p0->next=p1;
            }
        else
            {   p1->next=p0;              //结点插入在链表末尾
                p0->next=NULL;
            }
    }
    n=n+1;
    return(head);    //返回链表的头指针
}
```

【例 10.13】　用一个函数实现删除动态链表中指定的结点。

（1）算法分析。

从 p1 指向的第一个结点开始，检查该结点中的 num 值是否等于输入的要求删除的那个学号。如果相等就将该结点删除，如果不相等，就将 p1 后移一个结点，再如此进行下去，直到遇到表尾为止。

① 设两个指针变量 p1 和 p2，先使 p1 指向第一个结点。如果要删除的不是第一个结点，则使 p1 后移指向下一个结点（将 p1->next 赋给 p1），在此之前应将 p1 的值赋给 p2，使 p2 指向刚才检查过的那个结点。

② 如果要删除的是第一个结点（p1 的值等于 head 的值），如图 10-11(c)所示，则应将 p1->next 赋给 head。这时 head 指向原来的第二个结点。第一个结点虽然仍存在，但它已与链表脱离，因为链表中没有一个结点或头指针指向它。虽然 p1 还指向它，它仍指向第二个结点，但仍无济于事，现在链表的第一个结点是原来的第二个结点，原来第一个结点已“丢失”，即不再是链表中的一部分了。

③ 如果要删除的不是第一个结点，如图 10-11(d)所示，则将 p1->next 赋给 p2->next。p2->next 原来指向 p1 指向的结点（图中第二个结点），现在 p2->next 改为指向 p1->next 所指向的结点（图中第三个结点）。p1 所指向的结点不再是链表的一部分。

另外，还需要考虑链表是空表（无结点）和链表中找不到要删除的结点的情况。

（2）函数设计。

```
struct student * del(struct student * head,long num)
```

```
{    struct student  * p1, * p2;
     if (head==NULL)        //判断链表是否为空
     {  printf("链表为空！\n");
        goto end;
     }
     p1=head;               //p1 指向第一个结点
     while(num! =p1->num && p1->next! =NULL) //查找删除结点的位置
     {
         p2=p1;
         p1=p1->next;
     }
     if (num==p1->num)   //找到要删除的结点时，删除该结点
       {    if(p1==head) head=p1->next;
            else p2->next=p1->next;
            printf("删除:%ld\n",num);
            n=n-1;
       }
     else printf("%ld 没有找到！\n",num);
     end;
     return(head);          //返回链表的头指针
}
```

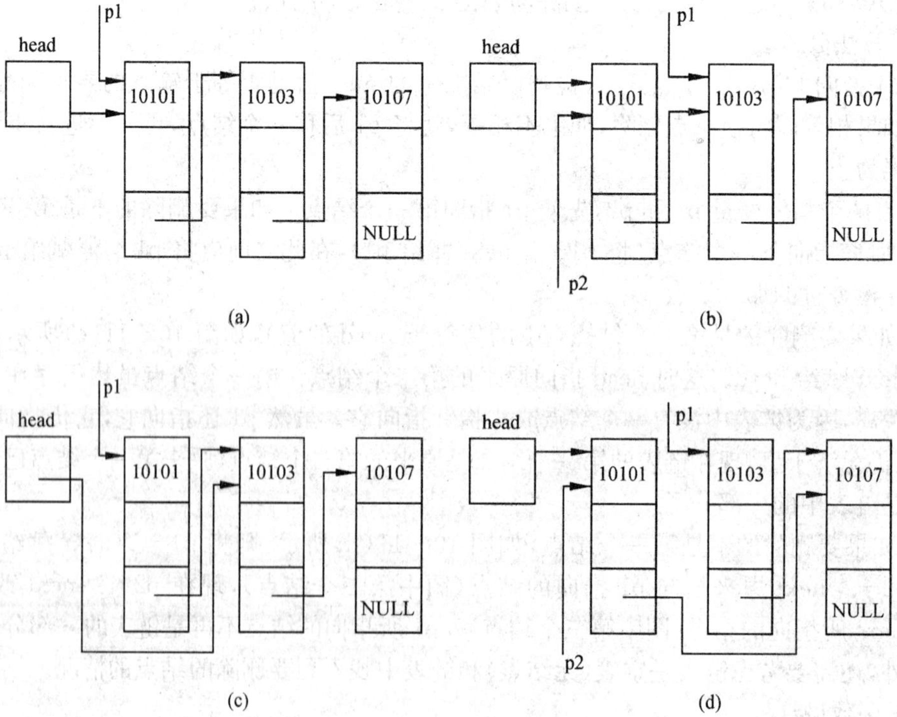

图 10-11 删除结点示意图

调用上述建立链表、在链表删除结点和插入结点、显示链表中数据的主函数：

```
#include <stdio.h>
void main()
{   struct student *head,stu;    //结构体变量 stu 为插入结点
    long del_num;                //del_num 为要删除结点的学号
    head=creat();                //创建链表,head 为头指针
    print(head);                 //输出链表
    printf("请输入要删除结点的学号:");
    scanf("%ld",&del_num);
    head=del(head,del_num);      //删除结点
    print(head);                 //输出删除结点后的链表
    printf("请输入要插入结点的学号:");
    printf("请输入要插入结点的数据:");
    scanf("%ld",&stu.num,&stu.score);  //输入要插入的结点数据
    head=insert(head,&stu);      //插入结点
    print(head);                 //输出插入结点后的链表
}
```

练习题 10

一、选择题

1. 设有以下说明语句：

   ```
   struct ex
   {   int x;float y;char z;
   }example;
   ```

   则下面的叙述中不正确的是＿＿＿＿。

   A. struct 是结构体类型的关键字　　　　B. example 是结构体类型名

   C. x,y,z 都是结构体成员名　　　　　　D. struct ex 是结构体类型名

2. 有以下结构体说明和变量的定义,如图 10-12 所示,指针 p 指向变量 a,指针 q 指向变量 b。则不能把节点 b 连接到节点 a 之后的语句是＿＿＿＿。

图 10-12　结构体说明和变量的定义

```
struct node
{   char data;
    struct node *next;
}a,b,*p=&a,*q=&b;
```

A. a. next＝q;　　　　　　　　　B. p. next＝&b;

C. p—>next＝&b;　　　　　　　D. (＊p). next＝q;

3. 假定建立了以下链表结构,指针 p、q 分别指向如图 10-13 所示的节点,则以下可以将 q 所指节点从链表中删除并释放该节点的语句组是_____。

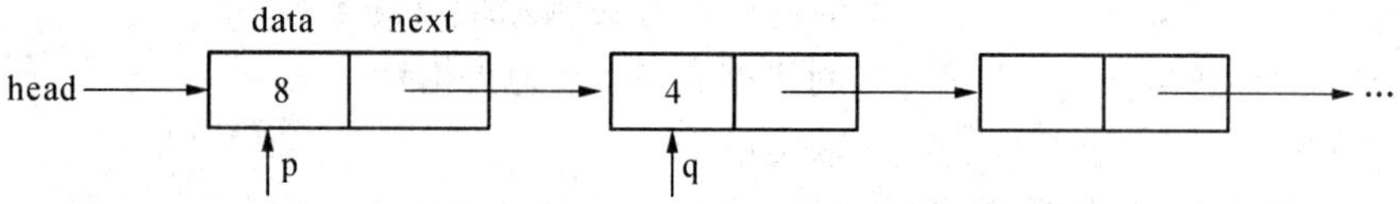

图 10-13　链表结构

　A. free(q);p—>next＝q—>next;

　B. (＊p). next＝(＊q). next;free(q);

　C. q＝(＊q). next;(＊p). next＝q;free(q);

　D. q＝q—>next;p—>next＝q;p＝p—>next;free(p);

4. 若有如下定义:

```
struct data
{   int i;
    char ch;
    double f;
}b;
```

则结构体变量 b 占用内存的字节数是(　　　)。

A. 1　　　　　　　B. 2　　　　　　　C. 8　　　　　　　D. 11

5. 设有以下说明和定义语句,则下面表达式中值为 3 的是_____。

```
struct s
{   int i;
    struct s ＊i2;
};
static struct s a[3]＝{1,&a[1],2,&a[2],3,&a[0]};
static struct s ＊ptr;
ptr＝&a[1];
```

A. ptr—>i++　　　　　　　　　　B. ptr++—>i

C. ＊ptr—>i　　　　　　　　　　D. ++ptr—>i

6. 设有以下说明语句:

```
struct stu
{  int a;
   float b;
}stutype;
```

则下面的叙述正确的是_____。

A. struct 是结构体类型名

B. struct stu 是用户定义的结构体变量名

C. stutype 是用户定义的结构体变量名

D. a 和 b 都是结构体变量名

7. 以下对结构体变量 stul 中成员 age 的非法引用是_____。

struct student

{　int age；

　　int nun：

}stul, * p；

p＝&stul；

A. stul. age　　　　　B. student. age　　　　C. p—>age　　　　D. (* p). age

二、填空题

1. 设有以下结构类型说明和变量定义,则变量 a 在内存所占字节数是_____。

struct stud

{　char num[6]；

　　int s[4]；

　　double ave；

} a；

2. 设有以下语句：

struct st

{

　　int n；struct st * next；

}；

static struct st a[3]＝{5,&a[1],6,&a[2],9, '\0'}, * p；

p＝&a[0]；

则表达式_____的值是 6。

3. 以下程序用来输出结构体变量 ex 所占存储单元的字节数,请填空。

＃include ＜stdio. h＞

struct st

{

　　char name[20]；

　　double score；

}；

void main()

{

　　struct st ex；

　　printf("ex size：%d\n",sizeof(_____))；

}

4. 下面程序的运行结果是_____。

＃include ＜stdio. h＞

void main()

{　struct EXAMPLE

　　{　struct

```
        {
            int x;
            int y;
        }in;
        int a;
        int b;
    }e;
    e. a=1;e. b=2;
    e. in. x=e. a * e. b;
    e. in. y=e. a+e. b;
    printf("%d,%d",e. in. x,e. in. y);
}
```

5. 若已定义：
```
struct nun
{   int a;
    int b;
    float f;
} n={1,3,5. 0};
struct nun  * pn=&n;
```
则表达式 pn->b/n. a * ++pn->b 的值是_____,表达式(* pn). a+pn->f
的值是_____。

6. 下面程序的运行结果是_____。
```
#include <stdio. h>
struct ks
{   int a;
    int * b;
}s[4], * p;
void main()
{
    int n=1,i;
    printf("\n");
    for(i=0;i<4;i++)
    {   s[i]. a=n;
        s[i]. b=&s[i]. a;
        n=n+2;
    }
    p=&s[0];
    p++;
    printf("%d,%d\n",(++p)->a,(p++)->a);
}
```

三、程序设计题

1. 日期换算。定义一个关于年、月、日的结构，并编写一函数计算某日是该年中的第几天？注意闰年问题。

2. 计算时间差期。编写一程序，计算两个时刻之间的时间差，并将其值返回。时间以时、分、秒表示，两个时刻的差小于 24 小时。

3. 成绩处理。输入一个正整数 n，再输入 n 个学生的学号和数学、英语、计算机成绩，要求：

(1) 计算每一个学生的平均成绩。

(2) 计算每门课程的平均成绩。

(3) 输出平均成绩最高的学生的记录。

(4) 按平均成绩从高到低输出学生的成绩单（学号、数学、英语、计算机成绩和平均成绩）。

4. 设有两个单向链表，头指针分别为 list1、list2，链表中每一结点包含姓名、工资基本信息，请使用函数把两个链表拼组成一个链表，并返回拼组后的新链表。

第11章 文件及其应用

> 本章的主要内容：文件的概念与文件指针、文件的打开与关闭、文件的顺序读写操作，文件的随机读写以及文件的应用实例。通过本章内容的学习，应当解决的问题：使用文件的意义，文件读写的基本概念，文件的操作步骤，文本文件的读写，运用文件进行程序设计解决具有成批数据经常读写的实际应用问题。

11.1 文件的引入

【任务】 运用 C 语言中的文件处理经常要成批数据读写的应用问题，如学生信息综合处理、职工信息综合处理等，掌握文件的基本操作方法和技巧。

11.1.1 问题与引例

在本章之前的各章中所有程序输入和输出都只涉及到键盘和显示器。在运行 C 程序时，通过键盘输入数据并借助显示器把程序的运算结果显示出来。但是，计算机作为一种先进的数据处理工具，它所面对的数据信息量十分庞大，仅依赖于键盘输入和显示输出等方式是远远不够的。

【引例】 对一个班级学生成绩进行处理，包括学生信息的多次输入与修改、处理、输出等。

问题分析：本例要求多次对学生的信息输入，如果每次都是从键盘输入这些成批的数据，一方面数据输入的工作量大，另一方面很容易产生差错。因此，要解决这一类问题，就必须采用数据文件的方法来处理。

11.1.2 文件的基本概念

1. 文件的概念

通常，对一组数据需要经常使用的解决的办法是将这些数据保存在某些存储介质上，利用这些介质的存储特性，携带数据或长久地保存数据，这种存储在外部介质上的数据集合称为"文件"。

在程序运行之前，常常需要将一些数据（原始数据）送到磁盘上保存起来，程序运行中的中间结果或最终结果也要输出到磁盘上保存起来，以后需要时再从磁盘中取到计算机中，这就需要用到磁盘文件。

2. 文件的类型

在程序设计中，主要用到两种类型的文件：程序文件和数据文件。程序文件的内容是程序代码，而数据文件的内容则是程序运行时用到的数据。

C 语言程序把文件分为 ASCII 文件和二进制文件。ASCII 文件又称文本文件，每一个字节存放一个字符的 ASCII 码，便于对字符进行逐个处理，但一般占用存储空间较多；二进制文件中的数据在内存中是以二进制形式存储的，占用存储空间较少。例如：

十进制数 10000 以 ASCII 码形式存储时需要存储 5 个字符的 ASCII 码：

00110001 00110000 00110000 00110000 00110000

而以二进制形式存储时则需要两个字节即可：

00100111 00010000

3. 文件的读写

在程序中，当调用输入函数从文件中输入数据赋给程序中的变量时，这种操作称为"输入"或"读"；当调用输出函数把程序中的变量的值输出到文件中时，这种操作称为"输出"或"写"。

在 C 语言中，文件是一个字节流或二进制流，也就是说，对于输入/输出的数据都按"数据流"的形式进行处理。输出时，系统不添加任何信息；输入时，逐一读入数据，直到遇到文件结束标志。C 程序中的输入/输出文件，都以数据流的形式存储在介质上。

4. 文件的存取方式

文件输入/输出方式也称"存取方式"。C 语言中，文件有两种存取方式：顺序存取和直接存取。顺序存取文件的特点是：每当"打开"文件进行读或写操作时，总是从文件的开头开始，从头到尾顺序地读（写）；直接存取文件的特点是：可以通过 C 语言的库函数去指定开始读（写）的字节号，然后直接对此位置上的数据进行读（写）操作。

11.1.3　文件指针

在 C 语言中用一个指针变量指向一个文件，这个指针称为文件指针，通过文件指针就可对它所指的文件进行各种操作。

定义文件指针的一般形式：

FILE ＊指针变量名；

其中，FILE 应为大写，它实际上是由系统定义的一个结构，该结构中含有文件名、文件状态和文件当前位置等信息，在编写源程序时不必关心 FILE 结构的细节。

例如：

FILE ＊ fp；

表示 fp 是指向 FILE 结构的指针变量，通过 fp 即可找到存放某个文件信息的结构变量，然后按结构变量提供的信息找到该文件，实施对该文件的操作。习惯上也笼统地把 fp 称为指向一个文件的指针。

本章讨论通过 C 程序的输入/输出所涉及的存储在外部介质上的数据文件，主要包括文件的打开、关闭、读写、定位等各种操作。

11.2　文件的打开与关闭

11.2.1　文件的打开

文件在进行读（写）操作之前要先打开，使用完毕要关闭。所谓打开文件，实际上是建立文件的各种有关信息，并使文件指针指向该文件，以便进行其他操作。关闭文件则断开指针与文件之间的联系，也就是禁止再对该文件进行操作。

在 C 语言中，文件操作都是由库函数来完成的。在本章内将介绍主要的文件操作函数。

1. 文件的打开

文件的打开使用 fopen 函数，其调用的一般形式：

文件指针名＝fopen(文件名,使用文件方式)；

其中，"文件指针名"必须是被说明为 FILE 类型的指针变量；"文件名"是被打开文件的数据文件名,是字符串常量或字符串数组；"使用文件方式"是指文件的类型和操作要求。

例如：

FILE ＊fp；

fp＝fopen("filea","r")；

其意义是在当前文件夹下打开文件 filea,只允许进行"读"操作,并使 fp 指向该文件。

又如：

FILE ＊fphzk

fphzk＝fopen("c:\\hzk16","rb")

其意义是打开 C 驱动器磁盘的根目录下的文件 hzk16,这是一个二进制文件,只允许按二进制方式进行读操作。两个反斜线"\\"中的第一个表示转义字符,第二个表示根目录。

使用文件的方式共有 12 种,下面给出了它们的符号和意义。如表 11-1 所示：

表 11-1　使用文件的方式

文件使用方式	意　　义
"r"	只读打开一个文本文件,只允许读数据
"w"	只写打开或建立一个文本文件,只允许写数据
"a"	追加打开一个文本文件,并在文件末尾写数据
"rb"	只读打开一个二进制文件,只允许读数据
"wb"	只写打开或建立一个二进制文件,只允许写数据
"ab"	追加打开一个二进制文件,并在文件末尾写数据
"r+"	读写打开一个文本文件,允许读和写
"w+"	读写打开或建立一个文本文件,允许读写
"a+"	读写打开一个文本文件,允许读,或在文件末追加数据
"rb+"	读写打开一个二进制文件,允许读和写
"wb+"	读写打开或建立一个二进制文件,允许读和写
"ab+"	读写打开一个二进制文件,允许读,或在文件末追加数据

2. 文件使用方式的说明

（1）文件使用方式由 r,w,a,b,＋五个字符拼成,各字符的含义是：

r(read)：　　　　读

w(write)：　　　写

a(append)：　　 追加

b(binary)：　　　二进制文件

＋：　　　　　　读和写

（2）凡用"r"打开一个文件时,该文件必须已经存在,且只能从该文件读出。

（3）用"w"打开的文件只能向该文件写入。若打开的文件不存在,则以指定的文件名建立该文件,若打开的文件已经存在,则将该文件删去,重建一个新文件。

（4）若要向一个已存在的文件追加新的信息,只能用"a"方式打开文件。但此时该文件必须是存在的,否则将会出错。

(5) 在打开一个文件时,如果出错,fopen 将返回一个空指针值 NULL。在程序中可以用这一信息来判断是否完成打开文件的工作,并作相应的处理。因此常用以下程序段打开文件:

```
if((fp=fopen("c:\\hzk16","rb"))==NULL)
{
    printf("\nerror on open c:\\hzk16 file!");
    getch();
    exit(1);
}
```

这段程序的意义是,如果返回的指针为空,表示不能打开 C 盘根目录下的 hzk16 文件,则给出提示信息"error on open c:\ hzk16 file!",下一行 getch()的功能是从键盘输入一个字符,但不在屏幕上显示。在这里,该行的作用是等待,只有当用户从键盘敲任一键时,程序才继续执行,因此用户可利用这个等待时间阅读出错提示。敲键后执行 exit(1)退出程序。

(6) 把一个文本文件读入内存时,要将 ASCII 码转换成二进制码,而把文件以文本方式写入磁盘时,也要把二进制码转换成 ASCII 码,因此文本文件的读(写)要花费较多的转换时间。对二进制文件的读(写)不存在这种转换。

11.2.2 文件的关闭

文件一旦使用完毕,应用关闭文件函数把文件关闭,以避免文件的数据丢失等错误。关闭文件则断开指针与文件之间的联系,也就禁止再对该文件进行操作。

文件的关闭是使用 fclose 函数,调用 fclose 函数的一般形式:

fclose(文件指针);

例如:

fclose(fp);

正常完成关闭文件操作时,fclose 函数返回值为 0。如果返回非零值,则表示有错误发生。

11.3 文件的顺序读(写)

对文件的读和写是最常用的文件操作。文件的顺序读(或写)操作总是从文件的开头开始,从头到尾顺序地读(或写)。在 C 语言中提供了多种用于文件读(写)的函数:字符读(写)函数(fgetc 和 fputc)、字符串读(写)函数(fgets 和 fputs)、数据块读(写)函数(fread 和 fwrite)、格式化读(写)函数(fscanf 和 fprinf)。

注意:使用以上函数都要求包含头文件 stdio.h。

11.3.1 字符读(写)

字符读(写)函数是以字符(字节)为单位的读(写)函数。每次可从文件读出或向文件写入一个字符。

1. 读字符函数 fgetc

fgetc 函数的功能是从指定的文件中读一个字符,函数调用的形式为:

字符变量=fgetc(文件指针);

例如:

ch＝fgetc(fp)；

其意义是从打开的文件 fp 中读取一个字符并送入 ch 中。

对于 fgetc 函数的使用有以下几点说明：

（1）在 fgetc 函数调用中，读取的文件必须是以读或读写方式打开的。

（2）读取字符的结果也可以不向字符变量赋值。

例如：

fgetc(fp)；

但是读出的字符不能保存。

（3）在文件内部有一个位置指针。用来指向文件的当前读(写)字节。在文件打开时，该指针总是指向文件的第一个字节。使用 fgetc 函数后，该位置指针将向后移动一个字节。因此可连续多次使用 fgetc 函数，读取多个字符。应注意文件指针和文件内部的位置指针不是一回事。文件指针是指向整个文件的，须在程序中定义说明，只要不重新赋值，文件指针的值是不变的。文件内部的位置指针用以指示文件内部的当前读(写)位置，每读(写)一次，该指针均向后移动，它不需在程序中定义说明，而是由系统自动设置的。

【例 11.1】　读入文件 c1.txt，在屏幕上输出。

```
#include<stdio.h>
void main()
{
    FILE  * fp;
    char ch;
    if((fp＝fopen("d:\\ccxsj\\example\\c1.txt","r"))==NULL)
    {
        printf("\nCannot open file strike any key exit!");
        getch();
        exit(1);
    }
    ch＝fgetc(fp);
    while(ch! ＝EOF)
    {
        putchar(ch);
        ch＝fgetc(fp);
    }
    fclose(fp);
}
```

本例程序的功能是从文件中逐个读取字符，在屏幕上显示。程序定义了文件指针 fp，以读文本文件方式打开文件"d:\\ccxsj\\example\\c1.txt"，并使 fp 指向该文件。如打开文件出错，给出提示并退出程序。程序第 12 行先读出一个字符，然后进入循环，只要读出的字符不是文件结束标志(每个文件末有一结束标志 EOF)就把该字符显示在屏幕上，再读入下一字符。每读一次，文件内部的位置指针向后移动一个字符，文件结束时，该指针指向 EOF。执行本程序将显示整个文件。

2. 写字符函数 fputc

fputc 函数的功能是把一个字符写入指定的文件中,函数调用的形式为:

fputc(字符量,文件指针);

其中,待写入的字符量可以是字符常量或变量,例如:

fputc('a',fp);

其意义是把字符 'a' 写入 fp 所指向的文件中。

对于 fputc 函数的使用也要说明几点:

(1) 被写入的文件可以用写、读写、追加方式打开,用写或读写方式打开一个已存在的文件时将清除原有的文件内容,写入字符从文件首开始。如需保留原有文件内容,希望写入的字符以文件末开始存放,必须以追加方式打开文件。被写入的文件若不存在,则创建该文件。

(2) 每写入一个字符,文件内部位置指针向后移动一个字节。

(3) fputc 函数有一个返回值,如果写入成功则返回写入的字符,否则返回一个 EOF。可用此来判断写入是否成功。

【例 11. 2】　从键盘输入一行字符,写入一个文件,再把该文件内容读出显示在屏幕上。

```c
#include<stdio.h>
void main()
{
    FILE * fp;
    char ch;
    if((fp=fopen("d:\\ccxsj\\example\\string","w+"))==NULL)
    {
        printf("Cannot open file strike any key exit!");
        getch();
        exit(1);
    }
    printf("input a string:\n");
    ch=getchar();
    while (ch! ='\n')
    {
        fputc(ch,fp);
        ch=getchar();
    }
    rewind(fp);
    ch=fgetc(fp);
    while(ch! =EOF)
    {
        putchar(ch);
        ch=fgetc(fp);
    }
    printf("\n");
```

```
    fclose(fp);
}
```

程序中第 6 行以读写文本文件方式打开文件 string。程序第 13 行从键盘读入一个字符后进入循环,当读入字符不为回车符时,则把该字符写入文件之中,然后继续从键盘读入下一字符。每输入一个字符,文件内部位置指针向后移动一个字节。写入完毕,该指针已指向文件末。如要把文件从头读出,须把指针移向文件头,程序第 19 行 rewind 函数用于把 fp 所指文件的内部位置指针移到文件头。第 20 至 25 行用于读出文件中的一行内容。

【例 11.3】 把命令行参数中的前一个文件名标识的文件,复制到后一个文件名标识的文件中,如果命令行中只有一个文件名,则把该文件写到标准输出文件(显示器)中。

```
#include <stdio.h>
void main(int argc,char * argv[])
{
FILE * fp1, * fp2;
char ch;
if(argc==1)
{
    printf("have not enter file name strike any key exit");
    getch();
    exit(0);
}
if((fp1=fopen(argv[1],"r"))==NULL)
{
    printf("Cannot open %s\n",argv[1]);
    getch();
    exit(1);
}
if(argc==2) fp2=stdout;
else if((fp2=fopen(argv[2],"w+"))==NULL)
{
    printf("Cannot open %s\n",argv[1]);
    getch();
    exit(1);
}
while((ch=fgetc(fp1))! =EOF)
    fputc(ch,fp2);
fclose(fp1);
fclose(fp2);
}
```

本程序为带参的 main 函数。程序中定义了两个文件指针 fp1 和 fp2,分别指向命令行参数中给出的文件。如命令行参数中没有给出文件名,则给出提示信息。程序第 18 行表示如果只给出一个文件名,则使 fp2 指向标准输出文件(即显示器)。程序第 25 行至 28 行用循环语句逐个读出文件 1 中的字符再送到文件 2 中。再次运行时,给出了一个文件名,故输出给标准输出文件 stdout,即在显示器上显示文件内容。第三次运行,给出了两个文件名,因此把 string 中的内容读出,写入到 OK 之中。可用 DOS 命令 type 显示 OK 的内容。

11.3.2　字符串读(写)

1. 读字符串函数 fgets

函数的功能是从指定的文件中读一个字符串到字符数组中,函数调用的形式为:

fgets(字符数组名,n,文件指针);

其中的 n 是一个正整数。表示从文件中读出的字符串不超过 n−1 个字符。在读入的最后一个字符后加上串结束标志 '\0'。

例如:

fgets(str,n,fp)。

其意义是从 fp 所指的文件中读出 n−1 个字符送入字符数组 str 中。

【例 11.4】　从 string 文件中读入一个含 10 个字符的字符串。

```
#include<stdio.h>
void main()
{
    FILE  * fp;
    char str[11];
    if((fp=fopen("d:\\jrzh\\example\\string","r"))==NULL)
    {
        printf("\nCannot open file strike any key exit!");
        getch();
        exit(1);
    }
    fgets(str,11,fp);
    printf("\n%s\n",str);
    fclose(fp);
}
```

本例定义了一个字符数组 str 共 11 个字节,在以读文本文件方式打开文件 string 后,从中读出 10 个字符送入 str 数组,在数组最后一个单元内将加上 '\0',然后在屏幕上显示输出 str 数组。输出的 10 个字符正是例 11.1 程序的前 10 个字符。

对 fgets 函数有两点说明:

(1) 在读出 n−1 个字符之前,如遇到了换行符或 EOF,则读出结束。

(2) fgets 函数也有返回值,其返回值是字符数组的首地址。

2. 写字符串函数 fputs

fputs 函数的功能是向指定的文件写入一个字符串,其调用形式:

fputs(字符串,文件指针);

其中字符串可以是字符串常量,也可以是字符数组名,或指针变量,例如:

fputs("abcd",fp);

其意义是把字符串"abcd"写入 fp 所指的文件之中。

【例 11.5】　在例 11.2 中建立的文件 string 中追加一个字符串。

```
#include <stdio.h>
void main()
{
    FILE *fp;
    char ch,st[20];
    if((fp=fopen("string","a+"))==NULL)
    {
        printf("Cannot open file strike any key exit!");
        getch();
        exit(1);
    }
    printf("input a string:\n");
    scanf("%s",st);
    fputs(st,fp);
    rewind(fp);
    ch=fgetc(fp);
    while(ch! =EOF)
    {
        putchar(ch);
        ch=fgetc(fp);
    }
    printf("\n");
    fclose(fp);
}
```

　　本例要求在 string 文件末加写字符串,因此,在程序第 6 行以追加读写文本文件的方式打开文件 string。然后输入字符串,并用 fputs 函数把该串写入文件 string。在程序 15 行用 rewind 函数把文件内部位置指针移到文件首。再进入循环逐个显示当前文件中的全部内容。

11.3.3　数据块读(写)

　　C 语言还提供了用于整块数据的读(写)函数。可用来读(写)一组数据,如一个数组元素,一个结构变量的值等。

　　读数据块函数调用的一般形式为:

　　fread(buffer,size,count,fp);

　　写数据块函数调用的一般形式为:

　　fwrite(buffer,size,count,fp);

　　其中,buffer 是一个指针,在 fread 函数中,它表示存放输入数据的首地址。在 fwrite 函数中,它表示存放输出数据的首地址;size 表示数据块的字节数;count 表示要读(写)的数据块块数;fp 表示文件指针。

例如:

fread(fa,4,5,fp);

其意义是从 fp 所指的文件中,每次读 4 个字节(一个实数)送入实数组 fa 中,连续读 5 次,即读 5 个实数到 fa 中。

【例 11.6】　从键盘输入两个学生数据,写入一个文件中,再读出这两个学生的数据显示在屏幕上。

```
#include<stdio.h>
struct student
{
  char name[10];
  int num;
  int age;
  char addr[15];
}boya[2],boyb[2],* pp,* qq;
void main()
{
  FILE  * fp;
  char ch;
  int i;
  pp=boya;
  qq=boyb;
  if((fp=fopen("d:\\jrzh\\example\\stu_list","wb+"))==NULL)
  {
    printf("Cannot open file strike any key exit!");
    getch();
    exit(1);
  }
  printf("\ninput data\n");
  for(i=0;i<2;i++,pp++)
    scanf("%s%d%d%s",pp->name,&pp->num,&pp->age,pp->addr);
  pp=boya;
  fwrite(pp,sizeof(struct stu),2,fp);
  rewind(fp);
  fread(qq,sizeof(struct stu),2,fp);
  printf("\n\nname\tnumber        age          addr\n");
  for(i=0;i<2;i++,qq++)
    printf("%s\t%5d%7d        %s\n",qq->name,qq->num,qq->age,qq->addr);
  fclose(fp);
}
```

　　本例程序定义了一个结构 stu,说明了两个结构数组 boya 和 boyb 以及两个结构指针变量 pp 和 qq。pp 指向 boya,qq 指向 boyb。程序第 16 行以读写方式打开二进制文件"stu_list",输入两个学生数据之后,写入该文件中,然后把文件内部位置指针移到文件首,读出两块学生数据后,在屏幕上显示。

11.3.4　格式化读(写)

　　fscanf 函数,fprintf 函数与前面使用的 scanf 和 printf 函数的功能相似,都是格式化读(写)函数。两者的区别在于 fscanf 函数和 fprintf 函数的读写对象不是键盘和显示器,而是磁盘文件。这两个函数的调用格式为:

　　　　fscanf(文件指针,格式字符串,输入表列);

　　　　fprintf(文件指针,格式字符串,输出表列);

　　　　例如:

　　　　fscanf(fp,"%d%s",&i,s);

　　　　fprintf(fp,"%d%c",j,ch);

　　用 fscanf 和 fprintf 函数也可以完成例 11.6 的问题。修改后的程序如例 11.7 所示。

　　【例 11.7】　用 fscanf 和 fprintf 函数完成例 11.6 的问题。

```
#include<stdio.h>
struct student
{
    char name[10];
    int num;
    int age;
    char addr[15];
}boya[2],boyb[2], * pp, * qq;
void main()
{
    FILE  * fp;
    char ch;
    int i;
    pp=boya;
    qq=boyb;
    if((fp=fopen("stu_list","wb+"))==NULL)
    {
        printf("Cannot open file strike any key exit!");
        getch();
        exit(1);
    }
    printf("\ninput data\n");
    for(i=0;i<2;i++,pp++)
        scanf("%s%d%d%s",pp->name,&pp->num,&pp->age,pp->addr);
```

```
        pp＝boya;
        for(i=0;i<2;i++,pp++)
            fprintf(fp,"%s %d %d %s\n",pp->name,pp->num,pp->age,pp->
                addr);
        rewind(fp);
        for(i=0;i<2;i++,qq++)
            fscanf(fp,"%s %d %d %s\n",qq->name,&qq->num,&qq->age,qq->
addr);
        printf("\n\nname\tnumber        age          addr\n");
        qq＝boyb;
        for(i=0;i<2;i++,qq++)
            printf("%s\t%5d   %7d        %s\n",qq->name,qq->num, qq->age,
                qq->addr);
        fclose(fp);
    }
```

与例 11.6 相比,本程序中 fscanf 和 fprintf 函数每次只能读(写)一个结构数组元素,因此采用了循环语句来读(写)全部数组元素。还要注意指针变量 pp、qq,由于循环改变了它们的值,因此在程序的 25 和 32 行分别对它们重新赋予了数组的首地址。

11.4　文件的随机读(写)

11.4.1　位置指针复位

前面介绍的对文件的读(写)方式都是顺序读(写),即读(写)文件只能从头开始,顺序读(写)各个数据。但在实际问题中常要求只读(写)文件中某一指定的部分。为了解决这个问题可移动文件内部的位置指针到需要读(写)的位置,再进行读(写),这种读(写)称为随机读(写)。

实现随机读(写)的关键是要按要求移动位置指针,这称为文件的定位。移动文件内部位置指针的函数主要有两个,即 rewind 函数和 fseek 函数。

rewind 函数前面已多次使用过,其调用形式为:

rewind(文件指针);

它的功能是把文件内部的位置指针移到文件首。

11.4.2　位置指针定位

下面主要介绍 fseek 函数。

fseek 函数用来移动文件内部位置指针,其调用形式为:

fseek(文件指针,位移量,起始点);

其中,"文件指针"指向被移动的文件。"位移量"表示移动的字节数,要求位移量是 long 型数据,以便在文件长度大于 64KB 时不会出错。当用常量表示位移量时,要求加后缀"L"。"起始点"表示从何处开始计算位移量,规定的起始点有三种:文件首、当前位置和文件尾。

其表示方法如表 11-2 所示。

表 11 - 2 文件内部位置指针的表示

起始点	表示符号	数字表示
文件首	SEEK_SET	0
当前位置	SEEK_CUR	1
文件末尾	SEEK_END	2

例如：

fseek(fp,100L,0);

其意义是把位置指针移到离文件首 100 个字节处。

还要说明的是 fseek 函数一般用于二进制文件。在文本文件中由于要进行转换，故往往计算的位置会出现错误。

11.4.3 随机读(写)

在移动位置指针之后，即可用前面介绍的任一种读(写)函数进行读(写)。由于一般是读(写)一个数据块，因此常用 fread 和 fwrite 函数。

下面用例题来说明文件的随机读(写)。

【例 11.8】 在学生文件 stu_list 中读出第二个学生的数据。

```c
#include <stdio.h>
struct student
{
    char name[10];
    int num;
    int age;
    char addr[15];
}boy, * qq;
void main()
{
    FILE  * fp;
    char ch;
    int i=1;
    qq=&boy;
    if((fp=fopen("stu_list","rb"))==NULL)
    {
        printf("Cannot open file strike any key exit!");
        getch();
        exit(1);
    }
    rewind(fp);
    fseek(fp,i * sizeof(struct stu),0);
    fread(qq,sizeof(struct stu),1,fp);
```

```
printf("\n\nname\tnumber        age        addr\n");
printf("%s\t%5d   %7d        %s\n",qq->name,qq->num,qq->age,
    qq->addr);
}
```

文件 stu_list 已由例 11.6 的程序建立，本程序用随机读出的方法读出第二个学生的数据。程序中定义 boy 为 stu 类型变量，qq 为指向 boy 的指针。以读二进制文件方式打开文件，程序第 22 行移动文件位置指针。其中的 i 值为 1，表示从文件头开始，移动一个 stu 类型的长度，然后再读出的数据即为第二个学生的数据。

11.5　文件应用程序设计及实例

【例 11.9】　设有 5 位学生的相关数据信息，每位学生含 5 项信息：学号、姓名、C 语言、高等数学和总成绩，要求：① 输入 5 位学生的前 4 项信息，输入数据前给出提示信息，同时求出每位学生的总成绩；② 将所有学生的信息存入一个文件中；③ 将文件中每一位学生的信息取出并按总成绩降序排列以表格的形式输出在屏幕上。

表 11-3　5 位学生的相关信息

学号	姓名	C 语言	高等数学	总成绩
121001	张学明	89	85	
121002	李成响	76	95	
121003	张晓光	90	84	
121004	陈为好	78	81	
121005	朱之同	86	92	

算法分析：

本例采用结构体数组存放学生的信息，再用循环将结构体数组中的数据存入文件中，将数据文件中每一位学生的信息取出并按总成绩降序排列，最后将排序好的存放在结构体数组中的数据以表格的形式输出在屏幕上。

程序设计：

```
#include <stdio.h>
#define N 5
void main()
{
    struct xscj
    {
        char xh[10];
        char xm[9];
        float cyy;
        float gs;
        float zcj;
    }xs[N],t;
```

```
int i,j;
FILE  * fp;
for(i=0;i<N;i++)
{   printf("请输入第%d 个学生信息:",i+1);
    scanf("%s%s%f%f",xs[i]. xh,xs[i]. xm,&xs[i]. cyy,&xs[i]. gs);
    xs[i]. zcj=xs[i]. cyy+xs[i]. gs;
}
if((fp=fopen("xscj. txt","wb"))==NULL)
{
    printf("Cannot open file strike any key exit!");
    exit(1);
}
for(i=0;i<N;i++)
    fwrite(xs[i],sizeof(struct xs),1,fp);
rewind(fp);
for(i=0;i<N-1;i++)
    for(j=0;j<N;++)
        if(xs[i]. zcj<xs[i]. zcj)
        { t= xs[i]; xs[i]= xs[j]; xs[j]=t; }
printf("--------------------\n");
printf("| 学号 | 姓名  | C 语言 |高等数学| 总成绩 |\n");
for(i=0;i<N;i++)
{   fread(xs[i],sizeof(struct xs),1,fp);
    printf("|%8s|%8s|%8. 2f|%8. 1f|%8. 1f|\n",xs[i]. xh,xs[i]. xm,
        xs[i]. cyy,xs[i]. gs,xs[i]. xcj);
    printf("--------------------\n");
}
}
```

练习题 11

一、选择题

1. C 语言可以处理的文件类型是_____。
    A. 文本文件和数据文件   B. 文本文件和二进制文件
    C. 数据文件和二进制文件   D. 以上答案都不完全

2. 在 C 语言的文件存取方式中,文件_____。
    A. 只能顺序存取   B. 只能随机存取
    C. 可以是顺序存取,也可以是随机存取   D. 只能从文件的开头存取

3. 函数调用语句 fseek(fp,-10L,2);的含义是_____。
    A. 将文件位置指针移动到距离文件头 10 个字节处

   B. 将文件位置指针从当前位置向文件尾方向移动 10 个字节

   C. 将文件位置指针从当前位置向文件头方向移动 10 个字节

   D. 将文件位置指针从文件末尾处向文件头方向移动 10 个字节

4. 在 C 语言中,下列关于对文件操作的结论中只有_____是不正确的。

   A. 对文件操作后应该关闭文件

   B. 文件的操作顺序只能是顺序的

   C. 文件的操作顺序可以是顺序的,也可以是随机的(或称直接)

   D. 对文件操作必须先打开文件

5. C 语言中系统的标准输出文件是指_____。

   A. 显示器   B. 键盘   C. 软盘   D. 硬盘

6. 若 fp 是指向某文件的指针,且未读到文件的末尾,则表达式 feof(fp)的返回值是
_____。

   A. EOF   B. 1   C. 0   D. 非 0 值

7. 如果需要打开一个已经存在的非空文件"FILE"并向文件尾添加数据,正确的打开语
句是_____。

   A. fp=fopen("FILE","r");   B. fp=fopen("FILE","r+");

   C. fp=fopen("FILE","w+");   D. fp=fopen("FILE","a+");

8. 若以下程序所生成的可执行文件名为 file1. exe,当输入以下命令执行该程序时:

FILE1 CHINA BEIJING SHANGHAI

程序的输出结果是_____。

```
void main(int argc,char * argv[])
{ while(argc−−>0)
  { ++argv;printf("%s", * argv);}
}
```

   A. CHINA BEIJING SHANGHAI   B. FILE1 CHINA BEIJING

   C. C B S   D. F C B

9. 在高级语言中,对文件操作的一般步骤是_____。

   A. 打开文件→操作文件→关闭文件

   B. 操作文件→修改文件→关闭文件

   C. 读写文件→打开文件→关闭文件

   D. 读文件→写文件→关闭文件

10. 若要用 fopen()函数打开一个新的二进制文件,该文件要既能读也能写,则打开方式
是_____。

   A. "ab+"   B. "wb+"   C. "rb+"   D. "ab"

11. 若要以"a+"方式打开一个已存在的文件,则以下叙述正确的是_____。

   A. 文件打开时,原有文件内容不被删除,位置指针移动到文件末尾,可做添加和读
操作

   B. 文件打开时,原有文件内容不被删除,位置指针移动到文件开头,可做重写和读
操作

   C. 文件打开时,原有文件内容被删除,只可做写操作

D. 以上各种说法都不正确

12. fscanf()函数的正确调用形式是_____。

A. fscanf(文件指针,格式字符串,输出列表);

B. fscanf(格式字符串,输出列表,文件指针);

C. fscanf(格式字符串,文件指针,输出列表);

D. fscanf(文件指针,格式字符串,输入列表);

13. 函数 ftell(fp)的作用是_____。

A. 得到流式文件中的当前位置   B. 移动流式文件的位置指针

C. 初始化流式文件的位置指针   D. 以上答案均正确

14. fgetc()函数的作用是从指定文件读入一个字符,该文件的打开方式必须是_____。

A. 只写   B. 追加

C. 读或读写   D. 选项 B 和选项 C 都正确

15. 在执行 fopen()函数时,ferror()函数的初值是_____。

A. TURE   B. −1   C. 1   D. 0

二、填空题

1. 以下程序中用户由键盘输入一个文件名,然后输入一串字符(用"#"结束输入)存放到此文件中形成文本文件,并将字符的个数写到文件尾部,请填空。

```
#include <stdio.h>
void main()
{    FILE *fp;
     char ch,fname[32];int count=0;
     printf("Input the filename:");
     scanf("%s",fname);
     if((fp=fopen( _____ ,"w+"))==NULL)
     {   printf("Cant open file:%s\n",fname); exit(0);}
     printf("Enter data:\n");
     while((ch=getchar())! ='#') {   fputc(ch,fp);count++;}
     fprintf( _____ ,"\n%d\n",--count);
     fclose(fp);
}
```

2. 下面程序把从终端读入的 10 个整数以二进制数方式写到一个名为 bi. dat 的新文件中,请填空。

```
#include <stdio.h>
FILE *fp;
void main()
{    int i,j;
     if((fp=fopen( _____ ,"wb+"))==NULL) exit(0);
     for(i=0;i<10;i++)
     {   scanf("%d",&j);
```

```
                fwrite(&j,sizeof(int),1,_____ );
            }
            fclose(fp);
        }
```

3. 以下程序由终端输入一个文件名,然后把从终端键盘输入的字符依次存放到该文件中,用"♯"作为结束输入的标志,请填空。

```
        #include <stdio.h>
        void main()
        {   FILE *fp;
            char ch,fname[10];
            printf("请输入文件名:\n");
            gets(fname);
            if((fp=_____ )==NULL)
            {   printf("不能打开! \n"); exit(0); }
            printf("请输入数据:\n");
            while((ch=getchar())! ='♯')
                fputc( _____ ,fp);
            fclose(fp);
        }
```

4. 若执行 fopen( )函数时发生错误,则函数的返回值是_____。

5. 在 C 语言中,数据可以用_____和_____两种代码形式存放。

6. feof(fp)函数用来判断文件是否结束,如果遇到文件结束,函数值为_____,否则为_____。

三、程序设计题

1. 设计一个程序统计一个文本文件中字母、数字及其他字符各有多少个。

2. 设计一个程序以比较两个文本文件的内容是否相同,并输出两文件内容首次不同的行号和字符位置。

3. 设计一个程序将一个 C 语言源程序文件中所有注释去掉后,存入另一个文件。

4. 设计一个程序将文本文件 a1. txt 和 a2. txt 中包含若干从小到大排过序的整数,现要求把两个文件中的数据合起来,仍按从小到大顺序写入文件 a3. txt 中,试编写相应程序。

附录 A　ASCII 代码表

A.1　标准 ASCII 代码

ASCII 值	字符	控制字符	ASCII 值	字符	ASCII 值	字符	ASCII 值	字符
000	null	NUL	032	space ·	064	@	096	`
001	☺	SOH	033	!	065	A	097	a
002	☻	STX	034	"	066	B	098	b
003	♥	ETX	035	#	067	C	099	c
004	♦	EOT	036	$	068	D	100	d
005	♣	END	037	%	069	E	101	e
006	♠	ACK	038	&	070	F	102	f
007	beep	BEL	039	'	071	G	103	g
008	backspace	BS	040	(	072	H	104	h
009	tab	HT	041	)	073	I	105	i
010	换行	LF	042	*	074	J	106	j
011	♂	VT	043	+	075	K	107	k
012	♀	FF	044	,	076	L	108	l
013	回车	CR	045	—	077	M	109	m
014	♫	SO	046	.	078	N	110	n
015	☼	SI	047	/	079	O	111	o
016	▶	DLE	048	0	080	P	112	p
017	◀	DC1	049	1	081	Q	113	q
018	↕	DC2	050	2	082	R	114	r
019	‼	DC3	051	3	083	S	115	s
020	¶	DC4	052	4	084	T	116	t
021	§	NAK	053	5	085	U	117	u
022	▬	SYN	054	6	086	V	118	v
023	↨	ETB	055	7	087	W	119	w
024	↑	CAN	056	8	088	X	120	x
025	↓	EM	057	9	089	Y	121	y
026	→	SUB	058	:	090	Z	122	z
027	←	ESC	059	;	091	[	123	{
028	∟	FS	060	<	092	\	124	|
029	↔	GS	061	=	093	]	125	}
030	▲	RS	062	>	094	^	126	~
031	▼	US	063	?	095	_	127	⌂

A.2 扩展 ASCII 代码

ASCII 值	字符	ASCII 值	字符	ASCII 值	字符	ASCII 值	字符
128	Ç	160	á	192	└	224	α
129	Ü	161	í	193	┴	225	β
130	é	162	ó	194	┬	226	Γ
131	â	163	ú	195	├	227	π
132	ā	164	ñ	196	─	228	Σ
133	à	165	Ñ	197	†	229	σ
134	å	166	ª	198	╞	230	μ
135	ç	167	º	199	╟	231	τ
136	ê	168	¿	200	╚	232	Φ
137	ë	169	⌐	201	╔	233	θ
138	è	170	¬	202	╩	234	Ω
139	ï	171	½	203	╦	235	δ
140	î	172	¼	204	╠	236	∞
141	ì	173	¡	205	═	237	ø
142	Ä	174	«	206	╬	238	∈
143	Å	175	»	207	╧	239	∩
144	É	176	░	208	╨	240	≡
145	æ	177	▒	209	╤	241	±
146	Æ	178	▓	210	╥	242	≥
147	ô	179	│	211	╙	243	≤
148	ö	180	┤	212	╘	244	⌠
149	ò	181	╡	213	╒	245	⌡
150	û	182	╢	214	╓	246	÷
151	ù	183	╖	215	╫	247	≈
152	ÿ	184	╕	216	╪	248	°
153	Ö	185	╣	217	┘	249	·
154	Ü	186	║	218	┌	250	·
155	¢	187	╗	219	█	251	√
156	£	188	╝	220	▄	252	^{n}
157	¥	189	╜	221	▌	253	^{2}
158	P_t	190	╛	222	▐	254	▮
159	ƒ	191	┐	223	▀	255	Blank'

附录B　C语言关键字与运算符

B.1　C语言关键字及功能

序　号	关键字	功能描述
1	auto	声明自动变量
2	short	声明短整型变量或函数
3	int	声明整型变量或函数
4	long	声明长整型变量或函数
5	float	声明浮点型变量或函数
6	double	声明双精度变量或函数
7	char	声明字符型变量或函数
8	struct	声明结构体变量或函数
9	union	声明共用数据类型
10	enum	声明枚举类型
11	typedef	用以给数据类型取别名
12	const	声明只读变量
13	unsigned	声明无符号类型变量或函数
14	signed	声明有符号类型变量或函数
15	extern	声明变量是在其他文件中声明
16	register	声明寄存器变量
17	static	声明静态变量
18	volatile	说明变量在程序执行中可被隐含地改变
19	void	声明函数无返回值或无参数,声明无类型指针
20	if	条件语句
21	else	条件语句否定分支(与if连用)
22	switch	用于开关语句
23	case	开关语句分支
24	for	一种循环语句
25	do	循环语句的循环体
26	while	循环语句的循环条件
27	goto	无条件跳转语句

序　号	关键字	功能描述
28	continue	结束当前循环,开始下一轮循环
29	break	跳出当前循环
30	default	开关语句中的"其他"分支
31	sizeof	计算数据类型长度
32	return	返回语句

B.2　C语言运算符的优先级与结合性

优先级	运算符	含　义	运算对象个数	结合方向
1	（　）［　］	括号运算		自左向右
	->　.	结构体成员运算符		
2	!	逻辑非运算符	单目	自右向左
	~	按位取反运算符		
	++　－－	自增运算符　自减运算符		
	－	负号运算符		
	（类型）	类型转换运算符		
	*	指针运算符		
	&	取地址运算符		
	sizeof	求字节数运算符		
3	*　/　%	乘、除、取余	双目	自左向右
4	+　-	加、减	双目	自左向右
5	<<　>>	左移运算符、右移运算符	双目	自左向右
6	<　<=　>　>=	关系运算符	双目	自左向右
7	==　!=	等于运算符、不等于运算符	双目	自左向右
8	&	按位与运算符	双目	自左向右
9	^	按位异或运算符	双目	自左向右
10	|	按位或运算符	双目	自左向右
11	&&	逻辑与运算符	双目	自左向右
12	||	逻辑或运算符	双目	自左向右
13	?　:	条件运算符	三目	自左向右
14	=　+=　-=　*=　/=　&=　>>=　<<=　&=　^=　|=	赋值运算符		自右向左
15	,	逗号运算符		自左向右

附录 C　C 语言库函数

库函数是由编译系统根据一般用户的需要编制并提供给用户使用的一组程序。每一种 C 编译系统都提供了一批库函数，不同的编译系统所提供的库函数的数目和函数名以及函数功能是不完全相同的。本附录列出 ANSI C 建议的常用库函数。

由于 C 库函数的种类和数目很多，例如还有屏幕和图形函数、时间日期函数、与系统有关的函数等，每一类函数又包括各种功能的函数，限于篇幅，本附录不能全部介绍，只从教学需要的角度列出最基本的。读者在编写 C 程序时可根据需要，查阅有关系统的函数使用手册。

C.1　数学函数

使用数学函数时，应该在源文件中使用以下预编译命令：

♯include ＜math. h＞ 或 ♯include "math. h"

函数名	函数原型	功　　能	返回值
acos	double acos(double x)；	计算 $\arccos x$ 的值，其中 $-1 <= x <= 1$	计算结果
asin	double asin(double x)；	计算 $\arcsin x$ 的值，其中 $-1 <= x <= 1$	计算结果
atan	double atan(double x)；	计算 $\arctan x$ 的值	计算结果
atan2	double atan2(double x, double y)；	计算 $\arctan x/y$ 的值	计算结果
cos	double cos(double x)；	计算 $\cos x$ 的值，其中 x 的单位为弧度	计算结果
cosh	double cosh(double x)；	计算 x 的双曲余弦 $\cosh x$ 的值	计算结果
exp	double exp(double x)；	求 e^x 的值	计算结果
fabs	double fabs(double x)；	求浮点数 x 的绝对值	计算结果
abs	int abs(int x)；	求整型数 x 的绝对值	计算结果
floor	double floor(double x)；	求出不大于 x 的最大整数	该整数的双精度实数
fmod	double fmod(double x, double y)；	求整除 x/y 的余数	返回余数的双精度实数
frexp	double frexp(double val, int * eptr)；	把双精度数 val 分解成数字部分（尾数）和以 2 为底的指数，即 $val = x * 2n$，n 存放在 eptr 指向的变量中	数字部分 x $0.5 <= x < 1$
log	double log(double x)；	求 $\ln x$ 的值	计算结果
log10	double log10(double x)；	求 $\log_{10} x$ 的值	计算结果
modf	double modf(double val, int * iptr)；	把双精度数 val 分解成数字部分和小数部分，把整数部分存放在 iptr 指向的变量中	val 的小数部分

函数名	函数原型	功　　能	返回值
pow	double pow(double x, double y)；	求 x^y 的值	计算结果
sin	double sin(double x)；	求 $\sin x$ 的值,其中 x 的单位为弧度	计算结果
sinh	double sinh(double x)；	计算 x 的双曲正弦函数 $\sinh x$ 的值	计算结果
sqrt	double sqrt (double x)；	计算 $\sqrt{x}$,其中 $x \geqslant 0$	计算结果
tan	double tan(double x)；	计算 $\tan x$ 的值,其中 x 的单位为弧度	计算结果
tanh	double tanh(double x)；	计算 x 的双曲正切函数 $\tanh x$ 的值	计算结果

C.2　字符函数

在使用字符函数时,应该在源文件中使用预编译命令:

♯include ＜ctype. h＞ 或 ♯include "ctype. h"

函数名	函数原型	功　　能	返回值
isalnum	int isalnum(int ch)；	检查 ch 是否字母或数字	是字母或数字返回1,否则返回 0
isalpha	int isalpha(int ch)；	检查 ch 是否字母	是字母返回1,否则返回 0
iscntrl	int iscntrl(int ch)；	检查 ch 是否控制字符(其 ASCII 码在 0 和 0xlF 之间)	是控制字符返回1,否则返回 0
isdigit	int isdigit(int ch)；	检查 ch 是否数字	是数字返回1,否则返回 0
isgraph	int isgraph(int ch)；	检查 ch 是否可打印字符(其 ASCII 码在 0x21 和 0x7e 之间),不含空格	是返回1,否则返回 0
islower	int islower(int ch)；	检查 ch 是否是小写字母(a～z)	是小字母返回1,否则返回 0
isprint	int isprint(int ch)；	检查 ch 是否可打印字符(其 ASCII 码在 0x21 和 0x7e 之间),不含空格	是可打印字符返回1,否则返回 0
ispunct	int ispunct(int ch)；	检查 ch 是否标点字符(不含空格)即除字母、数字和空格以外的所有可打印字符	是标点返回1,否则返回 0
isspace	int isspace(int ch)；	检查 ch 是否空格、跳格符(制表符)或换行符	是,返回1,否则返回 0
isupper	int isupper(int ch)；	检查 ch 是否大写字母(A～Z)	是大写字母返回1,否则返回 0
isxdigit	int isxdigit(int ch)；	检查 ch 是否一个16进制数字(即 0～9,或 A 到 F,a～f)	是,返回1,否则返回 0
tolower	int tolower(int ch)；	将 ch 字符转换为小写字母	返回 ch 对应的小写字母
toupper	int toupper(int ch)；	将 ch 字符转换为大写字母	返回 ch 对应的大写字母

C.3　字符串函数

使用字符串函数时,应该在源文件中使用预编译命令:
#include <string. h> 或 #include "string. h"

函数名	函数原型	功　能	返回值
memchr	void memchr(void * buf, char ch, unsigned count);	在 buf 的前 count 个字符里搜索字符 ch 首次出现的位置	返回指向 buf 中 ch 的第一次出现的位置指针。若没有找到 ch,返回 NULL
memcmp	int memcmp(void * buf1, void * buf2, unsigned count);	按字典顺序比较由 buf1 和 buf2 指向的数组的前 count 个字符	buf1<buf2,为负数 buf1=buf2,返回 0 buf1>buf2,为正数
memcpy	void * memcpy(void * to, void * from, unsigned count);	将 from 指向的数组中的前 count 个字符拷贝到 to 指向的数组中。from 和 to 指向的数组不允许重叠	返回指向 to 的指针
memove	void * memove(void * to, void * from, unsigned count);	将 from 指向的数组中的前 count 个字符拷贝到 to 指向的数组中。from 和 to 指向的数组不允许重叠	返回指向 to 的指针
memset	void * memset(void * buf, char ch, unsigned count);	将字符 ch 拷贝到 buf 指向的数组前 count 个字符中。	返回 buf
strcat	char * strcat(char * str1, char * str2);	把字符 str2 接到 str1 后面,取消原来 str1 最后面的串结束符"\0"	返回 str1
strchr	char * strchr(char * str, int ch);	找出 str 指向的字符串中第一次出现字符 ch 的位置	返回指向该位置的指针,如找不到,则应返回 NULL
strcmp	int * strcmp(char * str1, char * str2);	比较字符串 str1 和 str2	若 str1<str2,为负数 若 str1=str2,返回 0 若 str1>str2,为正数
strcpy	char * strcpy(char * str1, char * str2);	把 str2 指向的字符串拷贝到 str1 中去	返回 str1
strlen	unsigned int strlen (char * str);	统计字符串 str 中字符的个数(不包括终止符"\0")	返回字符个数
strncat	char * strncat(char * str1, char * str2, unsigned count);	把字符串 str2 指向的字符串中最多 count 个字符连到串 str1 后面,并以 NULL 结尾	返回 str1
strncmp	int strncmp(char * str1, * str2, unsigned count);	比较字符串 str1 和 str2 中至多前 count 个字符	若 str1<str2,为负数 若 str1=str2,返回 0 若 str1>str2,为正数
strncpy	char * strncpy(char * str1, * str2, unsigned count);	把 str2 指向的字符串中最多前 count 个字符拷贝到串 str1 中去	返回 str1

函数名	函数原型	功　　能	返回值
strnset	void * setnset(char * buf, char ch,unsigned count);	将字符 ch 拷贝到 buf 指向的数组前 count 个字符中。	返回 buf
strset	void * strset(void * buf, char ch);	将 buf 所指向的字符串中的全部字符 都变为字符 ch	返回 buf
strstr	char * strstr(char * str1, * str2);	寻找 str2 指向的字符串在 str1 指向 的字符串中首次出现的位置	返回 str2 指向的字符串首 次出现的地址。否则返 回 NULL

C.4　输入/输出函数

在使用输入/输出函数时,应该在源文件中使用预编译命令:

♯include ＜stdio. h＞ 或 ♯include "stdio. h"

函数名	函数原型	功　　能	返回值
clearerr	void clearerr(FILE * fp);	清除文件指针错误指示器	无
close	int close(int fp);	关闭文件(非 ANSI 标准)	关闭成功返回 0,不成功返 回—1
creat	int creat (char * filename, int mode);	以 mode 所指定的方式建立文件(非 ANSI 标准)	成功返回正数,否则返回 —1
eof	int eof(int fp);	判断 fp 所指的文件是否结束	文件结束返回 1,否则返 回 0
fclose	int fclose(FILE * fp);	关闭 fp 所指的文件,释放文件缓冲区	关闭成功返回 0,不成功返 回非 0
feof	int feof(FILE * fp);	检查文件是否结束	文件结束返回非 0,否则返 回 0
ferror	int ferror(FILE * fp);	测试 fp 所指的文件是否有错误	无错返回 0,否则返回非 0
fflush	int fflush(FILE * fp);	将 fp 所指的文件的全部控制信息和 数据存盘	存盘正确返回 0,否则返回 非 0
fgets	char * fgets (char * buf, int n, FILE * fp);	从 fp 所指的文件读取一个长度为(n —1)的字符串,存入起始地址为 buf 的空间	返回地址 buf。若遇文件 结束或出错则返回 EOF
fgetc	int fgetc(FILE * fp);	从 fp 所指的文件中取得下一个字符	返回所得到的字符。出错 返回 EOF
fopen	FILE * fopen (char * filename, char * mode);	以 mode 指定的方式打开名为 filename 的文件	成功,则返回一个文件指 针,否则返回 0
fprintf	int fprintf(FILE * fp, char * format,args,…);	把 args 的值以 format 指定的格式输 出到 fp 所指的文件中	实际输出的字符数

函数名	函数原型	功　能	返回值
fputc	int fputc(char ch, FILE * fp);	将字符 ch 输出到 fp 所指的文件中	成功则返回该字符,出错返回 EOF
fputs	int fputs(char str, FILE * fp);	将 str 指定的字符串输出到 fp 所指的文件中	成功则返回 0,出错返回 EOF
fread	int fread (char * pt, unsigned size, unsigned n, FILE * fp);	从 fp 所指定文件中读取长度为 size 的 n 个数据项,存到 pt 所指向的内存区	返回所读的数据项个数,若文件结束或出错返回 0
fscanf	int fscanf(FILE * fp, char * format, args,…);	从 fp 指定的文件中按给定的 format 格式将读入的数据送到 args 所指向的内存变量中(args 是指针)	已输入的数据个数
fseek	int fseek(FILE * fp, long offset, int base);	将 fp 指定的文件指针移到 base 所指出的位置为基准、以 offset 为位移量的位置	返回当前位置,否则返回 —1
ftell	long ftell(FILE * fp);	返回 fp 所指定的文件中的读写位置	返回文件中的读写位置,否则返回 0
fwrite	int fwrite (char * ptr, unsigned size, unsigned n, FILE * fp);	把 ptr 所指向的 n * size 个字节输出到 fp 所指向的文件中	写到 fp 文件中的数据项的个数
getc	int getc(FILE * fp);	从 fp 所指向的文件中的读出下一个字符	返回读出的字符,若文件出错或结束返回 EOF
getchar	int getchar();	从标准输入设备中读取下一个字符	返回字符,若文件出错或结束返回 —1
gets	char * gets(char * str);	从标准输入设备中读取字符串存入 str 指向的数组	成功返回 str,否则返回 NULL
open	int open (char * filename, int mode);	以 mode 指定的方式打开已存在的名为 filename 的文件(非 ANSI 标准)	返回文件号(正数),如打开失败返回 —1
printf	int printf (char * format, args,…);	在 format 指定的字符串的控制下,将输出列表 args 的值输出到标准设备	输出字符的个数。若出错返回负数
prtc	int prtc (int ch, FILE * fp);	把一个字符 ch 输出到 fp 所指的文件中	输出字符 ch,若出错返回 EOF
putchar	int putchar(char ch);	把字符 ch 输出到 fp 标准输出设备	返回换行符,若失败返回 EOF
puts	int puts(char * str);	把 str 指向的字符串输出到标准输出设备,将"\0"转换为回车行	返回换行符,若失败返回 EOF
putw	int putw (int w, FILE * fp);	将一个整数 i(即一个字)写到 fp 所指的文件中(非 ANSI 标准)	返回读出的字符,若文件出错或结束返回 EOF
read	int read(int fd, char * buf, unsigned count);	从文件号 fp 所指定文件中读 count 个字节到由 buf 指向的缓冲区(非 ANSI 标准)	返回真正读出的字节个数,如文件结束返回 0,出错返回 —1

函数名	函数原型	功　　能	返回值
remove	int remove(char * fname);	删除以 fname 为文件名的文件	成功返回 0,出错返回－1
rename	int rename(char * oname, char * nname);	把 oname 所指的文件名改为由 nname 所指的文件名	成功返回 0,出错返回－1
rewind	void rewind(FILE * fp);	将 fp 指定的文件指针置于文件头,并清除文件结束标志和错误标志	无
scanf	int scanf(char * format, args,…);	从标准输入设备按 format 指示的格式字符串规定的格式,输入数据给 args 所指示的单元。args 为指针	读入并赋给 args 数据个数。如文件结束返回 EOF,若出错返回 0
write	int write(int fd, char * buf, unsigned count);	从 buf 指示的缓冲区输出 count 个字符到 fd 所指的文件中(非 ANSI 标准)	返回实际写入的字节数,如出错返回－1

C.5　动态存储分配函数

在使用动态存储分配函数时,应该在源文件中使用预编译命令:

♯include ＜stdlib. h＞或 ♯include "stdlib. h"

函数名	函数原型	功　　能	返回值
callloc	void * calloc(unsigned n, unsigned size);	分配 n 个数据项的内存连续空间,每个数据项的大小为 size	分配内存单元的起始地址。如不成功,返回 0
free	void free(void * p);	释放 p 所指内存区	无
malloc	void * malloc(unsigned size);	分配 size 字节的内存区	所分配的内存区地址,如内存不够,返回 0
realloc	void * realloc(void * p, unsigned size);	将 p 所指的已分配的内存区的大小改为 size。size 可以比原来分配的空间大或小	返回指向该内存区的指针。若重新分配失败,返回 NULL

C.6　其他函数

有些函数由于不便归入某一类,所以单独列出。使用这些函数时,应该在源文件中使用预编译命令:

♯include ＜stdlib. h＞ 或 ♯include "stdlib. h"

函数名	·函数原型	功　　能	返回值
atof	double atof(char * str);	将 str 指向的字符串转换为一个 double 型的值	返回双精度计算结果
atoi	int atoi(char * str);	将 str 指向的字符串转换为一个 int 型的值	返回转换结果
atol	long atol(char * str);	将 str 指向的字符串转换为一个 long 型的值	返回转换结果

函数名	函数原型	功　能	返回值
exit	void exit(int status)；	中止程序运行。将 status 的值返回调用的过程	无
itoa	char ＊ itoa(int n，char ＊ str,int radix)；	将整数 n 的值按照 radix 进制转换为等价的字符串,并将结果存入 str 指向的字符串中	返回一个指向 str 的指针
labs	long labs(long num)；	计算 long 型整数 num 的绝对值	返回计算结果
ltoa	char ＊ ltoa(long n，char ＊ str，int radix)；	将长整数 n 的值按照 radix 进制转换为等价的字符串,并将结果存入 str 指向的字符串	返回一个指向 str 的指针
rand	int rand()；	产生 0 到 RAND_MAX 之间的伪随机数。RAND_MAX 在头文件中定义	返回一个伪随机(整)数
random	int random(int num)；	产生 0 到 num 之间的随机数	返回一个随机整数
randomize	void randomize()；	初始化随机函数,使用时包括头文件 time. h	

参考文献

[1] 谭浩强.C 程序设计(第四版)[M].北京:清华大学出版社,2010.

[2] 谭浩强.C 程序设计学习辅导(第四版)[M].北京:清华大学出版社,2010.

[3] 苏小红,王宇颖,孙志岗.C 语言程序设计[M].北京:高等教育出版社,2011.

[4] 丁峻岭.C 语言程序设计[M].北京:中国铁道出版社,2007.

[5] 李铮,叶艳冰,汪德俊.C 语言程序设计基础与应用[M].北京:清华大学出版社,2005.

[6] 朱家义,黄勇.C 语言程序设计实例教程[M].北京:清华大学出版社,2010.

[7] 刘维富.C 语言程序设计一体化案例教程[M].北京:清华大学出版社,2009.

[8] 李震平,韩晓鸿.C 语言程序设计项目教程[M].北京:北京理工大学出版社,2011.

[9] 孟庆昌,牛欣源.C 语言程序设计上机指导与习题解答[M].北京:人民邮电出版社,2003.

[10] 全国计算机等级考试命题研究组.全国计算机等级考试考点分析、题解与模拟(二级 C)[M].北京:电子工业出版社,2006.